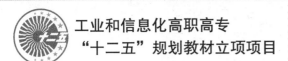工业和信息化高职高专
"十二五"规划教材立项项目

高等职业院校
机电类"十二五

U0630804

Pro/ENGINEER Wildfire 5.0 中文版
基础教程
（第2版）

Pro/ENGINEER Wildfire 5.0 Chinese
Edition Foundation Course (2nd Edition)

◎ 谭雪松 高俊峰 主编

◎ 谢玉敏 副主编

人民邮电出版社
北京

精品系列

图书在版编目（CIP）数据

Pro/ENGINEER Wildfire 5.0中文版基础教程 / 谭雪松，高俊峰主编. -- 2版. -- 北京 : 人民邮电出版社，2012.5（2014.2 重印）
高等职业院校机电类"十二五"规划教材　工业和信息化高职高专"十二五"规划教材立项项目
ISBN 978-7-115-27623-0

Ⅰ. ①P… Ⅱ. ①谭… ②高… Ⅲ. ①机械设计：计算机辅助设计－应用软件，Pro/ENGINEER Wildfire 5.0－高等职业教育－教材 Ⅳ. ①TH122

中国版本图书馆CIP数据核字(2012)第038218号

内 容 提 要

　　本书全面介绍使用 Pro/ENGINEER Wildfire 5.0 进行三维产品开发的基本方法和技巧，帮助读者全面掌握参数化设计的基本原理和一般过程。

　　本书主要内容包括 Pro/E Wildfire 5.0 设计概述、绘制二维图形、创建三维实体模型、模型的参数化设计、曲面及其应用、三维建模综合训练、组件装配设计、工程图、机构运动仿真设计和模具设计。

　　本书可作为高职高专院校机械设计专业学生学习 CAD 技术的教材，也可以供从事产品开发设计工作的工程设计人员学习使用。

工业和信息化高职高专"十二五"规划教材立项项目
高等职业院校机电类"十二五"规划教材
Pro/ENGINEER Wildfire 5.0 中文版基础教程（第 2 版）

- 主　　编　谭雪松　高俊峰
  副 主 编　谢玉敏
  责任编辑　赵慧君
- 人民邮电出版社出版发行　　北京市丰台区成寿寺路 11 号
  邮编　100164　电子邮件　315@ptpress.com.cn
  网址　http://www.ptpress.com.cn
  三河市潮河印业有限公司印刷
- 开本：787×1092　1/16
  印张：21.5　　　　　　　2012 年 5 月第 2 版
  字数：542 千字　　　　　2014 年 2 月河北第 2 次印刷

ISBN 978-7-115-27623-0

定价：43.80 元（附光盘）
读者服务热线：(010)81055256　印装质量热线：(010)81055316
反盗版热线：(010)81055315
广告经营许可证：京崇工商广字第 0021 号

前　言

Pro/ENGINEER（简称 Pro/E）是美国 PTC（Parametric Technology Corporation，参数技术公司）开发的大型 CAD/CAM/CAE 集成软件。该软件广泛应用于工业产品的造型设计、机械设计、模具设计、加工制造、有限元分析、机械仿真及关系数据库管理等方面，是当今最优秀的三维设计软件之一。掌握应用软件 Pro/E 对于高职高专院校的学生来说是十分必要的，一是要了解该软件的基本功能，但更为重要的是要结合专业知识，学会利用软件解决专业中的实际问题。我们结合自己十几年的教学经验及体会，编写了这本适用于高职层次的 Pro/E 教材，通过大量的工程实例，学生不但可以学会软件功能，更能提高解决实际问题的能力。本书与同类教材相比，有以下特色。

（1）在内容的组织上突出了"易懂、实用"的原则，精心选取了 Pro/E 的一些常用功能和工程实例来构成全书的主要内容。

（2）以知识点+实例的方式编排全书内容，将理论知识融入大量的实例中，使学生能够快速掌握绘图技能。

（3）书中选取的工程实例由易到难，从简单到复杂，从局部到整体，有利于提高读者的应用技能。

（4）本书所附光盘提供以下素材。

● "素材"图形文件

本书所有实例用到的"素材"图形文件都按章收录在所附光盘的"\素材\第*章"文件夹下，读者可以调用和参考这些图形文件。

● "习题答案"文件

本书所有习题的绘制过程都录制成了".avi"动画，并按章收录在所附光盘的"\习题答案\第*章"文件夹下。

".avi"是最常用的动画文件格式，几乎所有可以播放动画或视频文件的软件都可以播放。读者只要双击某个动画文件，就可以观看该文件所录制的习题的绘制过程。

注意播放文件前要安装光盘根目录下的"avi_tscc.exe"插件，否则，可能导致播放失败。

本书由谭雪松、高俊峰任主编，九江学院谢玉敏任副主编，参加本书编写工作的还有沈精虎、黄业清、宋一兵、郭英文、计晓明、董彩霞、滕玲等。由于作者水平有限，书中难免存在疏漏之处，敬请读者批评指正。

编　者

2012 年 1 月

目 录

第1章 Pro/E Wildfire 5.0 设计概述 …… 1

1.1 Pro/E 的产生和发展 …… 1
  1.1.1 模型的基本形式 …… 1
  1.1.2 Pro/E 的产生及特点 …… 3

1.2 Pro/E 的建模原理 …… 4
  1.2.1 实体造型 …… 4
  1.2.2 参数化设计 …… 4
  1.2.3 特征建模 …… 4
  1.2.4 多功能模块设计 …… 5
  1.2.5 全相关的单一数据库 …… 5

1.3 Pro/E Wildfire 5.0 的基本建模
  功能简介 …… 5
  1.3.1 创建二维草图 …… 6
  1.3.2 创建三维模型 …… 6
  1.3.3 创建装配组件 …… 6
  1.3.4 创建工程图 …… 7
  1.3.5 运动和动力仿真设计 …… 8
  1.3.6 数控加工 …… 8
  1.3.7 模具设计 …… 9

1.4 Pro/E Wildfire 5.0 的用户界面 …… 9
  1.4.1 界面概述 …… 10
  1.4.2 基本界面要素 …… 11
  1.4.3 常用文件操作 …… 12
  1.4.4 模型树窗口的使用 …… 14

1.5 使用 Pro/E 开发产品的一般
  过程 …… 16
1.6 习题 …… 18

第2章 绘制二维图形 …… 19

2.1 二维草绘基础 …… 19
  2.1.1 认识设计环境 …… 19
  2.1.2 认识二维图形 …… 22

2.1.3 认识二维与三维的关系 …… 22
2.1.4 尺寸驱动和约束 …… 23
2.1.5 工程实例——绘制正
  五边形 …… 23

2.2 图元的创建和编辑 …… 25
  2.2.1 图元创建工具 …… 26
  2.2.2 图元编辑工具 …… 30
  2.2.3 工程实例——练习基本绘图
  工具 …… 31

2.3 约束工具的使用 …… 33
  2.3.1 约束的种类 …… 33
  2.3.2 约束冲突及解决 …… 34
  2.3.3 工程实例——练习约束
  工具 …… 35

2.4 尺寸的标注和修改 …… 37
  2.4.1 尺寸标注 …… 38
  2.4.2 尺寸修改 …… 40
  2.4.3 工程实例——练习尺寸
  工具 …… 41

2.5 综合实例 …… 43
  2.5.1 绘制图形一 …… 43
  2.5.2 绘制图形二 …… 45
  2.5.3 绘制图形三 …… 47

2.6 习题 …… 49

第3章 创建三维实体模型 …… 50

3.1 创建拉伸实体特征 …… 50
  3.1.1 选取并放置草绘平面 …… 51
  3.1.2 在草绘平面内绘制
  截面图 …… 54
  3.1.3 确定特征生成方向 …… 56
  3.1.4 设置特征深度 …… 56

3.1.5 基准平面及其应用 ……… 57
3.1.6 工程实例——支座设计 …… 59
3.2 创建旋转实体特征 ……… 65
3.2.1 旋转实体特征的设计要点…… 66
3.2.2 创建切减材料特征 ……… 68
3.2.3 创建薄板特征 ……… 69
3.2.4 创建基准轴线 ……… 70
3.2.5 工程实例——阀体设计 …… 72
3.3 创建扫描实体特征 ……… 77
3.3.1 创建基准点 ……… 78
3.3.2 创建基准曲线 ……… 79
3.3.3 扫描实体特征的设计要点 …… 80
3.3.4 工程实例——书夹设计 …… 84
3.4 创建混合实体特征 ……… 90
3.4.1 创建坐标系 ……… 91
3.4.2 混合实体特征综述 ……… 92
3.4.3 创建混合实体特征 ……… 95
3.4.4 工程实例——铣刀设计 …… 97
3.5 创建工程特征 ……… 99
3.5.1 创建孔特征 ……… 100
3.5.2 创建圆角特征 ……… 102
3.5.3 创建其他工程特征 ……… 104
3.5.4 工程实例——机盖设计 …… 106
3.6 习题 ……… 117

第4章 模型的参数化设计 ……… 119
4.1 特征的修改 ……… 119
4.1.1 特征的编辑 ……… 119
4.1.2 特征的编辑定义 ……… 120
4.1.3 工程实例——模型的
变更 ……… 120
4.2 特征的阵列和复制 ……… 123
4.2.1 特征阵列 ……… 123
4.2.2 特征复制 ……… 129
4.2.3 工程实例——创建旋转
楼梯 ……… 130
4.3 参数和关系 ……… 133
4.3.1 参数 ……… 133
4.3.2 关系 ……… 135
4.3.3 工程实例——创建参数化

齿轮 ……… 138
4.4 习题 ……… 151

第5章 曲面及其应用 ……… 152
5.1 曲面的创建方法 ……… 152
5.1.1 创建基本曲面特征 ……… 152
5.1.2 创建边界混合曲面特征 …… 154
5.1.3 创建填充曲面 ……… 157
5.1.4 工程实例——幸运星
设计 ……… 157
5.2 曲面的编辑操作 ……… 163
5.2.1 修剪曲面特征 ……… 163
5.2.2 复制曲面特征 ……… 164
5.2.3 合并曲面特征 ……… 165
5.2.4 曲面倒圆角 ……… 166
5.2.5 工程实例——篮球模型
设计 ……… 166
5.3 曲面的实体化操作 ……… 173
5.3.1 闭合曲面的实体化 ……… 174
5.3.2 与实体特征无缝接合的
曲面的实体化 ……… 174
5.3.3 曲面的加厚操作 ……… 175
5.3.4 工程实例——瓶体设计 …… 176
5.4 习题 ……… 184

第6章 三维建模综合训练 ……… 186
6.1 工程实例1——电机模型
设计 ……… 186
6.2 工程实例2——减速器箱盖
设计 ……… 194
6.3 工程实例3——风扇叶片
设计 ……… 205
6.4 习题 ……… 211

第7章 组件装配设计 ……… 212
7.1 零件在空间的约束和定位……… 212
7.1.1 设计环境介绍 ……… 212
7.1.2 约束的种类 ……… 214
7.1.3 零件的约束状态 ……… 218
7.1.4 工程实例——初识装配 …… 219
7.2 零件装配过程 ……… 223
7.2.1 装配的一般过程 ……… 223

7.2.2 特殊装配方法 ·············· 224
7.2.3 在装配模式下创建元件 ······ 225
7.2.4 工程实例——装配
减速器 ··············· 225
7.3 习题 ················· 249
第 8 章 工程图 ·············· 250
8.1 设计综述 ·············· 250
8.1.1 图纸的设置 ············· 251
8.1.2 工程图的结构 ··········· 253
8.1.3 创建一般视图 ··········· 256
8.1.4 创建其他视图 ··········· 258
8.1.5 视图的操作 ············· 261
8.2 综合实例——创建支座
工程图 ··············· 264
8.3 习题 ················· 277
第 9 章 机构运动仿真设计 ······ 279
9.1 机构仿真设计综述 ········ 279
9.1.1 运动仿真术语简介 ······ 280

9.1.2 仿真设计的一般步骤 ······· 281
9.1.3 机构仿真的基本环节 ······· 281
9.2 工程实例 ··············· 293
9.2.1 十字联轴器运动仿真 ······· 293
9.2.2 牛头刨床运动仿真 ········· 299
9.3 习题 ················· 309
第 10 章 模具设计 ············ 311
10.1 模具设计综述 ··········· 311
10.1.1 认识模具的结构及其
生产过程 ············ 311
10.1.2 Pro/E 模具设计流程 ······ 312
10.1.3 工程实例——齿轮模具
设计 ··············· 315
10.2 综合实例——鼠标盖模具
设计 ··············· 322
10.3 习题 ················· 338

第1章

Pro/E Wildfire 5.0 设计概述

计算机辅助设计，即通常所说的 CAD 技术，正是计算机技术在工业设计领域中的重要应用之一。随着软件科学、计算机图形学、几何造型学、计算机网络技术和工程设计标准化等高新技术的不断成熟和完善，CAD 软件迅速发展到较高水平，优秀软件层出不穷，其功能覆盖面和规模都日益扩大。

学习目标

- 了解 CAD 的概念及其现状。
- 了解 Pro/E Wildfire 5.0 的建模原理和基本设计功能。
- 初步了解 Pro/E Wildfire 5.0 的用户界面。
- 了解 Pro/E Wildfire 5.0 的典型设计思想。
- 了解使用 Pro/E Wildfire 5.0 进行设计的一般流程。

1.1

Pro/E 的产生和发展

CAD 技术产生于 20 世纪 60 年代，随着工业自动化水平的提高，它广泛应用于船舶、汽车以及航空航天等高精尖的技术领域。大量复杂的设计课题为功能完备的 CAD 软件的发展提供了强大的推动力，因此，作为 CAD 技术重要标志的 CAD 软件取得了突飞猛进的技术进步。

1.1.1 模型的基本形式

CAD 软件中模型的描述方式先后经历了从二维到三维，从以直线和圆弧等简单的几何元素到以曲线、曲面和实体等复杂的几何元素，从单一的几何信息到包括工艺信息在内的全部产品信息，从静态设计到以参数化特征造型为基础的动态设计的发展过程。

图 1-1 展示了现代 CAD 技术中由曲线到曲面再到实体建模的一般规律。这也是后续将重点介绍的"打点——连线——铺面——填实"的重要建模原则。

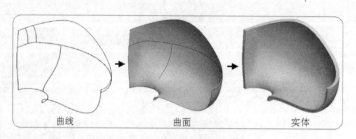

图 1-1　从曲线模型到实体模型

CAD 软件在发展过程中先后使用过多种模型描述方法，介绍如下。

一、二维模型

使用平面图形来描述模型，信息单一，对模型的描述不全面，如图 1-2 所示。

二、三维线框模型

使用空间曲线组成的线框描述模型，只能表达基本的几何信息，无法实现 CAM（计算机辅助制造）及 CAE（计算机辅助工程）技术，如图 1-3 所示。

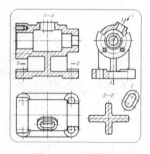

图 1-2　二维模型

图 1-3　三维线框模型

三、表面模型

使用 Bezier、NURBS（非均匀有理 B 样条）等参数曲线组成的自由曲面来描述模型，如图 1-4 所示，可以比较精确地表达复杂表面的基本信息，为 CAM 技术的开发奠定了基础。但是，它难以准确表达零件的质量、重心及惯性矩等物理特性，不便于 CAE 技术的实现。

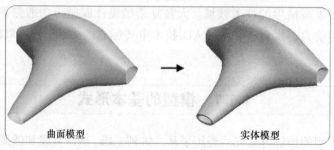

曲面模型　　　　　　　　　　　　　实体模型

图 1-4　表面模型

四、实体模型

采用几何和拓扑两方面的信息来描述三维模型。在拓扑上将二维物体表示为体、面、环、边及点等层次和邻接关系，如图 1-5 所示，在几何上按照拓扑结构使用面方程、线方程和点坐标来完整地表达几何物体丰富的三维信息，便于 CAD/CAM/CAE 技术的实现。

图 1-5　实体模型

五、产品模型

从用户需求、市场分析出发，以产品设计制造模型为基础，在产品整个生命周期内不断扩充、不断更新版本的动态模型，是产品生命周期中全部数据的集合。使用产品模型便于在产品生命周期的各阶段中实现数据信息的交换和共享，为产品设计中的全局分析创造了条件。

1.1.2　Pro/E 的产生及特点

20 世纪 90 年代以后，参数化造型理论已经发展为 CAD 技术的重要基础理论。使用参数化思想建模简单方便，设计效率高，应用日趋广泛。美国 PTC（Parametric Technology Corporation，参数技术公司）率先使用参数化设计理论开发 CAD 软件，其主流产品就是本书将要向读者介绍的 Pro/ENGINEER（以下简称 Pro/E）软件。

PTC 公司提出的单一数据库、参数化、基于特征和全相关的三维设计概念改变了 CAD 技术的传统观念，使其逐渐成为当今世界 CAD/CAE/CAM 领域的新标准。Pro/E Wildfire 5.0 全面改进了软件的用户界面，对各设计模块重新进行了功能组合，进一步完善了部分设计功能，使软件的界面更加友好，使用更加方便，设计能力更加强大，其主要特点如下。

一、图标板风格的用户界面

摒弃了以前繁琐并且不便于记忆的瀑布式菜单结构，采用图标板风格的主程序界面。在设计时，一旦创建某个设计任务后，系统以图标板的形式将需要确定的参数"和盘托出"，用户只需要一一为这些参数确定数值即可。

二、全新的功能组合

将设计过程中操作相近，但结果不同的设计工具进行重组，这样，使用户很容易在不同的工具之间切换，同时还可以加深对这些操作之间异同的理解。例如，使用拉伸方法可以创建实体特征、曲面特征和投影裁剪特征，该软件将这些设计工具放置在一个图标板上，设计时可以根据需要选用。

三、强大的直接建模功能

直接建模一直是 Pro/E 着力强化的一个功能，其核心思想是设计中直接操作模型并与之交互，包括对模型的选取、修改和重新定义等。

四、在软件中集成了浏览器

这使得借助 Web 浏览器实现网络协同产品开发、装配成为可能。使用 Web 浏览器，用户可以不用离开 Pro/E 设计环境就可以在其他功能模块下直接打开其他用户创建的模型，无需在本地保存备份数据。

总之，Pro/E Wildfire 5.0 的这些技术改进在强化了软件设计能力的同时，极大地方便了用户使用，使软件更贴近用户，而这正是三维 CAD 软件未来的发展方向。

1.2 Pro/E 的建模原理

Pro/E 突破了传统的 CAD 设计理念，提出了实体造型、特征建模、参数化设计以及全相关单一数据库的新理论。在这些思想的指引下，使用 Pro/E 进行三维建模的操作会更简便，易于实现设计意图的变更。下面分别介绍这些设计思想。

1.2.1 实 体 造 型

三维实体模型除了描述模型的表面信息外，还描述了模型的质量、密度、质心及惯性矩等物理信息，能够精确表达零件的全部属性，有助于统一 CAD/CAE/CAM 的模型表达方式，为设计带来方便。在 20 世纪 80 年代初期，实体造型的理论已经完善，但是由于计算机硬件条件的限制，实体造型的计算及显示速度很慢，成为这一技术普及的主要障碍。

到 20 世纪 80 年代中后期，随着计算机硬件的发展，实体造型才真正得以大规模采用。同时，由于非均匀有理 B 样条（NURBS）等精确曲面描述算法的出现，使得实体模型的描述更加准确，内涵更加丰富，这也进一步开拓了实体模型的应用前景。使用 Pro/E 可以方便地创建实体模型，利用它提供的各个功能模块可以对模型进行更加深入和全面的操作和分析计算。

1.2.2 参数化设计

Pro/E 引入了参数化的设计思想。根据参数化设计原理，用户在设计时不必准确地定形和定位组成模型的图元，只需勾画出大致轮廓，然后修改各图元的定形和定位尺寸值，系统根据尺寸再生模型后即可获得理想的模型形状。

在参数化设计中，通过图元的尺寸参数来确定模型形状的设计过程被称为"尺寸驱动"，用户只需修改模型某一尺寸参数的数值，即可改变模型的形状和大小。此外，参数化设计中还提供了多种"约束"工具，使用这些工具，很容易使新创建图元和已有图元之间保持平行、垂直以及居中等位置关系。总之，在参数化设计思想的指引下，模型的创建和修改都变得非常简单和轻松，这也使得学习大型 CAD 软件不再是一项艰苦而麻烦的工作。

1.2.3 特 征 建 模

特征就是一组具有特定功能的图元，是设计者在一个设计阶段完成的全部图元的总和。它可以是模型上的重要结构，例如可以是模型上的一个圆角，也可以是模型上切除的一段材料，还可以是用来辅助设计的一些点、线、面。

特征是 Pro/E 中模型组成和操作的基本单位。创建模型时，设计者总是采用搭积木的方式在模型上依次添加新的特征。修改模型时，首先找到不满意细节所在的特征，然后再对其大刀阔斧地"动手术"。由于组成模型的各个特征相对独立，在不违背特定特征之间基本关系的前提下，再生模型即可获得理想的设计结果。

Pro/E 系统为设计者提供了一个非常优秀的特征管家——模型树。模型树按照模型中特征创建的先后顺序展示了模型的特征构成，这不但有助于用户充分理解模型的结构，也为修改模型时选取特征提供了最直接的手段。

1.2.4　多功能模块设计

Pro/E 是一款功能强大的三维设计软件，该软件包含了 70 多个功能模块，为用户提供了从产品设计到生产的全套解决方案。在应用最广泛的三维实体建模模块中，它包括了二维草绘模块、三维零件设计模块、曲面设计模块、零件装配模块以及工程图模块等众多功能单元。

1.2.5　全相关的单一数据库

Pro/E 采用单一数据库来管理设计中的基本数据。所谓单一数据库是指软件中的所有功能模块共享同一公共数据库。根据单一数据库的设计原理，软件中的所有模块都是全相关的，这就意味着在产品开发过程中对模型任意一处所做的修改都将写入公共数据库，系统将自动更新所有工程文档中的相应数据，包括装配体、设计图纸以及制造数据等。例如，如果修改了某一零件的三维实体模型，则该零件的工程图会立即更新，在装配组件中，该零件对应的元件也会自动更新，甚至在数控加工中的加工路径都会自动更新。

全相关的单一数据库的最大特点是数据更新的实时性。由于网络技术的高速发展，通过网络实现产品的多用户协同并行开发是现代设计的主要发展方向。根据单一数据库的设计思想，在并行开发工程中，每个设计者都随时可以从数据库中获取最新的数据，一旦设计者将自己的数据写入数据库，这些数据即可被其他设计者使用。

1.3

Pro/E Wildfire 5.0 的基本建模功能简介

前面已经介绍，Pro/E 是一个包含众多设计模块的大型设计软件，其功能强大，内容丰富。本书将主要介绍使用实体造型模块创建三维模型的基本方法，其中主要的设计功能包括创建二维草图、创建三维实体建模、创建曲面特征、创建装配组件及创建工程图等，介绍如下。

1.3.1　创建二维草图

使用软件的草绘模块可以创建和编辑二维草图。二维草图使用点和线组成单一的平面图形来表达设计内容，常用于简单的设计任务中。不过，二维草绘在三维实体建模中占有重要地位，创建三维模型时大都需要使用二维草绘的方法创建草绘剖面图，如图 1-6 所示。

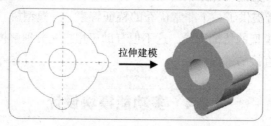

图 1-6　从二维图形到三维模型

1.3.2　创建三维模型

Pro/E 建模过程模仿真实的机械加工过程，首先创建基础特征，这就相当于在机械加工之前生产毛坯，然后在基础特征之上创建放置特征，如创建圆孔、倒角及筋特征等，每添加一个放置特征就相当于一道机械加工工序。使用 Pro/E 可以创建三维实体模型和三维曲面模型。

使用 Pro/E 创建三维建模的过程实际上就是使用零件模块依次创建各种类型特征的过程。这些特征之间可以彼此独立，也可以互相之间存在一定的父子关系。实体模型的各个组成部分具有质量、体积、惯量和几何重心等实体属性，与生产中的实物模型类似。

与实体模型相比，曲面是一种没有质量和体积的特征。使用曲面模块可以创建各种类型的曲面特征，曲面的创建方法和步骤与使用零件模块创建三维实体特征类似。曲面特征一般用作构建实体模型的基本材料，通过不同的设计方法创建出多种曲面后，再适当对其进行裁剪、合并，以围成模型的表面，然后再把由曲面围成的模型转化为实体模型，如图 1-7 所示。

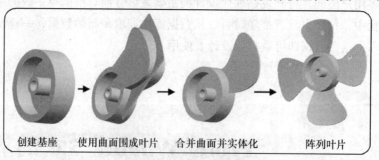

创建基座　　使用曲面围成叶片　　合并曲面并实体化　　阵列叶片

图 1-7　曲面建模原理

1.3.3　创建装配组件

装配就是将多个零件按实际的生产流程组装成一个部件或完整产品的过程。在组装过程中，用户还可以添加新零件或者对已有的零件进行编辑修改。

使用 Pro/E Wildfire 5.0 的零件装配模块可以轻松完成零件的装配工作，如图 1-8 所示。在装配过程中，按照装配要求，依次指定放置零件的基本参照，逐层装配零件。装配完毕后还可以使用组件分解的方式来显示所有零件之间的位置关系，非常直观。

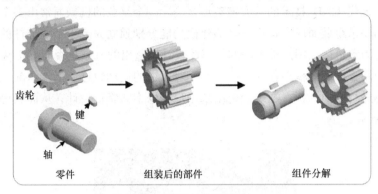

齿轮
键
轴

零件　　　　　　组装后的部件　　　　　　组件分解

图 1-8　组件装配设计

1.3.4　创建工程图

使用工程图模块可以直接由三维实体模型生成二维工程图。系统提供的二维工程图包括一般视图、投影视图、局部视图以及剖视图等多种视图类型，设计者可以根据零件的表达需要灵活选取视图的类型和数量。

使用 Pro/E 软件将三维模型生成工程图简单方便，用户只需对系统自动生成的视图加以简单的修改并添加必要的标注即可，如图 1-9 所示。同时，由于 Pro/E Wildfire 5.0 是尺寸驱动的 CAD 系统，因此在实体模型或工程图两者之中所做的任何修改，都会立即反映到另一个之中，这就使工程图的创建更加轻松简捷。

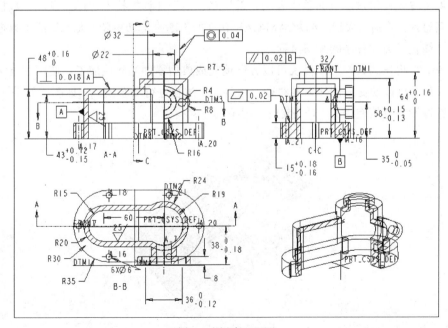

图 1-9　创建工程图

1.3.5　运动和动力仿真设计

仿真设计是现代 CAD 技术的重大突破点之一。一个复杂的机械通常由多个零部件按照特定的功能和结构要求组装而成。运用软件的建模功能分别独立完成单个零部件的设计工作并将这些零部件组装为整机后，用户最关心的是按此设计制造出的机械是否能够正常工作。

仿真设计使用三维实体模型作为分析对象，对机械的运动轨迹、干涉情况、速度、加速度以及受力情况等进行全面分析，通过分析结果用户可以不断修正设计，从而获得最优的设计方案，如图 1-10 所示。

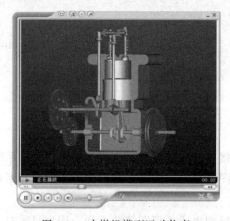

图 1-10　内燃机模型运动仿真

1.3.6　数　控　加　工

数控加工是现代机械加工的重要方法。近年来，由于计算机技术的迅速发展，数控技术的发展也相当迅速。特别是大型 CAD/CAM/CAE 软件的不断推出和更新，大大降低了数控加工的复杂程度，简化了数控程序的编写过程。

使用 Pro/E 提供的数控加工模块可以方便地完成典型零件的数控加工。使用三维实体模型作为技术文件，可以便捷地创建刀具路径，并对加工过程进行动态模拟，如图 1-11 所示。最后创建可供数控设备直接使用的 NC（数控）程序。

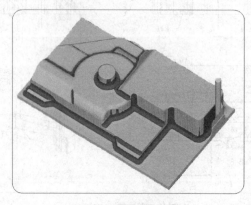

图 1-11　模拟数控加工

1.3.7 模具设计

现代生产中，模具的应用相当广泛。例如在模型锻造、注塑加工中都必须首先创建具有与零件外形相适应的模腔结构的模具。模具生产是一项比较复杂的工作，不过由于大型 CAD 软件的广泛应用，模具生产过程也逐渐规范有序。

Pro/E 具有强大的模具设计功能，使用模具设计模块来设计模具简单方便。图 1-12 所示为一个典型零件创建的模块元件。

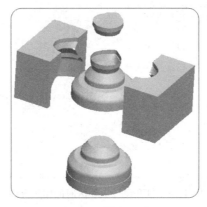

图 1-12　模具设计

1.4

Pro/E Wildfire 5.0 的用户界面

Pro/E Wildfire 5.0 的用户界面内容丰富、友好而且极具个性。利用用户界面可以方便地访问各种资源，包括访问本地计算机上的数据资料以及通过浏览器以远程方式访问网络上的资源。初次打开的 Pro/E Wildfire 5.0 用户界面，如图 1-13 所示。

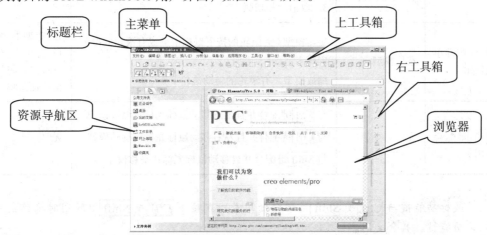

图 1-13　Pro/E Wildfire 5.0 的用户界面

1.4.1　界　面　概　述

单击浏览器右侧的切换开关关闭浏览器窗口。这时，可以看到整个用户界面，中央区域为设计工作区，这里是用户进行设计创作以及展示创作成果的舞台，如图 1-14 所示（这里打开了创建好的模型）。左侧为模型树窗口。

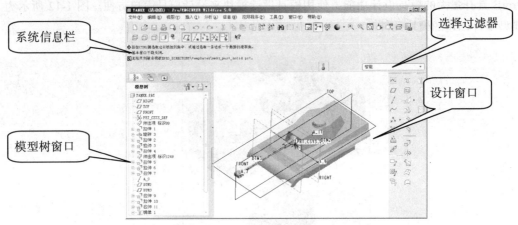

图 1-14　打开设计工作区时的用户界面

使用 Pro/E 进行设计，必须熟练使用各种鼠标操作。表 1-1 列出了各类功能键在不同的模型创建阶段的用途。

表 1-1　　　　　　　　　　三键鼠标各功能键的基本用途

鼠标功能键 / 使用类型	鼠标 左 键	鼠标 中 键	鼠标 右 键
二维草绘模式（鼠标按键单独使用）	1. 画连续直线（样条曲线） 2. 画圆（圆弧）	1. 终止画圆（圆弧）工具 2. 完成一条直线（样条曲线），开始画下一直线（样条曲线） 3. 取消画相切弧	弹出快捷菜单
三维模式（鼠标按键单独使用）	选取模型	旋转模型（无滚轮的按下鼠标中键或有滚轮的按下滚轮） 缩放模型（有滚轮的转动滚轮）	在模型树窗口或工具箱上单击，将弹出快捷菜单
三维模式（与 Ctrl 或 Shift 键配合使用）	无	与 Ctrl 键配合并且上下移动鼠标光标：缩放模型 与 Ctrl 键配合并且左右移动鼠标光标：旋转模型 与 Shift 键配合并且移动鼠标光标：平移模型	无

 鼠标功能键与 Ctrl 或 Shift 键配合使用是指在按下 Ctrl 或 Shift 键的同时操作鼠标功能键，其余类同。

1.4.2 基本界面要素

下面简要介绍 Pro/E Wildfire 5.0 用户界面的基本组成元素及其功能。

一、标题栏

标题栏显示视窗内当前已经打开的模型文件的名称。打开多个文件时，这些文件分别显示在独立的视窗中，其中当前可编辑的视图称为活动视图，其文件名后有"活动的"字样，且具有深蓝色背景，如图 1-15 所示。若要将指定视窗设置为活动视窗，可以直接单击其标题栏。

```
TANKE (活动的) - Pro/ENGINEER Wildfire 5.0                    _ |□| ×|
```

图 1-15　标题栏

二、主菜单

下拉主菜单提供常用的文件操作工具、视窗变换工具以及各种模型设计工具，如图 1-16 所示。主菜单按照功能进行分类，其内容因当前设计任务的不同而有所差异。

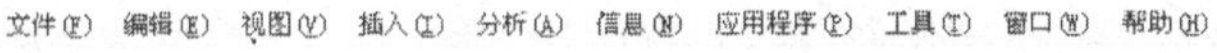

文件(F)　编辑(E)　视图(V)　插入(I)　分析(A)　信息(N)　应用程序(P)　工具(T)　窗口(W)　帮助(H)

图 1-16　下拉主菜单

三、上工具箱和右工具箱

工具箱上布置了代表常用操作命令的图形按钮。位于上工具箱上的图形按钮主要取自使用频率较高的主菜单选项，用来实现对菜单命令的快速访问，以提高设计效率，是各个设计模块中的通用工具，如图 1-17 所示。位于右工具箱上的图形按钮都是专用设计工具，其内容根据当前使用的设计模块的变化而改变，如图 1-18 所示。

图 1-17　上工具箱上的设计工具 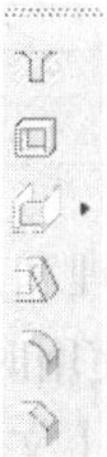　　　　图 1-18　右工具箱上的设计工具

四、资源导航区

这一区域中包括【模型树】、【文件夹浏览器】和【收藏夹】等 3 个选项卡。在【模型树】选项卡中将显示模型的特征构成，用于查看模型结构以及对模型的编辑修改；【文件夹浏览器】选项卡用于访问各类文件资源；【收藏夹】选项卡用于访问个人收藏的资源。

五、浏览器

使用软件中嵌入了浏览器可以快速访问各类网络资源。

六、系统信息栏

在设计过程中，系统通过系统信息栏向用户提示当前正在进行的操作以及需要用户继续执行的操作。系统常常在系统信息栏使用不同的图标给出不同种类的信息，如表 1-2 所示。设计者在设计过程中要养成随时通过系统信息栏浏览系统信息的习惯。

表 1-2   系统信息栏给出的基本信息

提 示 图 标	信 息 类 型	示　　例
⇨	系统提示	⇨选取一个草绘
•	系统信息	•特征成功重定义
⊠	错误信息	⊠没有对象被复制
⚠	警告信息	⚠此工具不能使用选定的几何。请选取新参照

七、模型树窗口

这里展示模型的特征构成，是分析和编辑模型的重要辅助工具。其具体用法将在稍后的章节中详细介绍。

八、设计窗口

在这里绘制和编辑模型以及其他设计工作，是完成设计工作的重要舞台。

九、选择过滤器

过滤器提供了一个下拉列表，其中列出了模型上常见的图形元素类型，选中某一种类型后可以滤去其他类型。常见的图形元素类型包括几何、尺寸及面组等。过滤器中的内容随着当前设计功能的不同而有所差异。

1.4.3　常用文件操作

Pro/E 的文件管理和其他软件相比具有一定的差异，使用时务必注意。常用的文件操作都在【文件】主菜单中进行，现将其总结如下。

一、新建文件

选取【新建】选项后，可以打开如图 1-19 所示的【新建】对话框，利用该对话框可以选择不同的功能模块进行设计。表 1-3 列出了设计中可以创建的设计任务类型。

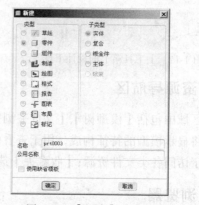

图 1-19　【新建】对话框

表 1-3 新建工程项目类型

项目类型	功　　能	文件扩展名
草绘	使用草绘模块创建二维草图	.sec
零件	使用零件模块创建三维实体零件和曲面	.prt
组件	使用装配模块对零件进行装配	.asm
制造	进行数控加工、开模等生产过程	.mfg
绘图	由零件或装配组件的三维模型生成工程图	.drw
格式	创建工程图及装配布局图等的格式模板	.frm
报表	在工程图文件中创建由行和列组成的表格	.rep
图表	创建电路图、管路图、电力、供热及通风组件的二维图表	.dgm
标记	为零件、装配组件、工程图等建立注解文件	.mrk

二、打开文件

选取【打开】选项后，弹出【文件打开】对话框，利用对话框右上角的一组图形按钮可以设定打开文件的范围。

- 单击 🖴 按钮，可以从本地计算机的磁盘中查找文件。
- 单击 🖵 按钮，可以从当前进程中查找文件。启动软件后，系统处理过的文件都将保留在进程中，直到用户关闭系统或者将文件从进程中删除为止。
- 单击 🗂 按钮，可以从系统的工作目录中查找文件。工作目录是指软件存取文件的默认目录。
- 单击 ⛶ 按钮，可以从收藏夹中查找文件。
- 在【类型】下拉列表中选取文件类型可以滤去非查找类型的文件，缩小查找范围。单击 预览▲ 按钮，可以在打开模型前预览模型形状。

三、设置工作目录

选取【设置工作目录】选项后，可以设置工作目录，系统自动在该目录中进行文件存取操作。由于软件不允许在存储文件时更改目录位置，因此要自定义工作目录来按照个人习惯存取文件。如果确实需要更改文件的存储位置，则可以使用菜单中的【保存副本】或【备份】选项。

四、保存文件

选取【保存】选项后，系统将打开【保存对象】对话框，设置保存路径后即可保存文件。需要注意的是，Pro/E 并不支持在保存文件时更换文件名，如果确实需要更换文件名，可以使用【重命名】选项。

Pro/E 在保存文件时不同于一般的软件，系统每执行一次存储操作并不是简单地用新文件覆盖原文件，而是在保留文件前期版本的基础上新增一个文件。在同一项设计任务中多次存储的文件将在文件名尾添加序号以示区别，序号数字越大，文件版本越新。例如，同一设计中的某一零件经过 3 次保存后的文件分别为 "prt0004.prt.1"、"prt0004.prt.2" 和 "prt0004.prt.3"。

五、保存副本

选取【保存副本】选项后，将当前文件以指定的格式保存到另一个存储位置。选取该选项后，系统将弹出【保存副本】对话框。首先设定文件的存储位置，然后在【类型】下拉列表中选取保存文件的类型，即可输出文件副本，保存副本时必须重命名文件。

> 在保存副本时，根据当前模型文件类型的不同，在【类型】下拉列表中列出的允许输出的文件格式也会有所差异。实际上，这是 Pro/E 系统与其他 CAD 系统的一个文件格式接口，这在很多需要文件格式转换的场合中非常有用。例如，可以把二维草绘文件输出为能被 AutoCAD 系统识别的".dwg"文件，还可以把三维实体模型文件输出为能被虚拟现实建模语言（VRML）识别的".wrl"文件。

六、备份文件

选取【备份】选项后，可以将当前文件不换名保存到另外一个存储目录。建议读者养成随时备份的好习惯，以确保设计成果安全可靠。

七、重命名文件

选取【重命名】选项后，可以重新命名当前模型。用户可以根据设计需要确定究竟是只对进程中的文件进行重命名，还是同时对进程和磁盘上的文件都重命名。如果仅对进程中的文件重命名，一旦退出系统结束进程后，重命名就会失效，而在磁盘上的文件依然保留原来的名字。

八、拭除文件

选取【拭除】选项后，系统将从进程中清除文件。拭除文件时，系统提供了两个选项。当选取【当前】选项时，将从进程中清除当前打开的文件，同时该模型的设计界面被关闭，但是文件仍然保存在磁盘上。当选取【不显示】选项时，系统将清除曾经打开但现在已经关闭不过仍然驻留在进程中的文件。

> 从进程中拭除文件的操作很重要。打开一个文件并对其进行修改后，即使没有保存修改后的文件，但是如果关闭该文件再重新打开，会发现得到的文件却是修改过的版本。这是因为修改后的文件虽然被关闭，但是仍然保留在进程中，而系统总是打开进程中文件的最新版本。因此，只有将进程中的文件拭除后，才能打开修改前的文件。

九、删除文件

选取【删除】选项后，系统将文件从磁盘上彻底删除。删除文件时，系统提供两个选项。当选取【旧版本】选项时，系统将保留该文件的最新版本，删除其余所有更早期的版本。当选取【所有版本】时，系统将彻底删除该模型文件的所有版本。

1.4.4　模型树窗口的使用

特征造型是 Pro/E 的重要设计思想之一，三维模型的创建过程就是依次创建特征搭建模型的过程。为了记录整个模型的创建过程，同时也为了方便用户对组成模型的特征进行管理，Pro/E 使用模型树来管理模型上的所有特征。

模型树窗口按照特征创建的先后顺序以及特征的层次关系列出了模型上的所有特征，供设计者查看模型的构成，并为特征编辑提供入口。图 1-20 所示是三维模型及其模型树窗口。

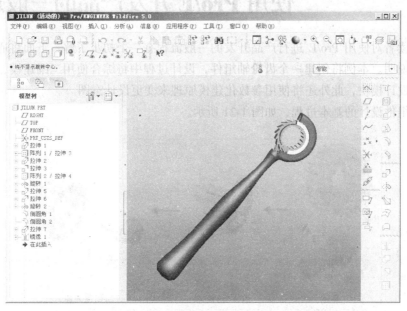

图 1-20　三维模型及其模型树窗口

模型树可以使用户更方便地对模型上的特征进行操作，这些操作包括选中特征、编辑特征、删除特征和隐藏特征等。虽然 Pro/E 支持直接建模，即可以直接在三维模型上选取特征并对其编辑，但是当模型结构复杂时，特征之间互相重叠遮蔽，选中某一特定特征并非易事，这时模型树就特别有用。使用模型树选取特征非常方便，直接在模型树窗口中选取特征标识后，在模型上将以红色显示对应特征的边线，这表示该特征被选中。

在模型树窗口中的任意特征上单击鼠标右键，可弹出快捷菜单。其中的主要选项如下。

- 【删除】：从模型上删除指定特征。
- 【隐含】：将选定特征暂时隐含，以简化模型结构并减少再生时间，用户可以随时对其进行恢复。注意，模型上的第一个特征不能被隐含。要恢复隐含的特征，可以选取菜单命令【编辑】/【恢复】，然后根据需要恢复选定的特征，恢复上一个隐含特征或者恢复全部的隐含特征。
- 【重命名】：重新命名选定的特征。
- 【编辑】：对选定特征进行编辑操作，修改特征的尺寸参数。
- 【编辑定义】：重定义特征的创建过程，这是一项更加全面的特征编辑操作。
- 【隐藏】：暂时隐藏选定的特征，隐藏后该特征在模型树中对应的标识会变灰色。选取【取消隐藏】选项后，可以重新显示该特征。对非实体特征进行隐藏操作后，它在模型上将不再可见。

1.5 使用 Pro/E 开发产品的一般过程

为了使读者对使用 Pro/E 进行产品开发的一般流程有一个初步了解，下面将通过一个简单的实例进行说明。本例将创建一个齿轮轴组件，设计过程中将综合使用二维建模、三维建模和组件装配等设计模块，此外还将使用参数化建模原理来变更设计意图。

齿轮轴组件设计的基本过程，如图 1-21 所示。

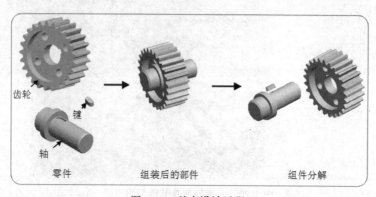

图 1-21　基本设计过程

1. 创建参数化齿轮模型。

（1）首先创建一个圆柱体特征作为齿轮坯料。该圆柱体特征由圆形剖面通过拉伸建模方法获得，剖面上的尺寸数值为设计参数，用于确定模型的大小，如图 1-22 所示。

（2）在齿轮坯料上以渐开线（一种自定义的基准曲线）作为参照，使用切减材料的拉伸建模方法创建第一个齿槽，如图 1-23 所示。

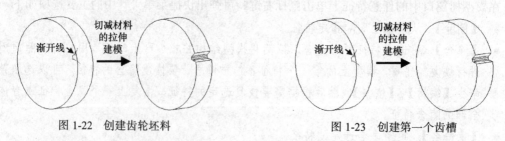

图 1-22　创建齿轮坯料　　　　　　图 1-23　创建第一个齿槽

（3）使用特征阵列的方法创建其余齿槽，结果如图 1-24 所示。

（4）继续使用切减材料的拉伸以及镜像复制等方法在齿轮中部切出工艺孔、安装孔和键槽，结果如图 1-25 所示。

2. 变更设计。

参数化建模的重要特点是，可以通过修改设计参数来实现对设计结果的变更，图 1-26 所示是修改齿轮齿宽后的模型。修改模型的尺寸参数后，再生模型即可获得新的结果。

图 1-24　创建其余齿槽　　　　图 1-25　添加其余结构　　　　图 1-26　变更参数后的模型

3．创建轴。

（1）使用旋转建模方法创建轴的主体结构，如图 1-27 所示。

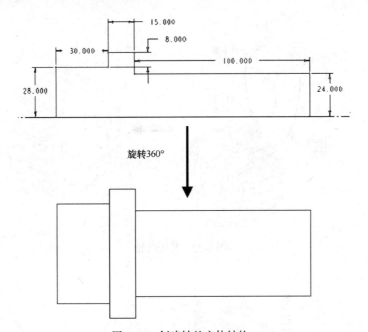

图 1-27　创建轴的主体结构

（2）使用拉伸建模方法在轴上创建键槽，结果如图 1-28 所示。

（3）在轴上创建倒角特征，结果如图 1-29 所示。

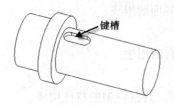 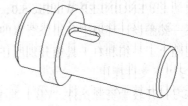

图 1-28　创建键槽　　　　　　　　　图 1-29　创建倒角

4．创建键。

使用拉伸建模方法创建键，结果如图 1-30 所示。

5．装配键和轴。

按照图 1-31 所示让两个零件上的相应表面贴合，以完成键和轴的装配。

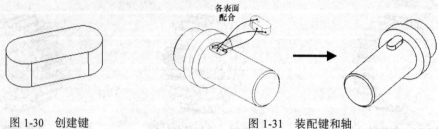

图 1-30 创建键　　　　　　　　　　　图 1-31 装配键和轴

6. 装配齿轮。

按照如图 1-32 所示将齿轮和上一步装配完成后的轴组件上的平面和轴线对齐，以获得最后的装配结果。

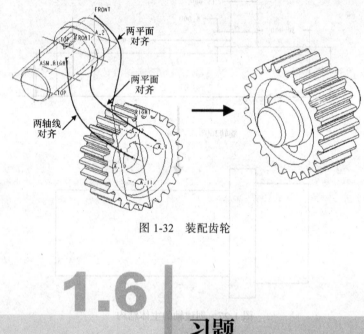

图 1-32 装配齿轮

1.6 习题

1. 练习使用 Pro/ENGINEER Wildfire 5.0 用户环境。

（1）启动 Pro/ENGINEER Wildfire 5.0，观察其用户界面的组成。

（2）逐一熟悉设计环境中各组成要素的用途。

（3）明确上工具箱和右工具箱分别所在的位置及各自的用途。

2. 练习以下文件操作。

（1）练习打开教学资源文件 "\第 1 章\素材\blow.prt"，观察模型的特征构成。

（2）将文件重命名：elec_blow.prt。

（3）保存文件。

（4）删除旧文件。

3. 理解 Pro/E 的模型结构

（1）打开教学资源文件 "\第 1 章\素材\fig.prt"，观察该图形主要由哪些要素构成。

（2）打开教学资源文件 "\第 1 章\素材\mod.prt"，观察该模型主要由哪些特征构成。

第2章

绘制二维图形

现代设计中，二维平面设计与三维空间设计相辅相成。Pro/E 虽然以其强大的三维设计功能著称，但其二维设计功能依然突出，特别是其中蕴涵的尺寸驱动、关系以及约束等设计思想在现代设计中具有重要的地位。二维设计和三维设计密不可分，读者只有熟练掌握了二维草绘设计工具的用法，才能在三维造型设计中游刃有余。

学习目标

- 熟悉二维绘图环境的用法和设置。
- 掌握常用二维绘图工具的用法。
- 理解约束的概念及其应用。
- 掌握绘制复杂二维图形的一般流程和技巧。
- 理解二维图形和三维实体模型之间的关系。

2.1

二维草绘基础

开始设计工作之前，首先需要熟悉相关的设计知识。Pro/E 提供了一个开放的人性化二维环境，可以帮助设计者高效率地绘制出高质量的二维图形。设计过程中，读者要能够熟练使用系统提供的设计工具来创建图形，同时还要能够灵活使用各种辅助工具，优化设计环境。

2.1.1　认识设计环境

启动 Pro/E Wildfire 5.0 后，选取菜单命令【文件】/【新建】或在设计界面左上角单击 按钮，打开【新建】对话框，选取【草绘】单选项，如图 2-1 所示，随后单击 确定 按钮，即可进入二维草绘环境，其界面如图 2-2 所示。

Pro/E Wildfire 5.0 的二维绘图环境主要包括以下内容。

- 主菜单：将常用的设计命令按照类型分组，展开下拉菜单后可以使用其中的命令选项进行设计，这与现在大多数 Windows 软件的设计环境相似。

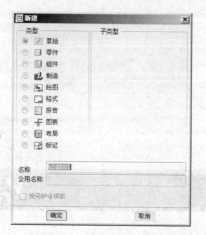

图 2-1 【新建】对话框

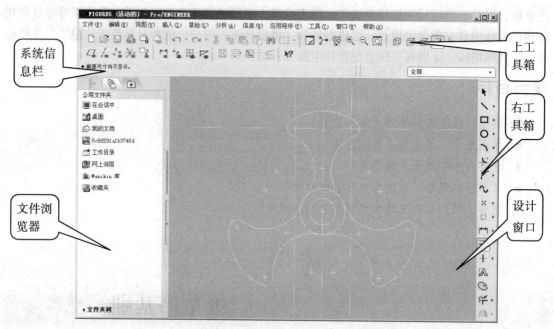

图 2-2 草绘环境用户界面

- 上工具箱：上面有大量常用的辅助设计工具。这些工具虽然不能直接绘图，但是能够实现文件操作以及图形显示操作等来优化设计环境。
- 右工具箱：使用上面的工具可完成各种图形的绘制，它是设计的主工具集。
- 文件浏览器：展开其中的文件树结构，可以随时和外界进行文件交互。
- 系统信息区：显示设计过程中系统输出的信息及其历史记录。
- 功能提示区：提示鼠标光标当前指示对象的功能。
- 过滤器：过滤图形上不同种类的图素，例如几何、尺寸和约束等。
- 绘图区：在这里完成绘图操作并显示绘制的结果。

一、上工具箱

上工具箱上提供了大量的辅助工具，熟练使用这些辅助工具可以优化设计环境，大大提高设计效率。下面简要说明与二维绘图相关的常用工具的用法。

- ⬜：打开【新建】对话框，新建一个设计文件。
- 📂：打开已经保存过的设计文件。
- 💾：在当前文件的放置目录或在软件的缺省路径下保存文件。
- 🔍：使用框选方式放大被选中的图形区域。
- 🔍：缩小视图。每单击该按钮一次，系统就按照设置的比例缩小视图一次。
- 🔍：重新调整当前视图大小，使之刚刚填满设计窗口。
- 🖈：关闭或显示视图上所有尺寸，按下此按钮将显示尺寸。
- 🖈：关闭或显示视图上所有约束，按下此按钮将显示约束。
- ⊞：隐藏或显示绘图区中的网格，按下此按钮将显示网格（网格用于辅助绘图）。
- 🖈：关闭或显示图形上的顶点，按下此按钮将显示图形的顶点。

 对于具有滚轮的三键鼠标，滚动滚轮可以缩小或放大视图，在按住 Shift 键的同时按住鼠标中键移动鼠标光标，可以移动视图。

二、右工具箱

右工具箱上放置了用于直接绘图的工具，主要包括选择工具、绘图工具以及编辑工具等。其中，带有·按钮的为组合工具，单击该按钮可以展开工具包。

- ▶：选择工具。在对图形进行编辑操作前，需要单击该按钮使其从绘图模式切换到选择模式。如果按住 Ctrl 键，一次可以选中多个对象。
- ＼＼｜｜：直线工具组。用于绘制直线、相切线、中心线以及几何中心线。
- ⬜：矩形工具。用于绘制矩形。
- ○◎○○⊘⊘：圆工具组。用于绘制中心和半径确定的圆、与已知圆同心的圆、经过 3 点的圆、与 3 个对象相切的圆以及椭圆。
- ⌒⌒⌒⌒⌒：圆弧工具组。用于绘制经过 3 点的圆弧，同心圆弧，已知圆心、半径和端点的圆弧，与 3 个对象相切的圆弧以及圆锥曲线。
- ⌐⌐：圆角工具组。用于在两图元连接处创建与之分别相切的圆形圆角以及椭圆形圆角。
- 〜：样条线工具。用于创建具有多个控制点并且形状可以调节的样条曲线。
- ×××⌐⌐：点工具组。用于创建点和坐标系。
- ⬜⬜⬜：实体边工具组。用于拾取已有实体模型上的边线来围成二维图形。该工具在纯二维模式以及尚未创建三维模型的三维环境中均不可用。
- ⊢：尺寸标注工具。用于手工标注图形尺寸。
- ⬜：尺寸修改工具。用于修改尺寸标注、文字以及样条曲线等。
- ⊥：约束工具箱。提供各种类型的约束工具，为图形添加约束条件。
- 🅰：文本工具。用于创建各种文字。
- 🎨：调色板工具。用于创建具有规则几何形状的图案。
- ✂╋⌐：修剪工具组。用于删除图元、顶角修剪以及对图元进行分割。
- 🔄🔄：复制工具组。用于对图形进行镜像复制以及缩放和旋转。只有选中操作对象后，该工具组才可用。

2.1.2　认识二维图形

完整的二维图形包括几何、约束和尺寸等 3 个图形元素。绘图之前，读者必须对这 3 种元素有一个明确的认识。

一、几何

几何图素是组成图形的基本单元，它由右工具箱上的绘图工具绘制而成，主要类型包括直线、圆、圆弧、矩形及样条线等。几何图素中还包括了可以单独编辑的下层对象，例如线段的端点、圆弧的圆心和端点以及样条曲线的控制点等，如图 2-3 所示。

几何图素是二维图形中最核心的组成部分。当由二维图形创建三维模型时，二维图形的几何图素直接决定了三维模型的形状和轮廓。

二、约束

约束是 Pro/E 提供的一种典型的设计理念，是施加在一个或一组图元之间的一种制约关系，从而在这些图元之间建立关联，以便达到在修改图形时"牵一发而动全身"的设计效果，如图 2-4 所示。合理地使用约束会大大简化设计方法，提高设计效率。

三、尺寸

尺寸是对图形的定量标注，通过尺寸可以明确图形的形状、大小以及图元之间的相互位置关系。当然，由于 Pro/E 采用"尺寸驱动"作为核心的设计思想，因此尺寸的作用远不止于此，通过尺寸和约束的联合作用，可以更加便捷地规范图形形状，如图 2-5 所示。

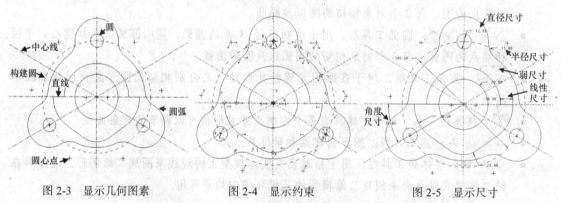

图 2-3　显示几何图素　　　图 2-4　显示约束　　　图 2-5　显示尺寸

在设计过程中，要注意使用上工具箱的显示控制工具和界面底部的过滤器来对以上设计图素进行筛选。

2.1.3　认识二维与三维的关系

二维图形是纯平面图形。在 Pro/E 设计中，单纯绘制并使用二维图形的情况并不多见，更多的是使用二维绘图的方法来创建三维图形的截面图，这一过程在三维建模中称为"二维草图绘制"，简称"二维草绘"。

一、截面图

在三维建模过程中，截面是一个出现频率很高的术语。截面也称剖面，是指模型被与轴线正交的平面剖切后的横截面。根据三维实体建模原理，三维模型一般都是由具有确定形状的二维图形沿着轨迹运动生成或者将一组截面依次相连生成的。

二、三维建模原理

三维建模的基础工作就是绘制符合设计要求的截面图，然后使用软件提供的基本建模方法来创建模型。如图 2-6 所示的二维截面，将其沿着与截面垂直的方向拉伸，即可创建如图 2-7 所示的三维模型。

图 2-6　二维截面　　　　　　　　　　图 2-7　三维模型

2.1.4　尺寸驱动和约束

在绘制由线条组成的二维图形时，用户通常会遇到不少麻烦。例如，在绘图过程中出现了错误怎样修正，是不是需要使用"橡皮擦"擦掉重画？绘制一条长度为 10mm 或角度为 35°的线段时，是否需要精确地保证这些尺寸？怎样简便地绘制出两条平行且等长的线段？

读者可以在学习完 2.1.5 节的工程实例后，再回过头来思考这个问题。

2.1.5　工程实例——绘制正五边形

下面将通过 Pro/E 的尺寸驱动思想和约束来绘制一个正五边形，以此来帮助读者建立对两者的感性认识，绘制结果如图 2-8 所示。

1. 新建文件。

选取菜单命令【文件】/【新建】，新建名为"Figure1"的草绘文件。

2. 选取菜单命令【草绘】/【选项】，打开【草绘器首选项】对话框，在【其它】选项卡中取消对【弱尺寸】复选项的选取，以隐藏图形上的弱尺寸。

3. 在右工具箱上单击 ╲ 按钮，随意绘制一个五边形图案，此时不必考虑线段的长度和位置关系，结果如图 2-9 所示。

4. 在右工具箱上单击 ┤ 按钮旁的·按钮，打开【约束】工具箱，再单击 ═ 按钮启动相等约束条件，然后单击如图 2-9 所示的线段 1 和线段 2，在两者之间添加等长约束条件，使其等

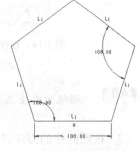

图 2-8　设计结果

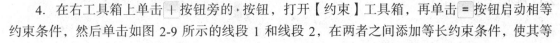

长，结果如图 2-10 所示。继续在线段 2 和线段 3 之间添加等长约束，结果如图 2-11 所示。

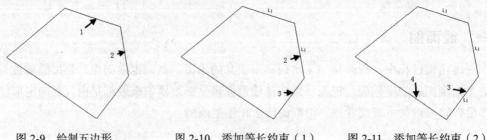

图 2-9　绘制五边形　　　　图 2-10　添加等长约束（1）　　　　图 2-11　添加等长约束（2）

 确保此时上工具箱上的 按钮处于被按下的状态，才能看到约束标记。

5. 继续在线段 3 和线段 4 以及线段 4 和线段 5 之间添加等长约束条件，结果如图 2-12 和图 2-13 所示。

6. 在右工具箱上单击 按钮，启动尺寸标注工具。按照图 2-14 所示标注角度尺寸，结果如图 2-15 所示。

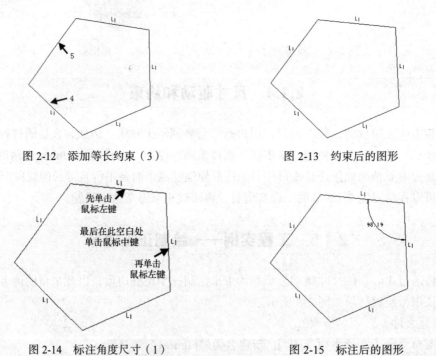

图 2-12　添加等长约束（3）　　　　　　　　图 2-13　约束后的图形

图 2-14　标注角度尺寸（1）　　　　　　　　图 2-15　标注后的图形

 确保此时上工具箱上的 按钮处于被按下的状态，才能看到标注的尺寸。

7. 按照同样的方法再任意标注一个角度尺寸，如图 2-16 所示。

8. 在角度尺寸数字上双击鼠标左键，打开尺寸输入文本框，将尺寸数值改为"108"，如图 2-17 所示。

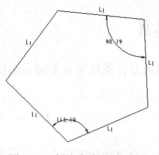

图2-16　标注角度尺寸（2）

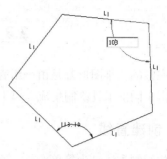

图2-17　修改尺寸（1）

9.　继续修改另一个角度尺寸值为"108"，此时，图形已经具备正五边形的雏形了，如图2-18所示。

10.　单击 = 按钮旁的·按钮，打开【约束】工具箱，单击 — 按钮，启动水平约束条件，然后单击图形的下边线，为其添加水平约束条件，使之处于水平位置，如图2-19所示。

11.　单击 按钮，打开尺寸标注工具。首先选中水平线段，然后在线段外的空白处单击鼠标中键，标注一个边长的尺寸，如图2-20所示。

12.　在边长尺寸上双击鼠标左键，将其数值修改为"100"。至此，一个边长为100的正向放置的多边形就创建完成了，结果参见图2-8。

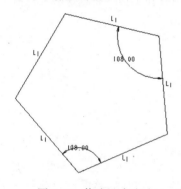

图2-18　修改尺寸（2）

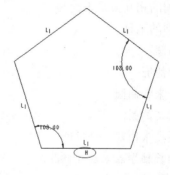

图2-19　添加水平约束

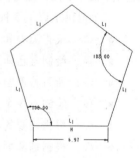

图2-20　标注尺寸

通过上例可以看出，尺寸驱动和约束增强了设计的智能化。用户只需要将设计目的以"尺寸"或"约束"等指令格式交给系统，系统就能够严格按照这些条件来创建出准确的图形。这不但减轻了设计者的负担，还提高了设计效率，保证了设计的准确性。

2.2
图元的创建和编辑

学习二维绘图的核心是掌握各种绘图工具和编辑工具的用法，并能在设计过程中灵活选择正确的工具来绘制图形。

2.2.1　图元创建工具

一幅完整的二维图形都是由一组直线、圆弧、圆、矩形及样条线等基本图元组成的。这些图元分别由不同的工具绘制生成，以下分别进行介绍。

一、创建直线

直线的绘制方法最为简单。首先确定线段的起点，然后确定线段的终点，最后单击鼠标中键，结束图形的绘制。

系统提供了以下 4 种直线工具，如图 2-21 所示。

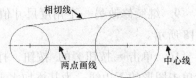

图 2-21　直线示例

- \：最基本的设计工具，经过两点绘制线段。
- \：绘制与两个对象相切的直线。
- ⫶：绘制两点中心线。
- ⫶：绘制两点几何中心线。

二、创建圆

圆在二维图形中的应用相当广泛，虽然完全确定一个圆只要圆心和半径参数就足够了，但是实际设计中往往通过图形之间的相互关系来绘制。

系统提供了以下 5 种绘制圆的工具。

- O：根据圆心和半径画圆。
- ◎：绘制与已知圆同心的圆。
- O：通过拾取圆上 3 点来绘制圆。
- O：绘制与 3 个对象相切的圆。
- ⊘：根据椭圆的长轴端点来创建一个椭圆。
- ⊘：根据椭圆的中心和长轴端点来创建椭圆。

图 2-22 所示是 5 种圆的示例。

三、创建矩形

在 Pro/E 中，矩形的绘制较简单，只需要确定矩形的两个对角点即可。在右工具箱上单击 ▫ 按钮，然后按住鼠标左键从左向右或从右向左拖动鼠标光标，都可以绘制出矩形。绘制完成后，其边线上自动添加水平或竖直约束，如图 2-23 所示。

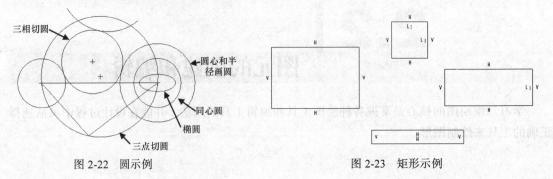

图 2-22　圆示例

图 2-23　矩形示例

四、创建圆角

连接两个图元时,在交点处除了采用尖角连接外,还可以使用圆弧连接,使用圆弧连接的图形更为美观,同时通过这样的二维图形创建的三维模型可以省去创建倒圆角特征的步骤,从而简化了设计过程。

系统提供了以下两种圆角工具。

- ![icon]: 在两个图元连接处创建圆角。
- ![icon]: 在两个图元连接处创建椭圆角。

圆角(椭圆角)的创建过程比较简单,选取放置圆角的两条边后即可放置圆角,然后只需要根据要求修改合适的圆角半径即可,如图 2-24 所示。

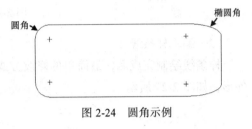

图 2-24　圆角示例

五、创建圆弧

圆弧的绘制与圆的绘制有一定的相似性,也需要圆心和半径这两个主要参数,但是由于圆弧实际上是圆的一部分,因此还需要确定其起点和终点。实际设计中,通常根据参照来定位圆弧,系统共提供了以下 5 种绘制圆弧的方法。

- ![icon]: 通过 3 点创建圆弧。
- ![icon]: 创建与已知圆或圆弧同心的圆弧。
- ![icon]: 通过圆心和圆弧端点来创建圆弧。
- ![icon]: 创建与 3 个图元均相切的圆弧。
- ![icon]: 创建锥形圆弧。

采用以上方法创建的圆弧示例如图 2-25 所示。

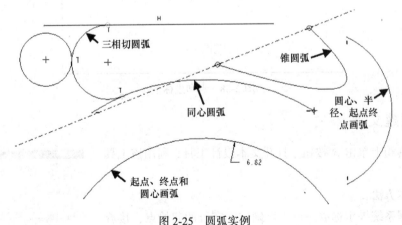

图 2-25　圆弧实例

六、创建样条线

样条线是一条具有多个控制点的平滑曲线,其最大的特点是可以随意进行形状设计,在曲线绘制完成后还可以通过编辑方法修改曲线形状。

(1)绘制样条线

在右工具箱上单击![icon]按钮,然后使用鼠标左键依次单击样条曲线经过的控制点,最后单击鼠标中键，即可完成图形的绘制，结果如图 2-26 所示。

图 2-26　绘制样条线

（2）编辑样条线

样条线绘制完成后，最简单的修改方式是按住鼠标左键拖动曲线上的控制点来调整曲线的外形，如图 2-27 所示。

图 2-27　编辑样条线

七、创建点和坐标系

点可以作为曲线设计的参照。坐标系在三维建模中应用较为广泛，可以作为定位参照。它们的创建比较简单，在右工具箱上单击 ⊠ 按钮即可在界面中单击鼠标左键放置点，单击 ⏣ 按钮可在界面中放置坐标系，如图 2-28 所示。

图 2-28　点和坐标系

八、创建文字

在右工具箱上单击 Ⓐ 按钮，打开文本设计工具，利用该工具可创建文字。

（1）基本方法

首先根据系统提示选取一点，以确定文字行的起始点，接着继续选取第二点，以确定文本的高度和方向，绘制文字高度线。

接下来在如图 2-29 所示的【文本】对话框中确定文字的属性参数，例如字体、位置及比例等。之后输入文本内容，创建文字，最后修改文本高度线的尺寸，调节文本大小。

注意对文字方向的理解，如果从起始点开始向上确定第二点，这时创建文字的效果如图 2-30 所示，如果从起始点开始向下确定

图 2-29　【文本】对话框

第二点，这时创建文字的效果如图 2-31 所示。

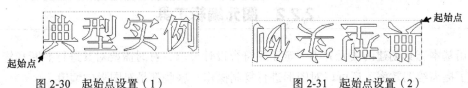

图 2-30　起始点设置（1）　　　　　　　　图 2-31　起始点设置（2）

（2）沿着曲线放置文字

在【文本】对话框中选取【沿曲线放置】复选项，然后选取参照曲线，可以将文字沿着该曲线放置。通常选取事先创建好的样条曲线或基准曲线作为参照曲线，如图 2-32 所示。单击 按钮，可以调整文本的放置方向，如图 2-33 所示。

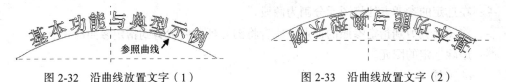

图 2-32　沿曲线放置文字（1）　　　　　　　图 2-33　沿曲线放置文字（2）

（3）编辑修改文字

如果需要修改已经创建的文字，可以在右工具箱上单击 按钮，打开【文本】对话框，重新设置创建参数，然后再生文字即可。

九、创建图案

Pro/E Wildfire 5.0 提供了图案创建工具，在右工具箱上单击 按钮，打开【草绘器调色板】对话框，如图 2-34 所示。该对话框中提供了【多边形】、【轮廓】、【形状】和【星形】4 种类型的图案，可以帮助设计者简单快捷地绘制形状规则且对称的图形，如图 2-35 所示。

在【草绘器调色板】对话框下部的列表框中双击需要绘制的图案，待鼠标光标变为 形状后，在设计界面

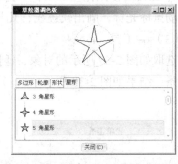

图 2-34　【草绘器调色板】对话框

中拖动鼠标光标即可绘制图形，同时在如图 2-36 所示的【移动和调整大小】对话框中设置参数，可以对图案进行缩小、放大及旋转操作。

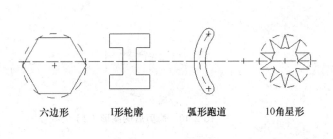

六边形　　　　I 形轮廓　　　　弧形跑道　　　　10 角星形

图 2-35　典型图案示例　　　　　　　　图 2-36　【移动和调整大小】对话框

2.2.2 图元编辑工具

使用基本工具创建的图元并不一定正好符合设计要求，有时需要对其进行截断和修剪等操作，为了提高绘图效率，还可以对图形进行复制操作，这些都是对图形的编辑。

一、裁剪工具

使用裁剪工具可以将一个图元分割为多条线段，并裁去其中不需要的部分，最后获得理想的图形。在实际绘图过程中，用户总是将设计工具和裁剪工具交替使用。系统提供了以下3种裁剪工具。

　　⌐：在选定的参考点处将图元分割为两段。

　　┼：将图元裁剪到指定参照的顶点，或者将图元延伸后裁剪到指定参照的顶点。

　　⌐：删除选定的图元。

（1）⌐工具

纯二维模式下，系统会自动把相交的图元在相交处截断，通常不需要使用⌐工具，但在三维绘图环境下绘制二维图形时，有时需要使用⌐工具将图元在选定的参考点处截断。

（2）⌐工具

⌐工具的使用比较简单，单击需要删除的图元即可将其删除。如果待删除的图元较多，可以拖动鼠标光标，画出轨迹线，凡与轨迹线相交的线条都会被删除。

（3）┼工具

选取如图 2-37 所示的对象，延长这两条不相交的线段，然后在交点处裁剪掉未被选中一侧的线条，结果如图 2-38 所示。

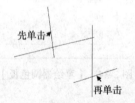

图 2-37　修剪前的图形（1）　　　　　　　　　　图 2-38　修剪后的图形（1）

对于已经相交的线段，单击┼按钮后，选取如图 2-39 所示的参照，直接在交点处裁剪掉未被选中一侧的线条，结果如图 2-40 所示。

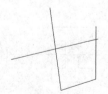

图 2-39　修剪前的图形（2）　　　　　　　　　　图 2-40　修剪后的图形（2）

二、复制工具

在创建具有对称结构的二维图形时，可以先绘制图形的一半，然后通过镜像复制的方法创建另一半。用户还可以对图形进行缩小、放大及旋转等操作来创建与已知图形形状相近的图形。

（1）镜像复制图形

在右工具箱上单击 按钮，打开镜像复制工具。选取中心线作为参照，镜像复制选定的图形，镜像复制后的图形与原图形之间添加了对称的约束关系，如图 2-41 和图 2-42 所示。

（2）缩放与旋转

在右工具箱上单击 按钮，打开缩放与旋转工具。用户可以对选定的图形进行旋转、缩小及放大操作，以创建新的图形。此时图上将出现 3 个控制句柄，它们分别用于移动、旋转和缩放图形，如图 2-43 所示。其中，移动句柄兼做旋转中心，可以拖动鼠标光标来移动该句柄，从而调整旋转中心的位置。

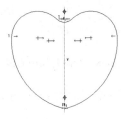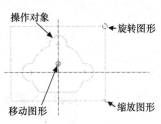

图 2-41　镜像前的图形　　　　图 2-42　镜像后的图形　　　　图 2-43　缩放和旋转图形

如果要精确地缩放和旋转图形，可以在同时打开的如图 2-44 所示的【移动和调整大小】对话框中输入参数进行操作。

图形缩小后的结果如图 2-45 所示，将图形旋转 90° 后的结果如图 2-46 所示。

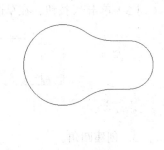

图 2-44　【移动和调整大小】对话框　　　图 2-45　缩小后的图形　　　图 2-46　旋转后的图形

2.2.3　工程实例——练习基本绘图工具

本例主要练习基本绘图工具的使用，最终创建的设计结果如图 2-47 所示。

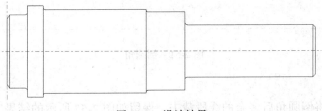

图 2-47　设计结果

1. 新建文件。

选取菜单命令【文件】/【新建】，新建名为"Figure2"的草绘文件。

2. 绘制一组图元。

（1）单击 ＼ 按钮右侧的 ▸ 按钮，在弹出的工具条中单击 ┊ 按钮，然后绘制如图 2-48 所示的几何中心线。

图 2-48　绘制几何中心线

（2）单击 ＼ 按钮，绘制 8 条竖直直线，然后修改尺寸，如图 2-49 所示。

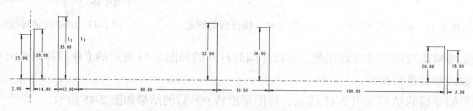

图 2-49　绘制竖直直线

（3）单击 ＼ 按钮，在草图中绘制水平直线，并将各端点连接，如图 2-50 所示。

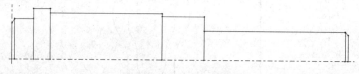

图 2-50　绘制水平直线

3. 创建圆角。

单击 ＼ 按钮，在阶梯轴的每个台阶处倒圆角，并修改尺寸，如图 2-51 所示。

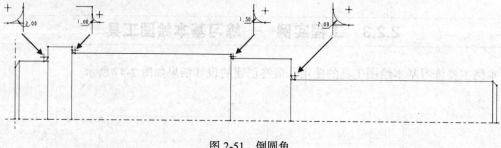

图 2-51　倒圆角

4. 剪裁图元。

单击 ⊱ 按钮，将倒圆角后多余的线段裁去，保留如图 2-52 所示的结果。

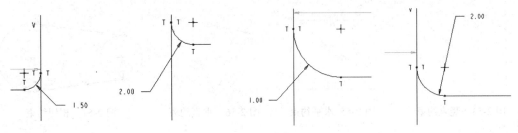

图 2-52　修剪图元

5. 镜像复制图元。

（1）选取所示的图元作为镜像复制对象。

（2）单击 按钮，打开镜像复制工具。

（3）选取图中水平几何中心线作为镜像参照。

最后得到的镜像复制结果如图 2-53 所示。

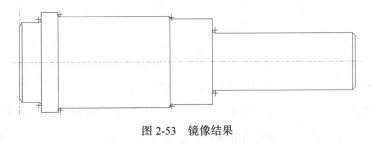

图 2-53　镜像结果

2.3

约束工具的使用

约束工具用于按照特定的要求规范一个或多个图元的形状和相互关系，从而建立图元之间的内在联系。系统提供了丰富的约束工具，但每种约束应用的条件和效果并不相同。在右工具箱上单击 按钮旁的 · 按钮，打开【约束】工具箱，上面放置了 9 种约束工具。

2.3.1　约束的种类

激活一种约束工具后，选取约束施加的对象。如果在上工具箱上按下了 按钮，则约束创建成功后，将在图形上显示约束符号。

- ：竖直约束。让选中的图元处于竖直状态，如图 2-54 所示。
- ：水平约束。让选中的图元处于水平状态，如图 2-55 所示。
- ：垂直约束。让选中的两个图元处于垂直状态，如图 2-56 所示。
- ：相切约束。让选中的两个图元处于相切状态，如图 2-57 所示。

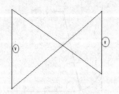
图 2-54 竖直约束

图 2-55 水平约束

图 2-56 垂直约束

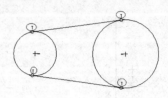
图 2-57 相切约束

- ⟋：中点约束。将点置于线段中央，如图 2-58 所示。
- ⟡：共点约束。将选定的两点对齐在一起或将点放置到直线上，或者将两条直线对齐，如图 2-59 所示为将点放置在直线上示例。
- ⟺：对称约束。将选定的图元关于参照（如中心线等）对称布置，如图 2-60 所示。
- ＝：相等约束。使两条直线或圆（弧）图元之间具有相同长度或相等半径，如图 2-61 和图 2-62 所示。

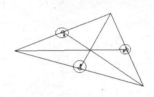
图 2-58 中点约束

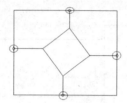
图 2-59 共点约束

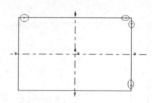
图 2-60 对称约束

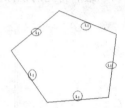
图 2-61 相等约束（1）

- ∥：平行约束。使两个图元相互平行，如图 2-63 所示。

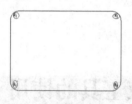
图 2-62 相等约束（2）

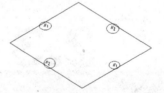
图 2-63 平行约束

2.3.2 约束冲突及解决

在以下 3 种情况下会产生约束之间以及约束和标注尺寸之间的冲突。

- 标注尺寸时出现了封闭尺寸链。
- 标注约束时，在同一个图元上同时施加了相互矛盾的多个约束。
- 尺寸标注和约束对图元具有相同的约束效果。

一旦出现了约束冲突，系统首先删除弱尺寸来解决冲突，当解决失败后会打开如图 2-64 所示的【解决草绘】对话框让设计者解决。

通常的做法是，直接单击 删除(D) 按钮，删除当前添加的约束，或者从约束或尺寸列表中选取一个对象将其删除。

当标注尺寸发生冲突时，可以单击 尺寸 > 参照(R) 按钮，将选取的尺寸转换为参考尺寸，这样该尺寸仅仅作为设计参考

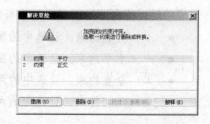
图 2-64 【解决草绘】对话框

使用，不具有"尺寸驱动"的效力。

2.3.3　工程实例——练习约束工具

本例主要介绍约束工具在设计中的应用，最终结果如图 2-65 所示。

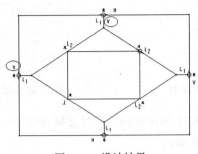

图 2-65　设计结果

1.　新建文件。

选取菜单命令【文件】/【新建】，新建名为"Figure3"的草绘文件。

2.　确保上工具箱上的 按钮为弹起状态，关闭图形上的所有尺寸显示。确保上工具箱上的 按钮为压下状态，打开所有约束显示。

3.　使用基本绘图工具绘制如图 2-66 所示的图形，此时不必考虑尺寸的准确性。

4.　在右工具箱上单击 按钮旁的·按钮，打开【约束】工具箱，再单击 按钮，打开共点约束工具，首先单击如图 2-67 所示的端点 1，然后单击线段 2，将端点放置在线段上，结果如图 2-68 所示。

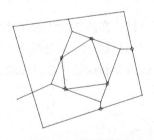 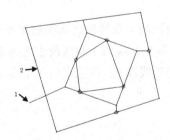 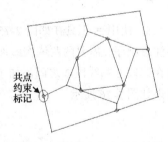

图 2-66　草绘图形　　　　　　图 2-67　选取参照　　　　　图 2-68　添加共点约束后的结果

5.　单击 按钮，在如图 2-69 所示的两个图元之间添加平行约束条件。首先选取线段 1，然后选取线段 2，结果如图 2-70 所示（注意图上的约束标记）。

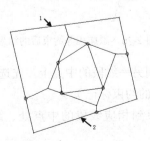 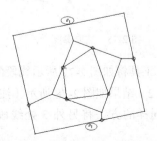

图 2-69　选取参照　　　　　　图 2-70　添加平行约束后的结果

6. 由于图形重新调整，用户可能看到上端有段线段和图形分离，如图 2-71 所示。此时使用 工具将其约束到线段上，结果如图 2-72 所示。

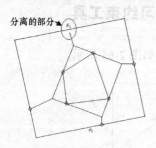

图 2-71 再生后的图形

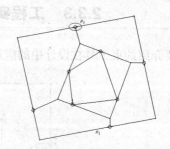

图 2-72   添加共点约束后的结果

7. 单击 // 按钮，在如图 2-73 所示的两个图元之间添加平行约束条件。首先选取线段 1，然后选取线段 2，结果如图 2-74 所示。

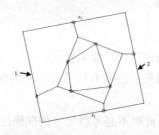

图 2-73   选取参照

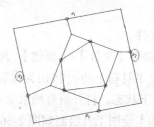

图 2-74   添加平行约束后的结果

> **要点提示** 施加在不同对象组之间的同类约束使用的是不同的标记下标，以方便进行区分。

8. 使用 = 工具在如图 2-75 所示的 4 条线段之间添加相等约束条件。在添加这些条件时必须注意顺序，需要两两依次添加，即先在线段 1 和线段 2 之间添加（先选线段 1，后选线段 2），再在线段 2 和线段 3 之间添加（先选线段 2，后选线段 3），最后在线段 3 和线段 4 之间添加，结果如图 2-76 所示。

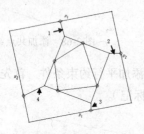

图 2-75   选取参照

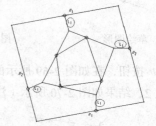

图 2-76   添加相等约束后的结果

9. 使用 \ 工具将如图 2-77 所示线段的端点约束到另一线段的中点上。先选取线段的端点 1，再选取线段 2，结果如图 2-78 所示（注意此时出现的约束标记）。

10. 使用同样的方法将另外 3 处线段的端点约束到相应线段的中点处，结果如图 2-79 所示。

11. 使用 = 工具在如图 2-80 所示的 4 条线段之间添加相等约束条件，结果如图 2-81 所示。

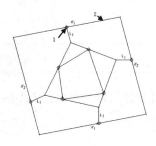 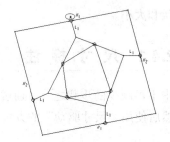 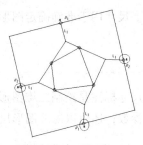

图 2-77 选取参照　　　图 2-78 添加中点约束后的结果（1）　图 2-79 添加中点约束后的结果（2）

12. 使用 ✎ 工具将如图 2-82 所示 4 处线段的端点约束到相应线段的中点处，结果如图 2-83 所示。

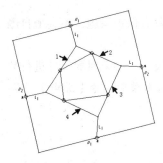 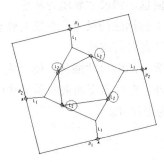 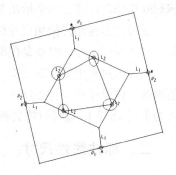

图 2-80 选取参照　　　　图 2-81 添加相等约束后的结果　　　图 2-82 选取参照

如果在添加约束时出现操作不成功的情况，可以适当更改一下操作顺序。另外，经过约束之后，图形最里面的四边形已经成等边四边形了，如果还要在其上添加等长约束条件，就会发生约束冲突。

13. 在如图 2-84 所示的边线上添加水平约束条件。

14. 在如图 2-84 所示的边线上添加竖直约束条件后的结果如图 2-65 所示。

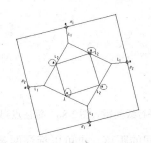 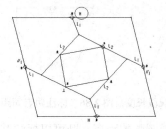

图 2-83 添加中点约束后的结果　　　图 2-84 添加水平约束后的结果

2.4
尺寸的标注和修改

完成基本图形的绘制后，就需要对其进行尺寸标注，然后再根据设计需要修改尺寸，再生图形。尺寸用于准确确定图形的形状和大小。

2.4.1 尺 寸 标 注

尺寸标注是绘制二维图形过程中不可缺少的步骤之一，通过尺寸标注可以定量获得图形的具体参数，还可以修改图形尺寸，然后使用"尺寸驱动"的方式再生图形。

一、弱尺寸和强尺寸

弱尺寸是指在绘制图形后，系统自动标注的尺寸。创建弱尺寸时，系统不会给出相关的提示信息。同时，当用户创建的尺寸与弱尺寸发生冲突时，系统将自动删除冲突的弱尺寸，在实施删除操作时同样也不会给出警告信息。弱尺寸显示为灰色。

强尺寸是指用户使用尺寸标注工具标注的尺寸。系统对强尺寸具有保护措施，不会擅自删除，当遇到尺寸冲突时总是提醒设计者自行解决。

在设计过程中常常需要将一定数量的弱尺寸强化，使之成为强尺寸。如果对弱尺寸进行数值修改，该尺寸将变为强尺寸。此外，选中需要加强的弱尺寸后，选取菜单命令【编辑】/【转换为】/【加强】，就可以将其强化为强尺寸。

二、标注线性尺寸

在绘图过程中，使用右工具箱上的 工具可以完成各种类型的尺寸标注。在这些尺寸中，线性尺寸最为常见，其主要类型和标注方法如下。

- 线段长度：选中该线段，在放置尺寸的位置处单击鼠标中键，示例如图 2-85 所示。
- 两点间距：选中两点，在放置尺寸的位置处单击鼠标中键，示例如图 2-86 所示。
- 平行线间距：选中两条直线，在放置尺寸的位置处单击鼠标中键，示例如图 2-87 所示。
- 点到直线的距离：先选取点，再选中直线，然后在放置尺寸的位置处单击鼠标中键，示例如图 2-88 所示。

 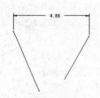 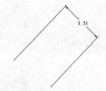

图 2-85　标注线段长度　图 2-86　标注两点间距　图 2-87　标注平行线间距　图 2-88　标注点到直线的距离

两个圆或圆弧的距离：既可以标注其两条水平切线之间的距离，也可以标注两条竖直切线之间的距离，示例如图 2-89 和图 2-90 所示。

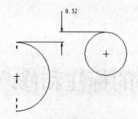 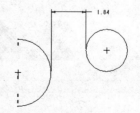

图 2-89　标注圆与圆弧的距离（1）　　　　图 2-90　标注圆与圆弧的距离（2）

三、标注直径和半径尺寸

在实际绘图中，标注圆（圆弧）的直径尺寸还是其半径尺寸，要依据设计需要而定。

- 标注直径尺寸：在需要标注直径尺寸的圆（圆弧）上双击鼠标左键，然后在放置尺寸的位置处单击鼠标中键，示例如图 2-91 所示。
- 标注半径尺寸：在需要标注半径尺寸的圆（圆弧）上单击鼠标左键，然后在放置尺寸的位置处单击鼠标中键，示例如图 2-92 所示。

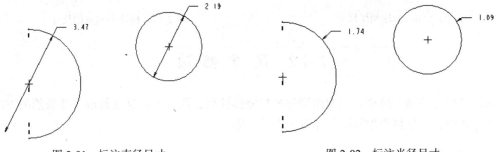

图 2-91　标注直径尺寸　　　　　　　　图 2-92　标注半径尺寸

四、标注角度尺寸

标注两个图元围成的角度尺寸，有以下两种情况。

- 标注两条相交直线的夹角：单击鼠标左键，选取需要标注角度尺寸的两条直线，然后在放置尺寸的位置处单击鼠标中键，示例如图 2-93 所示。
- 标注圆弧角度：首先选取圆弧起点，然后选取圆弧终点，接着选取圆弧本身，然后在放置尺寸的位置处单击鼠标中键，示例如图 2-94 所示。

图 2-93　标注两条相交直线的夹角　　　　图 2-94　标注圆弧角度

五、标注样条曲线尺寸

样条曲线在设计中应用相当广泛，可用于构建复杂且形状可变的线条。样条曲线不像直线和圆弧那样用少数几个尺寸就能准确地确定曲线形状。在设计过程中，通常使用尽量少的尺寸数量来表达曲线更多的信息。样条曲线上常标注的尺寸主要有以下 3 种。

- 线性尺寸：用于标注曲线两个端点之间的直线距离以及端点到其他图元之间的直线尺寸，示例如图 2-95 所示。
- 相切尺寸：样条曲线两端点与相切曲线的角度尺寸。在标注前，必须绘制或选择一条基

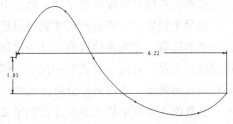

图 2-95　标注线性尺寸

准线。首先选取样条曲线，然后选取基准线，接着在样条曲线上选取一个参考点，最后在需要放置尺寸的位置处单击鼠标中键，示例如图 2-96 所示。

● 中间点的尺寸：标注样条曲线中间点的尺寸，示例如图 2-97 所示。

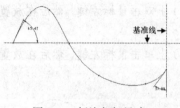

图 2-96　标注相切尺寸

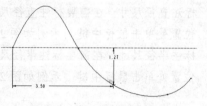

图 2-97　标注中间点的尺寸

2.4.2　尺寸修改

根据"尺寸驱动"理论，当对图形完成尺寸标注后，用户可以通过修改尺寸数值的方法来修正设计意图，系统将根据新的尺寸再生设计结果。

一、单个尺寸的修改

如果要修改单个尺寸，就直接双击该尺寸（强尺寸或弱尺寸），打开尺寸文本框，在其中输入新的尺寸数值后，系统立即使用新数值再生图形，以重新获得新的设计结果。

二、修改一组尺寸

使用上一种方法修改单个尺寸后，系统会立即再生尺寸。如果对该尺寸的修改比例太大，再生后的图形会严重变形，不便于对其进行进一步操作。这时可以使用右工具箱上的 ┓ 工具来修改图形，方法如下。

选中需要修改的尺寸，然后在右工具箱上单击 ┓ 按钮，打开【修改尺寸】对话框，如图 2-98 所示。

图 2-98　【修改尺寸】对话框

如果需要同时修改其他尺寸，就选中这些尺寸，将它们添加到【修改尺寸】对话框中。

如果希望修改完所有的尺寸后再重绘图形，可以在【修改尺寸】对话框中取消对【再生】复选项的选取。如果希望所有尺寸等比例放大或缩小，可以选取【锁定比例】复选项。注意，锁定比例主要针对同一种类型的尺寸，修改某一个线性尺寸后，拟被修改的所有线性尺寸都以同样的比例修改。修改某一个角度尺寸后，拟被修改的所有角度尺寸也都以同样的比例修改。

在数值文本框中输入新尺寸或调节文本框右侧旋钮都可以修改尺寸。完成后单击 ✔ 按钮再生图形。

2.4.3 工程实例——练习尺寸工具

下面结合实例说明尺寸工具在设计中的应用，最终创建的设计结果如图 2-99 所示。

1. 新建文件。

新建名为"Figure4"的草绘文件。

2. 绘制二维草图。

（1）单击 ▎ 按钮，绘制如图 2-100 所示的中心线。

（2）单击 ○ 按钮，打开画圆工具，绘制如图 2-101 所示的圆。

（3）单击 ＼ 按钮，打开绘制直线工具，绘制如图 2-102 所示的线段。

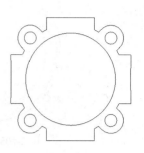

图 2-99 设计结果

图 2-100 绘制中心线

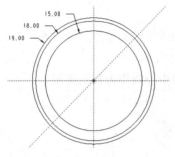

图 2-101 绘制圆

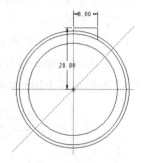

图 2-102 绘制线段

3. 镜像复制图元。

（1）选取如图 2-102 所示的两条线段作为复制的对象。

（2）单击 ┉ 按钮，打开镜像复制工具。

（3）选取如图 2-103 所示的中心线作为镜像复制参照。

镜像复制后的结果如图 2-104 所示。

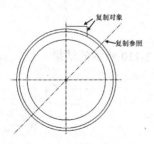

图 2-103 设置镜像参照

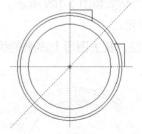

图 2-104 镜像复制结果

4. 继续绘制图元。

（1）单击 ＼ 按钮，打开绘制直线工具，绘制一条线段。

单击 ┡ 按钮，标注尺寸。

单击 ╤ 按钮，打开【修改尺寸】对话框。

最后得到的结果如图 2-105 所示。

（2）单击 ○ 按钮和 ◎ 按钮，绘制如图 2-106 所示的两个同心圆。

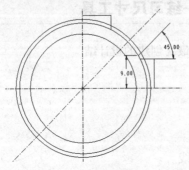

图 2-105　绘制线段

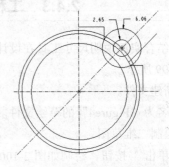

图 2-106　绘制同心圆

（3）对大圆创建相切约束，修改小圆的直径为 "4"。

最后得到的设计结果如图 2-107 所示。

5．镜像复制图元。

（1）选取如图 2-108 所示的线段作为镜像复制对象。

（2）单击 按钮，打开镜像复制工具。

（3）选取如图 2-108 所示的中心线作为复制参照。

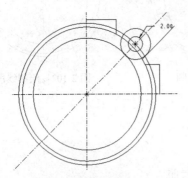

图 2-107　设置约束条件

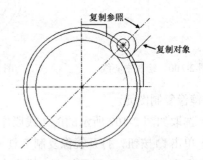

图 2-108　设置镜像参照

镜像复制的结果如图 2-109 所示。

6．裁剪图元。

单击 按钮，裁去图形上多余的线条，保留如图 2-110 所示的结果。

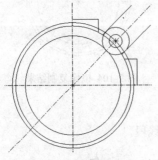

图 2-109　镜像复制结果

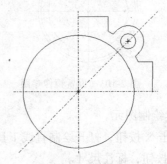

图 2-110　裁剪结果

7. 镜像复制图元。

（1）选取如图 2-111 所示的图元作为镜像复制对象。

（2）单击 按钮，打开镜像复制工具。

（3）选取如图 2-111 所示的中心线作为复制参照，得到的结果如图 2-112 所示。

（4）选取已经创建的图形作为镜像复制对象，选取水平中心线作为镜像参照复制图形。

最后得到的结果如图 2-99 所示。

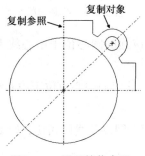 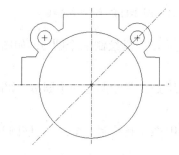

图 2-111　设置镜像参照　　　　　图 2-112　镜像复制结果

2.5

综合实例

下面结合一组综合实例介绍二维图形的绘制方法和技巧。

2.5.1　绘制图形一

本例主要介绍综合使用多种工具绘图的方法，最终创建的设计结果如图 2-113 所示。

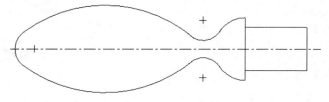

图 2-113　设计结果

1. 新建草绘文件。

新建名为"Figure5"的草绘文件。

2. 绘制基本图元。

（1）使用 工具绘制一条水平中心线，如图 2-114 所示。

（2）使用 工具绘制一条线段，如图 2-115 所示。

图 2-114　绘制中心线　　　　　　　　　　　图 2-115　绘制线段

（3）使用 ⊙ 工具绘制一个圆 a，如图 2-116 所示。该圆的圆心位于中心线上，半径自行设定。

（4）使用 ⊙ 工具绘制另一个圆 b，如图 2-117 所示。该圆的圆心也位于中心线上，半径比前一个圆略小。

（5）使用 ⊙ 工具绘制一个圆 c，该圆与已经创建的两个圆以及线段相切，如图 2-118 所示。

使用 ⊙ 工具绘制相切圆时，鼠标光标在图元上单击的位置与绘图结果有一定的关系，单击位置最好靠近绘图完成后的相切点的位置。在本例中，应该依次选取如图 2-119 所示的点来创建图形。

图 2-116　绘制圆（1）　　　　　　　　　　图 2-117　绘制圆（2）

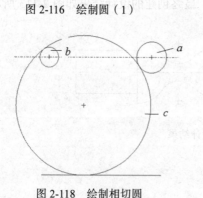

图 2-118　绘制相切圆

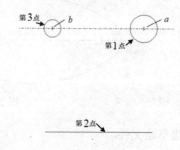

图 2-119　选取参考点

（6）使用 ＼ 工具绘制两条竖直线段和一条水平线段，如图 2-120 所示。

（7）使用 ⊙ 工具绘制一个圆 d，使其同时与圆 a、圆 c 相切。首先选择 ⊙ 工具，在圆 a 和圆 c 上选取 A、B 两点，此时出现一个动态圆 d，拖动圆 d 使其与圆 a、圆 c 相切，然后在圆外选取一点，结果如图 2-121 所示。

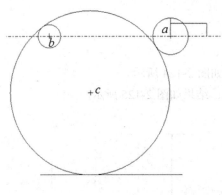

图 2-120　绘制线段

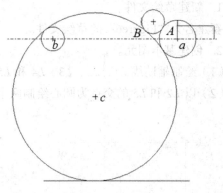

图 2-121　绘制圆

3. 裁剪和复制图形。

（1）使用 ╱ 工具删除多余的线条，保留如图 2-122 所示的图形。

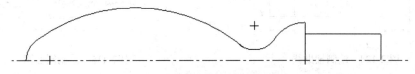

图 2-122　镜像结果

 使用 ╱ 工具删除线条时，可以按住鼠标左键拖动鼠标光标画出轨迹线，凡与该轨迹线相交的线条都将被删除，这样可以提高设计效率。

（2）框选上一步创建的所有线条作为镜像复制对象，在右工具箱上单击 ⋈ 按钮，打开镜像设计工具，选取中心线作为镜像参照，镜像复制结果如图 2-123 所示。

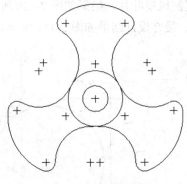

图 2-123　设计结果

2.5.2　绘制图形二

本例进一步介绍基本二维图形的绘制，以巩固练习基本设计工具和约束工具的使用，最后创建的设计结果如图 2-124 所示。

1. 新建草绘文件。

新建名为"Figure6"的草绘文件。

2. 创建基本图元。

（1）绘制辅助线 $L1$、$L2$、$L3$、$L4$ 和 $L5$，结果如图 2-124 所示。

（2）以 $L2$ 和 $L5$ 的交点为圆心绘制两个同心圆，结果如图 2-125 所示。

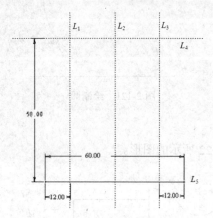

图 2-124　绘制辅助线

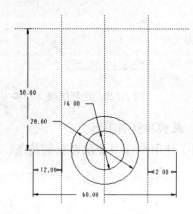

图 2-115　绘制同心圆

（3）分别以 $L4$ 与 $L1$、$L3$ 的交点为圆心，绘制两个等直径的圆 $R1$、$R2$，结果如图 2-116 所示。

（4）继续绘制两个圆，该圆与大圆、小圆和直线相切，结果如图 2-117 所示。

（5）绘制一个与 $R1$ 和 $R2$（如图 2-116 所示）相切的圆，结果如图 2-118 所示。

（6）裁去图形上的多余线段，保留如图 2-119 所示的结果。

3. 复制风扇叶片。

采用前面介绍的方法旋转复制风扇叶片，结果如图 2-120 所示。

4. 整理画面，删除辅助线，最终设计结果如图 2-113 所示。

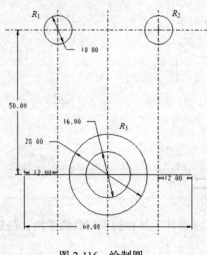

图 2-116　绘制圆

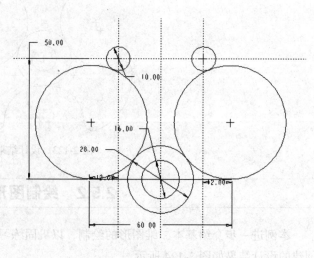

图 2-117　绘制相切圆

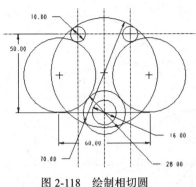

图 2-118　绘制相切圆

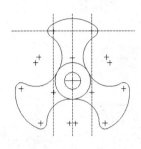

图 2-119　裁剪结果

图 2-120　旋转复制结果

2.5.3　绘制图形三

本例将进一步介绍基本二维图形的绘制，以巩固练习基本设计工具和约束工具的使用，最后创建的设计结果如图 2-121 所示。

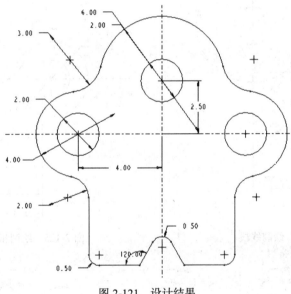

图 2-121　设计结果

1. 新建草绘文件。

新建名为"Figure8"的草绘文件。

2. 绘制基本图元。

（1）使用 ┆ 工具绘制中心线，结果如图 2-122 所示。

（2）使用 ◯ 工具绘制 4 个圆，结果如图 2-123 所示。

（3）使用 ＼ 工具绘制线段，结果如图 2-124 所示。

（4）使用 ◯ 工具绘制圆，并在新绘制的圆与相邻圆之间添加相切约束，结果如图 2-125 所示。

（5）继续使用 ◯ 工具绘制圆，并在新绘制的圆与相邻图元之间添加相切约束，结果如图 2-126 所示。

（6）使用 ┗ 工具创建圆角，结果如图 2-127 所示。

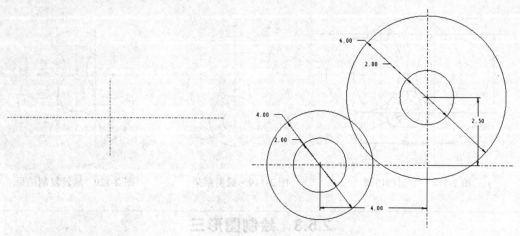

图 2-122　绘制中心线　　　　　　　　　图 2-123　绘制圆

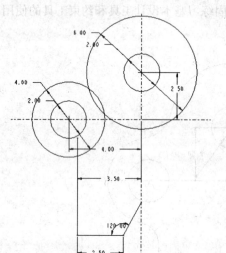

图 2-124　绘制线段

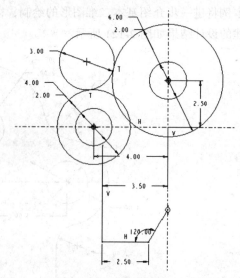

图 2-125　绘制相切圆（1）

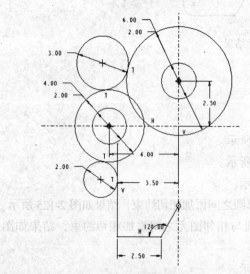

图 2-126　绘制相切圆（2）

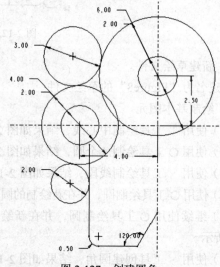

图 2-127　创建圆角

3. 裁剪图形。

（1）使用 工具裁去多余线条，保留如图 2-128 所示的图形。

（2）选取除中心小圆以外的所有图元作为镜像复制对象，在右工具箱上单击 按钮，选取竖直中心线作为镜像参照，镜像复制结果如图 2-129 所示。

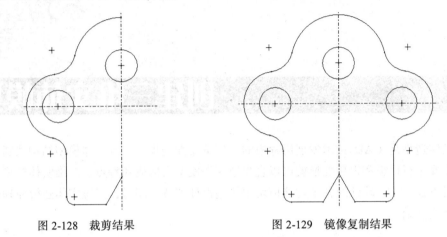

图 2-128　裁剪结果　　　　　图 2-129　镜像复制结果

要点提示　选取镜像复制对象时，可以首先框选全部图元，然后按住 Ctrl 键选取要从已选图元中排除的图元（例如本例中的小圆）。

（3）使用 工具创建圆角，最终的设计结果如图 2-121 所示。

2.6　习题

1. 在二维图形中，怎样方便快捷地修改图形的形状和大小？
2. 二维图形和三维模型之间有何联系？
3. 绘制一个边长为 100 的正五边形。
4. 绘制如图 2-131 所示的二维图形。

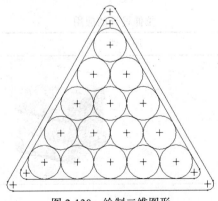

图 2-130　绘制二维图形

第3章

创建三维实体模型

三维实体造型是 CAD 技术发展历程中的一项革命性进步。三维实体模型结构清晰、简明直观，不需要进行投影和视角变换就可以直观地获得模型的构成和特点。三维实体模型的信息量丰富，可以在 CAD 软件的各个功能模块中传递设计细节。同时，三维实体建模原理也是曲面建模的理论基础。

学习目标

- 掌握拉伸实体特征的创建方法。
- 掌握旋转实体特征的创建方法。
- 掌握扫描实体特征的创建方法。
- 掌握混合实体特征的创建方法。
- 掌握实体建模的基本流程和技巧。

3.1

创建拉伸实体特征

拉伸是指将封闭截面围成的区域按照与该截面垂直的方向添加或去除材料来创建实体特征的方法。其具体应用如表 3-1 所示。

表 3-1   拉伸设计的应用

序号	要点	原 理 图	说 明
1	增加材料		从零开始或者在已有实体基础上生长出新的实体

续表

序号	要点	原 理 图	说 明
2	切减材料	截面图　　　　　拉伸实体	在已有实体基础上切去部分材料
3	加厚草绘	开放截面图　　　　薄板实体	仅将草绘截面加厚一定尺寸创建实体特征
4	嵌套截面拉伸	截面图　　　　　拉伸实体	可以适用相互之间不交叉的嵌套截面创建拉伸实体

在右工具箱上单击 按钮,打开拉伸设计工具后,在设计界面的底部将增加如图 3-1 所示设计图标板,各个设计工具按钮的用法见图中注释。

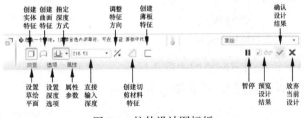

图 3-1　拉伸设计图标板

3.1.1　选取并放置草绘平面

打开拉伸设计图标板后,单击左上侧的 放置 按钮,打开如图 3-2 所示上滑参数面板,单击 定义... 按钮,打开如图 3-3 所示【草绘】对话框,在该对话框中可以设置以下 3 项内容。

● 选取草绘平面:选取基准平面、实体特征表面或展平的曲面作为草绘平面。
● 设置草绘视图方向:确定放置草绘平面时的视图投影方向。
● 设置参考平面:选取参考平面以确定草绘平面的放置位置。

一、设置草绘平面

当开始创建第一个实体特征时,一般选取系统提供的 3 个标准基准平面之一作为草绘平面。例如,选中基准平面 TOP 作为草绘平面,系统将其名称添加到【平面】文本框中,表示该基准平面已被选作草绘平面,同时系统自动选取参考平面并设置视图方向供设计者参考,如图 3-4 所示。

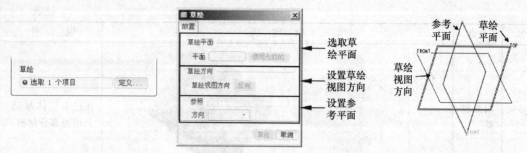

图 3-2 【放置】面板   图 3-3 【草绘】对话框   图 3-4 选取基准平面作为草绘平面

二、设置草绘视图方向

草绘平面有正反两侧，草绘视图方向用来确定在放置草绘平面时将该平面的哪一侧朝向设计者。指定草绘平面以后，草绘平面边缘会出现一个用来确定草绘视图方向的黄色箭头。

对于如图 3-5 所示模型，选取图中标示的草绘平面，选取图中箭头指示的方向为草绘视图方向，放置草绘平面后，平面 A 在前（离设计者近），平面 B（模型背面）在后（离设计者远），结果如图 3-6 所示。

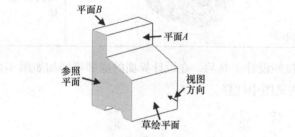

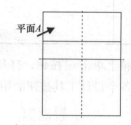

图 3-5 设置草绘视图方向   图 3-6 放置后的草绘平面

在图 3-7 中，调整草绘视图方向如图中箭头所示，放置草绘平面后，平面 B 在前（离设计者近），平面 A 在后（离设计者远），结果如图 3-8 所示。

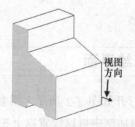

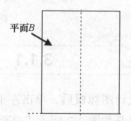

图 3-7 调整草绘视图方向   图 3-8 放置后的草绘平面

调整草绘视图方向的方法比较简单，在【草绘】对话框中单击 反向 按钮即可，直接单击标示视图方向的箭头也可以调整其方向。

三、设置放置参照

选取草绘平面并设定草绘视图方向后，草绘平面的放置位置并未唯一确定，此时还必须设置一个用作放置参照的参考平面来准确放置草绘平面。

在选取了满足要求的参考平面以后，在【草绘】对话框的【方向】下拉列表中选取一个方向参数来放置草绘平面。参考平面相对于草绘平面的位置，有以下 4 种。

- 【顶】：参考平面位于草绘平面的顶部。
- 【底部】：参考平面位于草绘平面的底部。
- 【左】：参考平面位于草绘平面的左侧。
- 【右】：参考平面位于草绘平面的右侧。

如图 3-9 所示，在模型上选定图示草绘平面和参考平面后，就可以根据参考平面在草绘平面上的相对位置来正确放置草绘平面。图 3-10～图 3-13 所示是 4 种不同放置位置的结果，注意这时的参考平面相对于草绘平面的位置（此时参考平面已经积聚为一条直线）。

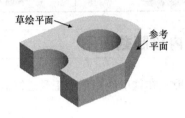

图 3-9　三维实体模型　　　　　　　图 3-10　草绘平面放置位置一

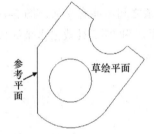

图 3-11　草绘平面放置位置二　　图 3-12　草绘平面放置位置三　　图 3-13　草绘平面放置位置四

实际设计中除了选取基准平面 TOP、FRONT 或 RIGHT 之一作为草绘平面外；还可以选取已有实体上的平面作为草绘平面；也可以新建基准平面作为草绘平面。表 3-2 列出了 3 种草绘平面的选择示例。

表 3-2　　　　　　　　　　　　　　　　选取草绘平面示例

序号	要点	选 取 参 照	绘制截面图	创建拉伸实体
1	选 取 基准 平 面 TOP、FRONT 或 RIGHT			
2	选 取 实体 上 的 平 面			

续表

序号	要点	选 取 参 照	绘制截面图	创建拉伸实体
3	新建基准平面	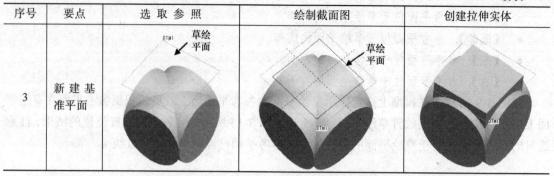		

3.1.2　在草绘平面内绘制截面图

放置好草绘平面后，系统转入二维草绘设计环境，在这里使用草绘工具绘制截面图。

一、草绘闭合截面

大多数设计条件下需要使用闭合截面来创建特征，也就是说要求组成截面的几何图元首尾相接，自行封闭，但是图中的线条之间不能有交叉，图 3-14 所示为不正确的截面图。

在图 3-14 所示截面图中使用 🔧 和 🔧 工具裁去多余线段，即可得到无交叉线的闭合截面，如图 3-15 所示。

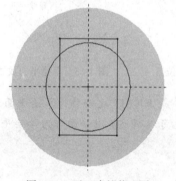

图 3-14　不正确的截面图

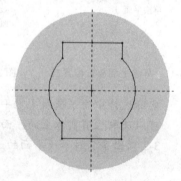

图 3-15　修正后的截面图

二、草绘曲线与实体边线围成闭合截面

也可以使用草绘曲线和实体边线共同围成闭合截面，此时要求草绘曲线和实体边线对齐。图 3-16 中草绘图元未与实体边线对齐，不是闭合截面；图 3-17 中草绘图元与实体边线对齐，能够围成闭合截面。

 在这种情况下，草绘曲线可以明确将实体表面分为两个部分，并且用一个黄色箭头指示将哪个区域作为草绘截面。单击黄色箭头，可以将另一个区域作为草绘截面，如图 3-18 所示。

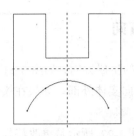

图 3-16　草绘图元未与实体边线对齐

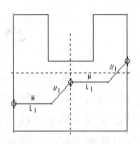

图 3-17　草绘图元与实体边线对齐

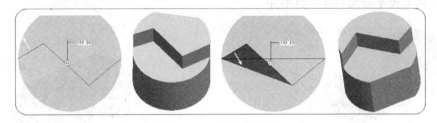

图 3-18　确定草绘区域

三、使用▢工具

如果草绘曲线不能明确将实体表面分为两个部分，可以使用▢工具选取需要的实体边线围成截面。依次选取菜单命令【草绘】/【边】或在右工具箱中单击▢按钮都可以选中相应的设计工具。使用边创建的草绘截面图元具有"～"约束符号。

使用▢工具创建截面后，还可以使用【修剪】、【分割】和【圆角】等二维草绘命令进一步编辑截面。设计中常使用草绘图元和实体边线共同围成草绘截面，如图 3-19 所示。

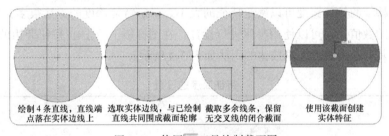

图 3-19　使用▢工具绘制截面图

四、使用开放截面

如果创建的特征为加厚草绘特征，这时对截面是否闭合没有明确要求，既可以使用开发截面创建特征，也可以使用闭合截面创建特征，如图 3-20 所示。

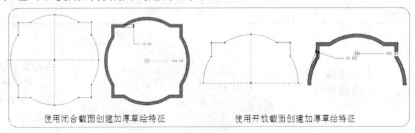

图 3-20　使用开放截面创建模型

3.1.3 确定特征生成方向

绘制草绘剖面后，系统会用一个黄色箭头标示当前特征的生成方向，如图 3-21 所示。如果在模型上创建加材料特征，系统设定的特征生成方向通常指向实体外部。如果在模型上创建减材料特征，特征生成方向总是指向实体内部。

要改变特征生成方向，在图标板上单击 ╱ 按钮即可。图 3-22 所示是更改特征生成方向的结果，图中的草绘平面为基准平面 TOP。

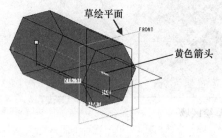

图 3-21　特征生成方向

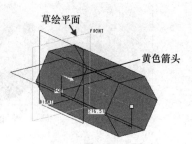

图 3-22　更改特征生成方向

如果用户希望在草绘平面的两侧创建不同深度的实体特征，可以单击图标板上的 选项 按钮，打开深度设置参数面板，设置相关参数。

3.1.4 设置特征深度

通过设定特征的拉伸深度可以确定特征的大小。确定特征深度的方法很多，可以直接输入代表深度尺寸的数值，也可以使用参照进行设计。在图标板上单击 ┴ 按钮旁边的 · 按钮，打开深度工具条，其上各个图形工具按钮的用法如表 3-3 所示。

表 3-3　　　　　　　　　　　　　　特征深度的设置

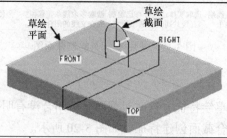

序号	图形按钮	含　义	示　例　图	说　明
1	┴	直接输入数值确定特征深度		单击文本框右侧的 · 按钮，可以从最近设置的深度参数列表中选取数值

续表

序号	图形按钮	含义	示例图	说明
2		草绘平面两侧产生拉伸特征		每侧拉伸深度为输入数值的一半
3		拉伸至特征生成方向上的下一个曲面为止		常用于将草绘平面拉伸至形状不规则的曲面
4		特征穿透模型		一般用于创建切减材料特征,切透所有材料
5		特征以指定曲面作为参照,拉伸到该曲面		通常选取平面和曲面作为参照
6		拉伸至选定的参照		可以选取点、线、平面或曲面作为参照

3.1.5 基准平面及其应用

　　基准平面是一种重要的基准特征,在设计中应用相当广泛。当已有模型上没有合适的平面可以选作草绘平面时,可以创建基准平面作为草绘平面。

　　用户可以使用以下两种方法启动基准平面设计工具。

● 选取菜单命令【插入】/【模型基准】/【平面】。

● 在右工具箱上单击 ◻ 按钮。

　　启动设计工具后,系统打开如图 3-23 所示的【基准平面】对话框,在其中的【参照】列表框中指定参照和约束形式后,即可创建基准平面。

图 3-23 【基准平面】对话框

一、创建基准平面的方法

要准确地确定一个基准平面的位置，就必须指定一个或多个设计参照和约束条件，直到该基准平面的位置被完全确定为止。表 3-4 列出了创建基准平面时常用的约束及参照搭配情况。

表 3-4 　　　　　　　　　　　　　　基准平面的参照和约束

约 束 条 件	用 　 法	与之搭配的参照
穿过	基准平面通过选定参照	轴、边、曲线、点/顶点、平面及圆柱
法向	基准平面与选定参照垂直	轴、边、曲线及平面
平行	基准平面与选定参照平行	平面
偏移	基准平面由选定参照偏移生成	平面、坐标系
相切	基准平面与选定参照相切	圆柱

二、应用举例

根据所创建对象特点的不同，用户可以使用一个或多个参照以及相应的约束来准确地定位一个基准平面。

1. 经过已知平面创建基准平面

如图 3-24 所示，选取已知平面后，使用【偏移】约束类型，设置偏距为 "0"，即可经过已知平面创建基准平面。

2. 平移已知平面创建基准平面

将已知平面沿着其法线平移一段距离后，即可创建基准平面，如图 3-25 所示。

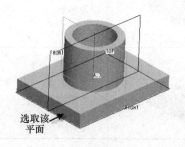
选取参照

【基准平面】对话框

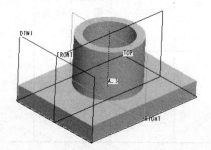
新建基准平面 DTM1

图 3-24　经过已知平面创建基准平面

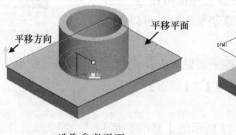
选取参考平面

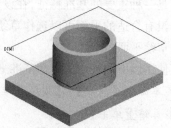
新建基准平面 DTM1

图 3-25　平移已知平面创建基准平面

3. 使用多个参照创建基准平面

设计中可以综合使用多个约束参照来创建基准平面，图 3-26 中创建了与圆柱相切并且与基准平面 FRONT 垂直的基准平面。

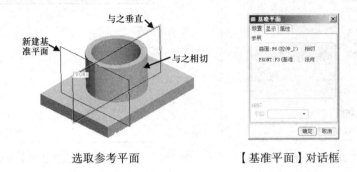

选取参考平面　　　　　　　【基准平面】对话框

图 3-26　使用多个参照创建基准平面

3.1.6　工程实例——支座设计

下面结合实例说明创建拉伸实体特征的方法和技巧，其基本建模过程如图 3-27 所示。

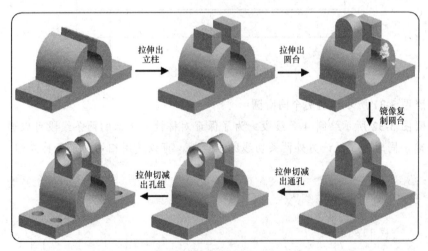

图 3-27　模型的设计过程

1. 新建文件。

（1）在上工具箱中单击 按钮打开【新建】对话框，取消选中【使用缺省模板】复选项，输入零件名称 "rack"，如图 3-28 所示，然后单击 确定 按钮。

（2）随后弹出如图 3-29 所示【新文件选项】对话框中选中图中所示项目后单击 确定 按钮，进入三维建模环境。

2. 创建第一个拉伸实体特征。

（1）单击 按钮，打开拉伸设计图标板，在图标板左上角单击 放置 按钮，弹出草绘参数面板，单击 定义... 按钮，打开【草绘】对话框，选取标准基准平面 TOP 作为草绘平面。直接在【草绘】对话框中单击 草绘 按钮，使用系统默认的参照放置草绘平面，随后进入二维草绘模式。

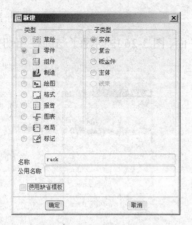

图 3-28　【新建】对话框

图 3-29　【新文件选项】对话框

（2）按照以下步骤绘制截面图。

● 按照图 3-30 所示绘制 4 条线段。注意要绘制图示中心线，并使用对称约束工具将图形关于中心线对称放置。

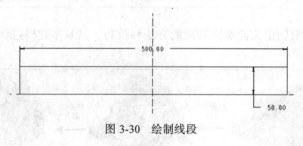

图 3-30　绘制线段

● 按照图 3-31 所示绘制两个同心圆。
● 按照图 3-32 所示绘制 4 条线段。为了保证对称性，上部的两条线段可以通过镜像方法创建，同时为了保证另外两条切线的准确性，可以使用相切约束工具绘图。

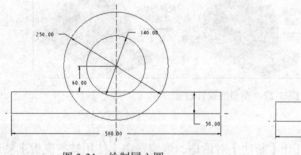

图 3-31　绘制同心圆

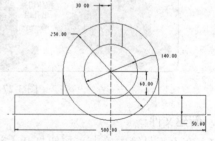

图 3-32　绘制线段

● 使用图形分割和截断工具裁去多余线条，保留如图 3-33 所示截面图。
● 单击草绘界面上的 ✔ 按钮，退出草绘模式。

（3）在图标板上的深度文本框中输入深度参数"200.00"，其余参数接受默认设置，此时的模型轮廓如图 3-34 所示。其中，黄色箭头指示的方向为模型的拉伸方向。

（4）单击 ☑ ∞ 按钮，预览设计结果，确认无误后，单击 ✔ 按钮，完成第一个拉伸实体特征的创建，结果如图 3-35 所示。

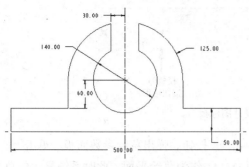

图 3-33　裁去多余线条后的截面图

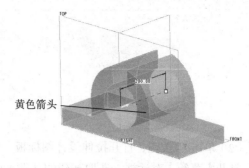

图 3-34　设置模型的拉伸参数

3. 创建第二个拉伸实体特征。

（1）按照以下步骤新建基准平面。

● 在右工具箱上单击 □ 按钮，打开【基准平面】对话框，如果在【参照】列表框中有内容，则在其上单击鼠标右键，并在弹出的快捷菜单中选取【移除】选项，将列表框清空。

● 激活【参照】列表框，使其背景显示为黄色，然后选取基准平面 FRONT 作为参照平面，此时其上将显示一个黄色箭头，注意该箭头的指向表示平面的偏移方向，如图 3-36 所示。本例中将基准平面向上偏移，因此在【基准平面】对话框的【平移】文本框中输入平移距离 "−280.00"，如图 3-37 所示。

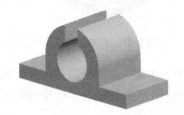

图 3-35　创建完成的第一个拉伸实体特征

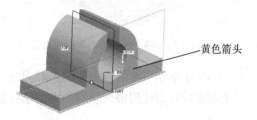

图 3-36　确定偏移方向

● 在【基准平面】对话框中单击 确定 按钮，将基准平面向上平移 280 后创建新的基准平面 DTM1，结果如图 3-38 所示。

图 3-37　【基准平面】对话框

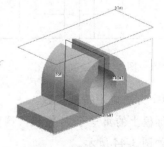

图 3-38　创建基准平面 DTM1

这里是先创建基准平面，然后再打开设计图标板创建第二个特征。实际上，基准平面可以随时加入。如果在设置草绘平面时发现没有合适的草绘平面，可以利用 □ 工具新建一个基准平面作为草绘平面。创建基准平面时，系统自动暂停当前拉伸实体特征的创建，设计图标板状态如图 3-39 所示。基准平面创建完毕后，单击 ▶ 按钮，可以继续创建实体特征。

仅暂停
按钮可用

图 3-39　设计图标板

（2）单击 按钮，打开拉伸设计图标板，单击 放置 按钮，弹出草绘参数面板，单击 定义... 按钮，打开【草绘】对话框，选取新建的基准平面 DTM1 作为草绘平面。此时系统显示的草绘视图方向如图 3-40 所示，在【草绘】对话框中单击 反向 按钮，调整其指向如图 3-41 所示，随后进入二维草绘模式。

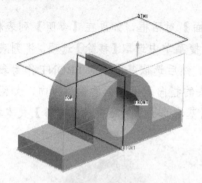

图 3-40　调整前的草绘视图方向

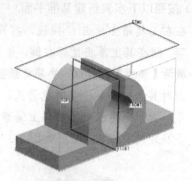

图 3-41　调整后的草绘视图方向

（3）在草绘平面内绘制如图 3-42 所示矩形截面图。注意，这两个剖面完全对称，在绘制完一个剖面后可以使用镜像复制的方法绘制另一个剖面，但不能忽略图 3-43 中的细节。

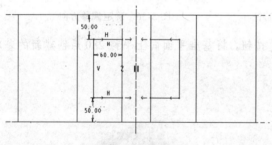

图 3-42　绘制截面图

图 3-43　不能缺少的线段

（4）按照以下方法确定特征参数。

● 单击图标板上的第一个 按钮，调整特征生成方向，使之指向已经创建的第一个实体特征，如图 3-44 所示。

● 在深度参数面板中单击 按钮，使拉伸特征延伸至下一个曲面为止。

● 预览设计结果，确认无误后，创建的第二个拉伸实体特征如图 3-45 所示。

4．创建第三个和第四个拉伸实体特征。

（1）单击 按钮，打开拉伸设计图标板。

（2）按照图 3-46 所示选取草绘平面，接受系统默认的参照设置，进入二维草绘模式。

（3）在草绘平面内绘制如图 3-47 所示截面图。

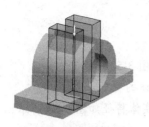

图 3-44　指定特征生成方向

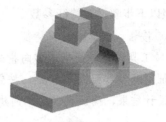

图 3-45　创建的第二个拉伸实体特征

图 3-46　选取草绘平面

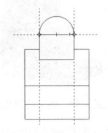

图 3-47　绘制截面图

（4）使用 工具调整特征的生成方向，使其指向实体内部。

（5）单击 按钮，使拉伸特征延伸到指定参照，然后选取如图 3-48 所示参照曲面，注意此时图上有两个黄色箭头，向右的为特征生成方向，向下的用来确定材料侧。

（6）确认设计结果，最后创建的第三个拉伸实体特征如图 3-49 所示。

图 3-48　设置方向参数

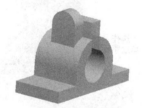

图 3-49　创建的第三个拉伸实体特征

（7）使用类似的方法创建处在对称位置的第四个拉伸实体特征，具体过程读者自行完成，最后的设计结果如图 3-50 所示。

5．创建第五个拉伸实体特征。

（1）单击 按钮，打开拉伸设计图标板。

（2）在【草绘】对话框中单击 使用先前的 按钮，继续使用创建第四个拉伸实体特征所使用的草绘平面来绘制截面图，接受系统的默认参照后，进入二维草绘模式。

（3）使用同心圆工具 绘制如图 3-51 所示截面图。

图 3-50　创建的第四个拉伸实体特征

图 3-51　绘制截面图

（4）按照以下步骤设置特征参数。

- 按下 ⊿ 按钮，创建减材料特征。
- 使用 ⊿ 工具调整特征生成方向指向实体内部，如图 3-52 所示。
- 在特征深度参数面板上单击 非 按钮，创建穿透实体的特征。
- 预览设计结果，确认无误后，创建的第五个拉伸实体特征如图 3-53 所示。

图 3-52　确定特征生成方向

图 3-53　创建的第五个拉伸实体特征

6. 创建第六个拉伸实体特征。

（1）单击 按钮，打开拉伸设计图标板。

（2）按照图 3-54 所示选取草绘平面，接受系统默认参照后，进入二维草绘模式。

（3）在草绘平面内绘制如图 3-55 所示圆形剖面。注意，在绘图时要使用镜像复制的方法。

图 3-54　选取草绘平面

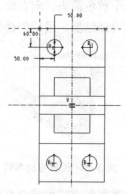

图 3-55　绘制圆形剖面

（4）按照以下步骤设置特征参数。

- 按下 ⊿ 按钮，创建减材料特征。
- 使用 ⊿ 工具调整特征生成方向指向实体内部，如图 3-56 所示。
- 在特征深度参数面板上单击 非 按钮，创建穿透实体的特征。
- 预览设计结果，确认无误后，最终创建的实体模型如图 3-57 所示。

图 3-56　确定特征生成方向

图 3-57　最终创建的实体模型

3.2 创建旋转实体特征

旋转使之将指定截面沿着公共轴线旋转后得到的三维模型,最后创建的模型为一个回转体,具有公共对称轴线。

图 3-58 为使用闭合截面图创建旋转实体特征的示例。

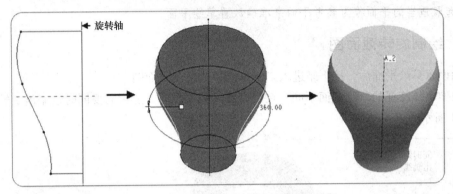

图 3-58　使用闭合截面图创建旋转实体特征

图 3-59 为使用开放截面图创建加厚草绘特征的示例。

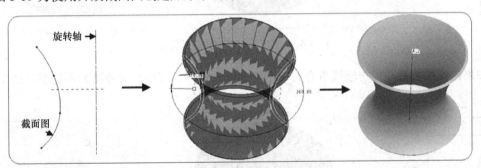

图 3-59　使用开放截面图创建加厚草绘特征

新建零件文件后,选取菜单命令【插入】/【旋转】或在右工具箱上单击 按钮,都可以打开旋转设计图标板,其上各工具图标的用途如图 3-60 所示。

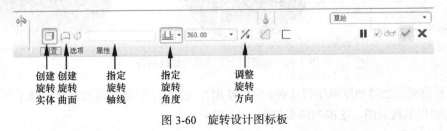

图 3-60　旋转设计图标板

3.2.1　旋转实体特征的设计要点

旋转实体特征的设计过程与拉伸实体特征有很多相似之处，简要总结如下。

一、设置草绘平面

设置草绘平面与创建拉伸实体特征基本相同，主要包括以下内容。

- 选取适当的平面作为草绘平面。
- 设置合适的草绘视图方向。
- 选取适当的平面作为参考平面来准确放置草绘平面。

二、绘制旋转截面图

正确设置草绘平面后，接下来进入二维草绘模式绘制截面图。

与拉伸实体特征的草绘截面不同，在绘制旋转截面图时，通常需要同时绘制出旋转轴线，如图 3-61 所示。

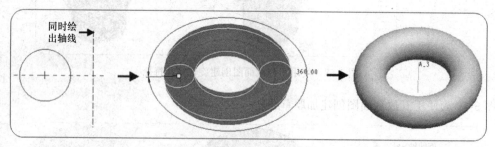

图 3-61　使用截面图创建旋转特征

如果截面图上有线段与轴线重合时，不要忽略该线段，否则会导致截面不完整，如图 3-62 所示。

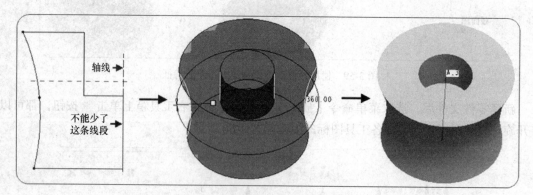

图 3-62　截面图上有线段与轴线重合

使用开放截面创建加厚草绘特征时，可以使用开放截面，但是截面和旋转轴线不得有交叉，图 3-63 为错误的截面图。正确的结果如图 3-64 所示。

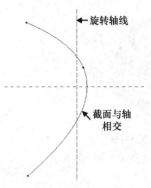

图 3-63　错误的截面图

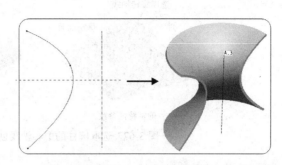

图 3-64　正确的截面图

　在使用拉伸和旋转方法创建实体模型时，如果要使用开放截面创建加厚草绘特征，应该先在图标板上选中□按钮确定特征类型，才可以绘制开放截面。否则系统会报告截面不完整，无法创建特征。

三、确定旋转轴线

创建旋转实体特征时必须指定旋转轴线，指定旋转轴线的方法有以下两种。

● 绘制草绘剖面时同时绘制旋转轴线。

● 草绘剖面中不包含旋转轴线，建模时在实体模型上选取基准轴线或实体边等作为旋转轴线。

在图标板上单击 放置 按钮，打开如图 3-65 所示的上滑参数面板，其中各选项的含义如图中注释所示。

（1）在草绘剖面中绘制旋转轴线

旋转轴线通常位于闭合剖面外。允许旋转剖面的一条边与旋转轴线重合，但是此时的剖面中不要漏掉压在轴线上的线段，正确的旋转轴线如图 3-66 所示。

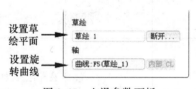

图 3-65　上滑参数面板

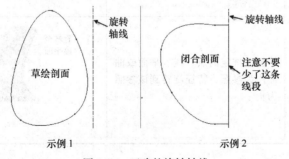

图 3-66　正确的旋转轴线

（2）指定基准轴线或实体边线作为旋转轴线

如果需要指定基准轴线或实体边线作为旋转轴线，首先要单击图 3-65 中的 内部 CL 按钮，待左侧的文本框中提示"选取一个项目"时，再选取需要的项目作为旋转轴线。图 3-67 中选取圆柱的中心轴线作为旋转轴线来创建旋转实体特征。

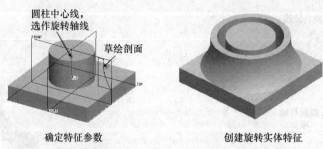

图 3-67 选取圆柱的中心轴线创建旋转实体特征

四、设置旋转角度

指定旋转角度的方法和指定拉伸深度的方法相似，首先在图标板上选取一种旋转角度的确定方式，其中有以下 3 种指定角度的方法。具体用法如表 3-5 所示。

表 3-5 设置旋转角度

序号	图形按钮	含　义	示　例　图
1		直接在按钮右侧的文本框中输入旋转角度	
2		在草绘平面的双侧产生旋转实体特征，每侧旋转角度为文本框中输入数值的一半	
3		特征以选定的点、线、平面或曲面作为参照，特征旋转到该参照为止	

3.2.2 创建切减材料特征

在图标板上单击 按钮后，可以在模型上去除材料，创建减材料特征。此时，在图标板右侧会增加一个 按钮，此按钮用来设置材料侧，即指定切除材料的区域。

如图 3-68 所示，草绘剖面由折线与实体边界围成。图中指向上方的箭头用于确定特征生成方向，对于加材料特征，该箭头指向实体外侧。另一个箭头用来确定材料侧，即草绘折线和箭头指示区域内的实体边线围成草绘剖面，最后生成的特征如图 3-69 所示。

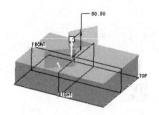

图 3-68　指定特征参数

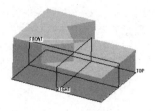

图 3-69　最后生成的特征

如果保持同样的草绘折线和材料侧，将上述加材料特征改变为切减材料特征，除了直接单击图标板上的 ⊿ 按钮外，还必须单击图标板上的第一个 ⊿ 按钮，改变特征生成方向，使之指向实体内部，如图 3-70 所示，最后生成的特征如图 3-71 所示。

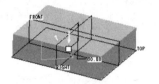

图 3-70　指定特征参数

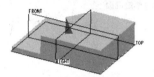

图 3-71　最后生成的特征

3.2.3　创建薄板特征

薄板特征又称加厚草绘特征。绘制草绘剖面后，如果创建薄板特征，并不是拉伸整个草绘剖面，而是拉伸将草绘剖面边界加厚指定厚度后的截面，如图 3-72 和图 3-73 所示。

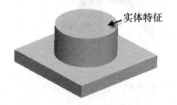

图 3-72　拉伸实体特征

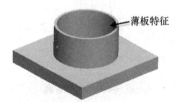

图 3-73　薄板拉伸特征

同样，如果创建减材料薄板特征，并不是切去整个草绘剖面对应的实体材料，而是切去将草绘剖面边界加厚指定厚度后对应的实体材料，如图 3-74 和图 3-75 所示。

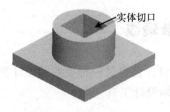

图 3-74　实体切口

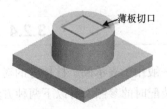

图 3-75　薄板切口

创建草绘剖面后，单击图标板上的 ⊏ 按钮，此时图标板上的图标如图 3-76 所示。在右侧的文本框中输入草绘剖面加厚厚度，默认情况下加厚剖面内侧。单击最右端的 ⊿ 按钮可以更改加厚方向，加厚剖面外侧；再次单击此按钮可以加厚剖面两侧，每侧加厚的厚度为输入值的一半。

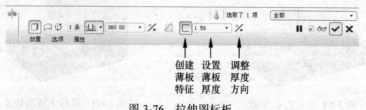

创建　设置　调整
薄板　薄板　厚度
特征　厚度　方向

图 3-76　拉伸图标板

图 3-77～图 3-79 所示说明了草绘剖面的加厚方向的不同形式。

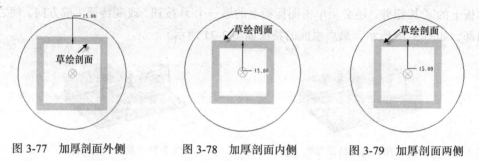

图 3-77　加厚剖面外侧　　　图 3-78　加厚剖面内侧　　　图 3-79　加厚剖面两侧

在创建加厚草绘特征时，可以使用闭合剖面，也可以使用开放剖面，图 3-80 和图 3-81 所示是使用开放剖面创建薄板拉伸实体特征的示例。

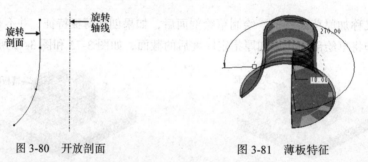

图 3-80　开放剖面　　　　　　　图 3-81　薄板特征

　在使用开放剖面创建薄板特征时，一定要先在图标板上按下 ▢ 按钮确定特征类型，才可以绘制开放剖面创建特征，否则系统会提示剖面不封闭的错误信息。

3.2.4　创建基准轴线

基准轴一般用于表示圆、柱体等的对称中心，同时，它也是一种重要的设计参考特征，可以作为模型装配时的参照。有以下两种方法打开基准轴设计工具。

- 选取菜单命令【插入】/【模型基准】/【轴】。
- 在右工具箱上单击 ⟋ 按钮。

选取基准轴工具后，系统弹出【基准轴】对话框，该对话框的使用方法和【基准平面】对话框类似。

一、使用一个参照建立基准轴

如图 3-82 所示，选取实体边线作为参照，经过该边线创建基准轴线。

 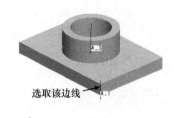

【基准轴】对话框　　　　　　　　　　选取参照

图 3-82　创建基准轴线（1）

选中圆柱面后，使用【穿过】约束方式可以创建经过柱面中心的基准轴线，如图 3-83 所示。

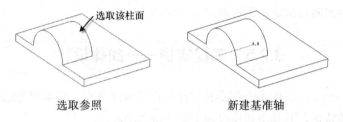

选取参照　　　　　　　　　　　新建基准轴

图 3-83　创建基准轴线（2）

二、使用两个参照创建基准轴

在图 3-84 中，选取基准平面 RIGHT 后，接受系统默认的【穿过】约束方式，然后按住 Ctrl
键的同时选取基准平面 FRONT，接受系统默认的【穿过】约束方式，最后可以创建过两平面
交线的基准轴 A-1。

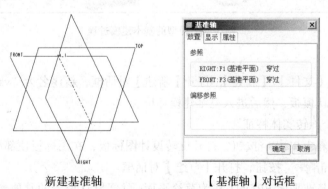

新建基准轴　　　　　　　　　　【基准轴】对话框

图 3-84　创建基准轴线（3）

三、使用参照和偏移参照创建基准轴线

利用基准轴工具打开【基准轴】对话框，然后在图 3-85 中选取实体的上表面作为参照，在

【参照】列表框中为该参照选取【法向】约束方式，新建基准平面将垂直于该表面，但是此时尚未完全确定其位置。

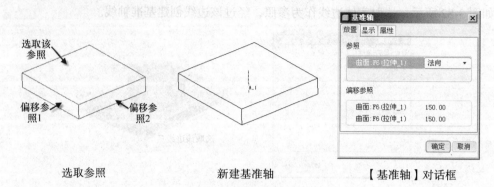

选取参照　　　　　　　　　新建基准轴　　　　　　　　【基准轴】对话框

图 3-85　创建基准轴线（4）

激活【偏移参照】列表框，然后选取第一个偏移参照，设置偏移参数为"150.00"，之后按住 Ctrl 键的同时选取图示的第二个偏移参照，输入偏移参数"150.00"，最后创建与选定平面垂直，并且与选定参照满足指定偏距参数的基准轴 A-1。

3.2.5　工程实例——阀体设计

下面将通过一个工程实例来介绍旋转实体特征的创建过程。本实例将综合使用旋转和拉伸两种方法创建实体特征，其基本建模过程如图 3-86 所示。

旋转切出薄壁结构　　拉伸出底座　　拉伸出底座孔

图 3-86　模型的基本建模过程

1．新建文件。

选取菜单命令【文件】/【新建】，打开【新建】对话框，新建名为"valve"的零件文件，使用系统提供的默认模板，然后进入三维建模环境。

2．创建第一个旋转实体特征。

（1）在右工具箱上单击 按钮，打开旋转设计图标板，在图标板顶部单击 放置 按钮，弹出草绘参数面板，单击 定义... 按钮，打开【草绘】对话框。

（2）选取标准基准平面 FRONT 作为草绘平面。接受默认设置的其他参照，然后单击 草绘 按钮，进入二维草绘模式，绘制草绘截面图。

（3）在草绘平面内绘制如图 3-87 所示旋转截面图，该剖面由 5 条线段和一条样条曲线组成。注意，绘图时不要忘记绘制几何中心线。

（4）接受设计图标板上的默认选项设置，旋转角度为"360.00"。

（5）预览设计结果，确定无误后，生成的旋转实体特征如图3-88所示。

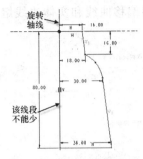

图3-87　绘制旋转截面图

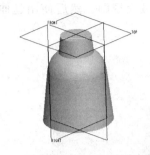

图3-88　最后生成的旋转实体特征

3．创建第二个旋转实体特征。

（1）单击 按钮，打开旋转设计图标板，单击 放置 按钮，弹出草绘参数面板，然后单击 定义… 按钮，打开【草绘】对话框。

（2）在【草绘】对话框中单击 使用先前的 按钮，使用与创建第一个旋转实体特征完全相同的草绘平面，接受系统默认参照，然后进入二维草绘模式。

（3）按照以下步骤绘制草绘剖面。注意该剖面的绘制方法，其中综合应用了多种二维图形编辑工具。

● 在右工具箱上单击 按钮旁边的 按钮，在弹出的工具面板中选取 工具。此时系统弹出【类型】对话框，接受默认选中的【单一】选项。

● 选中实体模型的一段外轮廓线，其上会出现一个红色箭头表示偏移方向，如图3-89所示。

● 在界面底部的信息栏中输入偏距数值"–4.00"，最后生成的曲线如图3-90所示。

图3-89　选取第一段参照曲线

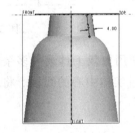

图3-90　创建第一段曲线

（4）使用同样的方法和偏移距离数值来创建另外两段偏移曲线，结果如图3-91所示。

（5）使用样条曲线工具 将前两条曲线连接起来，注意连接点要对齐，如图3-92所示。

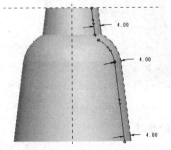

图3-91　创建其余曲线

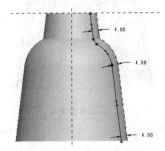

图3-92　连接曲线

（6）单击 ▫ 按钮，然后选中实体模型的上下两条边线来围成剖面，如图 3-93 所示。

（7）适当放大视图，然后使用延伸裁剪工具 ┌ 将偏移曲线和实体边线熔接在一起，如图 3-94 所示。

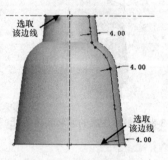

图 3-93　选取实体边线

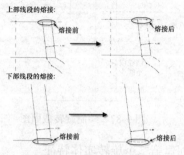

图 3-94　对线条的熔接

（8）适当放大视图，仔细检查各曲线交点处的线条有无分叉，如果有，则使用截断工具 ┌ 和裁剪工具 ⊢ 将多余的线条裁去，如图 3-95 所示。

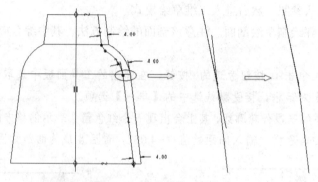

图 3-95　裁去曲线上的分岔

（9）继续使用剪裁工具裁去多余的实体边线，最后将整个曲线连接成单一无分支的曲线，接着绘制过实体中心的线段，将曲线封闭成剖面，然后绘制旋转轴线，结果如图 3-96 所示。

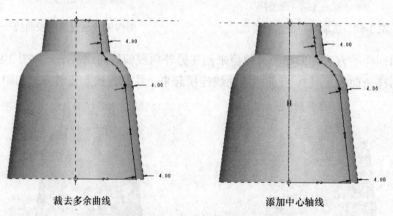

裁去多余曲线　　　　　　　　　　　添加中心轴线

图 3-96　最后得到的截面

本例详细说明了剖面的绘制方法，作图过程比较繁琐，主要是帮助读者熟练使用二维草绘工具，同时进一步理解三维实体建模中剖面的基本要求：单一无交叉的闭合剖面。下面再介绍另外一种绘制该截面图的方法，读者可以根据步骤提示自己动手练习。

- 创建旋转实体特征后，在模型树窗口中选中该特征，然后在上工具箱上单击 ![]按钮，如图 3-97 所示。
- 继续单击 ![]按钮旁边的 ![]按钮，系统打开旋转设计图标板。
- 单击 放置 按钮，弹出【草绘】参数面板，单击 编辑... 按钮，打开【草绘】对话框。
- 在【草绘】对话框中单击 使用先前的 按钮后，单击 草绘 按钮，接受默认参照进入二维草绘模式。
- 此时鼠标光标上会出现一个截面图，如图 3-98 所示，接下来需要正确放置该剖面。
- 将剖面沿模型对称中心线向左侧偏移 "4.00" 放置，为了保证放置的准确性，可以通过尺寸和约束工具来准确定位剖面，结果如图 3-99 所示。

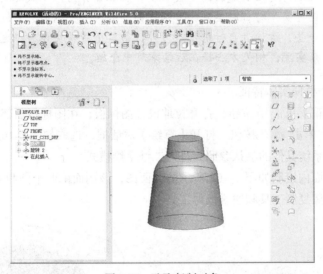

图 3-97　选取复制对象

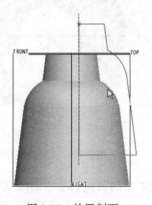

图 3-98　放置剖面

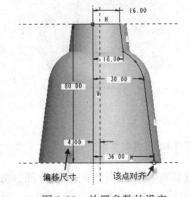

图 3-99　放置参数的设定

- 裁去多余线段，删除原来的中心线，添加过旋转中心的中心线，最后获得如图 3-100 所示的旋转剖面。

（10）在图标板上按下 按钮，创建减材料的旋转实体特征，设置旋转角度为"360.00"。

（11）预览设计结果，确认无误后，创建的第二个旋转实体特征如图 3-101 所示。

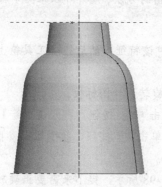

图 3-100　修整后的旋转剖面　　　　图 3-101　创建的第二个旋转实体特征

读者还可以将前面创建的两个旋转实体特征合并为一个旋转实体特征，此时需要将两次创建实体特征时绘制的草绘剖面合并为一个剖面，不过绘制草绘剖面时稍微复杂一些，请读者自行练习。另外，第二个旋转实体特征也可以通过创建"壳特征"来实现，相关方法将在后续章节中介绍。

4．创建第一个拉伸实体特征。

（1）在右工具箱上单击 按钮，打开拉伸设计图标板，在图标板顶部单击 放置 按钮，弹出【草绘】参数面板，单击 定义... 按钮，打开【草绘】对话框，选取如图 3-102 所示模型下底面作为草绘平面，接受系统其他的默认参照，进入二维草绘模式。

（2）在草绘平面内绘制如图 3-103 所示的截面图，该剖面由两个圆和 4 组样条曲线组成，绘图时需要用到镜像复制工具和曲线裁剪工具。

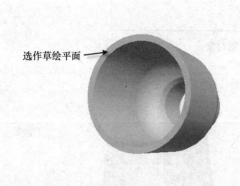

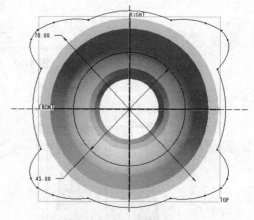

图 3-102　选取草绘平面　　　　图 3-103　绘制截面图

（3）确保特征拉伸方向指向模型外部，如图 3-104 中的黄色箭头指向所示，输入拉伸深度"10.00"，最后创建的拉伸实体特征如图 3-105 所示。

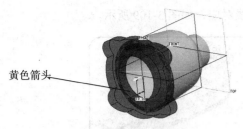

黄色箭头

图 3-104　确定特征拉伸方向

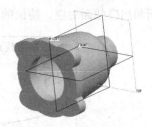

图 3-105　最后创建的拉伸实体特征

5．创建第二个拉伸实体特征。

（1）单击 ⬚ 按钮，打开拉伸设计图标板，在图标板顶部单击 放置 按钮，弹出【草绘】参数面板，单击 定义… 按钮，打开【草绘】对话框，选取标准基准平面 TOP 作为草绘平面，接受系统其他的默认参照，进入二维草绘模式。

（2）在草绘平面内绘制如图 3-106 所示截面图，该剖面由 4 个圆组成，绘图时需要用到镜像复制工具。

（3）按照以下步骤设置特征参数。

● 按下 ⬚ 按钮，创建减材料特征。

● 使用 ⬚ 工具调整特征生成方向指向实体内部，如图 3-107 所示。

● 在特征深度参数面板上单击 ⬚ 按钮，创建穿透实体的特征。

（4）预览设计结果，确认无误后，最终的设计结果如图 3-108 所示。

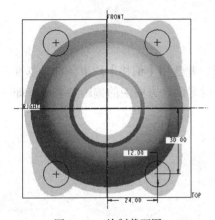

图 3-106　绘制截面图

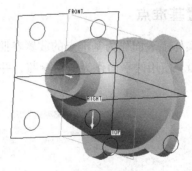

图 3-107　确定方向参数

图 3-108　最终的设计结果

3.3

创建扫描实体特征

将拉伸实体特征的创建原理进一步推广，将草绘截面沿任意路径（扫描轨迹线）扫描可以创建一种形式更加多样的实体特征，这就是扫描实体特征。

扫描轨迹线和扫描截面是扫描实体特征的两个基本要素，在最后创建的模型上，特征的横断面和扫描截面对应，特征的外轮廓线与扫描轨迹线对应，如图 3-109 所示。

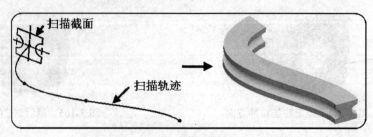

图 3-109　扫描建模原理

 从建模原理上说，拉伸实体特征和旋转实体特征都是扫描实体特征的特例，拉伸实体特征是将截面沿直线扫描，旋转实体特征是将截面沿圆周扫描。

3.3.1　创建基准点

基准点主要用于辅助基准轴、基准曲线等的创建，这是在三维设计中设定特定位置的参数。有以下两种方法打开点设计工具。

- 选取菜单命令【插入】/【模型基准】/【点】。
- 在右工具箱上单击 按钮。

启动基准点设计工具后，系统打开【基准点】对话框。

一、使用参照放置基准点

在图 3-110 中，选取实体上表面作为基准点的放置参照，并选用【偏移】约束条件，基准点偏离参照平面上方 50.00。使用两平面作为偏距参照，并设定两个方向上的偏距参数后，即可创建基准点。

选取参照　　　　　　【基准点】对话框　　　　　　最后创建的基准点

图 3-110　创建基准点

二、草绘基准点

与创建三维模型时在草绘平面中绘制截面图时的设置相似,根据系统要求设置草绘平面后,在草绘平面上绘制基准点即可，如图 3-111 所示。

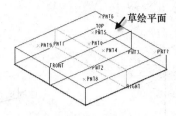

图 3-111　创建草绘基准点

三、在曲线上创建基准点

用户可以在实体边线或基准曲线上创建基准点，首先选取放置基准点的曲线，然后设置基准点位于曲线上的长度比率，如图 3-112 所示。

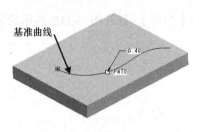

选取参照　　　　　　　　　　　【基准点】对话框

图 3-112　在曲线上创建基准点

3.3.2　创建基准曲线

基准曲线是另一种重要的基准特征，其典型用途之一是在创建扫描实体特征时作为轨迹线。有以下两种方法向模型中添加新的基准曲线。

- 使用草绘曲线工具：选取菜单命令【插入】/【模型基准】/【草绘曲线】或在右工具箱上单击 ⬜ 按钮。
- 使用基准曲线工具：选取菜单命令【插入】/【模型基准】/【曲线】或在右工具箱上单击 ⬜ 按钮。

一、草绘基准曲线

与创建草绘基准点相似，选中草绘曲线工具后，根据系统要求设置草绘平面，在草绘平面内绘制基准曲线即可。图 3-113 所示是选取基准平面 TOP 作为草绘平面时绘制的基准曲线。

二、使用曲线工具创建基准曲线

有以下 4 种方法可以创建基准曲线。

- 【经过点】：经过预先设置的基准点或实体上的顶点创建基准曲线，依次将选定的点连成一条光滑过渡的基准曲线，如图 3-114 所示。
- 【自文件】：根据数据文件中的曲线方程创建基准曲线。
- 【使用剖截面】：使用剖截面剖切实体，由交线创建基准曲线。
- 【从方程】：使用数学方程创建精确的基准曲线，例如齿轮渐开线。

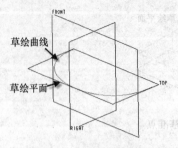

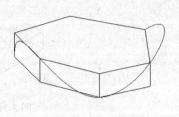

图 3-113　草绘基准曲线　　　　　　　图 3-114　经过实体顶点创建基准曲线

3.3.3　扫描实体特征的设计要点

新建零件文件后，选取菜单命令【插入】/【扫描】，打开图 3-115 所示的下层菜单，可以创建多种类型的扫描特征。

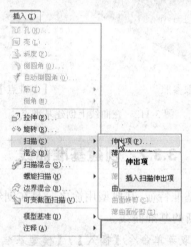

图 3-115　扫描设计工具

用于创建实体特征的选项如下。

（1）伸出项：使用扫描方法创建加材料的实体特征。

（2）薄板伸出项：使用扫描方法创建加厚草绘特征。

（3）切口：使用扫描方法创建减材料的实体特征。

（4）薄板切口：使用扫描方法创建减材料的加厚草绘特征。

用于创建曲面特征的选项如下。

（1）曲面：使用扫描方法创建曲面特征。

（2）曲面修剪：使用扫描的方法裁剪曲面特征。

（3）薄曲面修剪：使用薄板扫描的方法裁剪曲面特征。

一、草绘扫描轨迹线创建扫描实体特征

依次选取菜单命令【插入】/【扫描】/【伸出项】后，系统弹出图 3-116 所示的【扫描轨迹】菜单，该菜单提供了两种生成扫描轨迹的基本方法。同时弹出图 3-117 所示模型对话框，完成其中列出的各项参数设置后，单击 确定 按钮即可创建特征。

图 3-116 【扫描轨迹】菜单　　　　　　　　图 3-117 模型对话框

- 草绘轨迹：在二维草绘平面内绘制二维曲线作为扫描轨迹线。这种方法只能创建二维轨迹线。
- 选取轨迹：选取已有的二维或者三维曲线作为轨迹线，例如可以选取实体特征的边线或基准曲线作为扫描轨迹线。这种方法可以创建空间三维轨迹线。

 在创建扫描实体特征时，需要两次进入草绘平面内绘制二维图形。第一次是创建扫描轨迹线，第二次是绘制草绘截面图。

（1）设置草绘平面

在【扫描轨迹】菜单选取【草绘轨迹】选项后，将弹出【设置草绘平面】菜单，如图 3-118 所示，同时系统提示选取草绘平面。

【设置草绘平面】菜单中各选项的用法如下。

- 使用先前的：使用与创建前一个特征相同的草绘平面。
- 新设置：设置新的草绘平面。

选取【新设置】选项后，系统弹出【设置平面】菜单，其中包含了 3 个选项。

- 平面：选取实体表面或基准平面作为草绘平面。
- 产生基准：新建临时基准平面作为草绘平面。
- 放弃平面：放弃刚刚选取的草绘平面，重新选取。

（2）创建临时基准平面

在【设置草绘平面】菜单中选取【产生基准】选项后，系统弹出如图 3-119 所示【基准平面】菜单，在该菜单中选取参照和约束来创建临时基准平面。设计时，可以使用一组或多组约束及参照，直到该平面的位置被完全确定。

图 3-118 【设置草绘平面】菜单

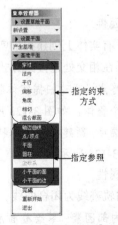

图 3-119 【基准平面】菜单

> 临时基准平面与使用 ☐ 工具创建的基准平面不同，这种基准平面在设计时需要临时创建，当其对应的设计任务完成后自动撤销，不再显示在设计界面上，也不保留在模型树窗口中，不但保持了设计界面的整洁，还方便了系统的管理。

（3）设置草绘视图方向

选取草绘平面后，系统弹出图 3-120 所示的【方向】菜单来确定草绘视图的方向，系统在草绘平面上使用一个红色箭头标示默认的草绘视图方向，如图 3-121 所示，如果要调整草绘视图方向，在【方向】菜单中选取【反向】选取即可。

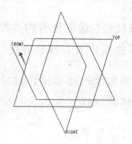

图 3-120　【方向】菜单　　　　　　　　　图 3-121　调整视图方向

> 在【方向】菜单中选取【反向】选项调整草绘视图方向后，还要再选取一次【正向】选项才能完成草绘视图方向的设置工作。

（4）设置参考平面

设置完草绘视图方向后，弹出图 3-122 所示的【草绘视图】菜单，在菜单下部的【设置平面】菜单中可以选取基准平面、实体表面或新建临时基准平面作为参考平面，然后在【草绘视图】菜单中为该参考平面选取合理的方向参照：顶、底部、右或左。

选取【缺省】选项可以由系统根据当前的情况自动选取参考平面来放置草绘平面。

（5）设置属性参数

属性参数用于确定扫描实体特征的外观以及与其他特征的连接方式。

图 3-122　【草绘视图】菜单

① 端点属性

在一个已有实体上创建扫描实体特征时，如果扫描轨迹线为开放曲线时，根据扫描实体特征和其他特征在相交处连接的方式不同，可以为扫描特征设置不同的属性。

● 合并终点：新建扫描实体特征和另一实体特征相接后，两实体自然融合，光滑连接，形成一个整体，如图 3-123 所示。

● 自由端点：新建扫描实体特征和另一实体特征相接后，两实体保持自然状态，互不融合，如图 3-124 所示。

② 内部属性

如果扫描轨迹线为闭合曲线，则具有以下两种属性。

● 增加内部因素：草绘截面沿轨迹线扫描产生实体特征后，自动补足上下表面，形成闭合结构。此时要求使用开放型截面，如图 3-125 所示。

- 无内部因素：草绘截面沿轨迹线扫描产生实体特征后，不会补足上下表面。这时要求使用封闭型截面，如图 3-126 所示。

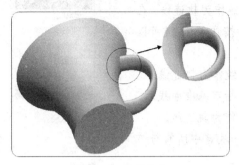

图 3-123　合并终点

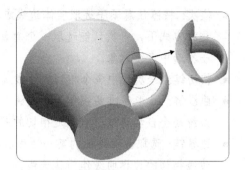

图 3-124　自由端点

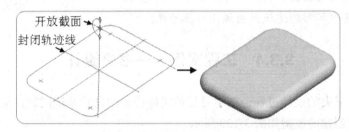

图 3-125　增加内部因素

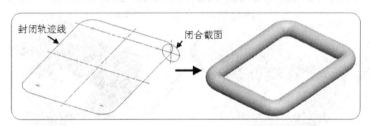

图 3-126　无内部因素

二、选取轨迹线创建扫描实体特征

另一种创建扫描实体特征的方法是选取已经创建的基准曲线或实体边线作为扫描轨迹线。这样创建的扫描特征更为复杂。

图 3-127 中选取已经创建完成的空间曲线作为轨迹线来创建扫描实体特征。

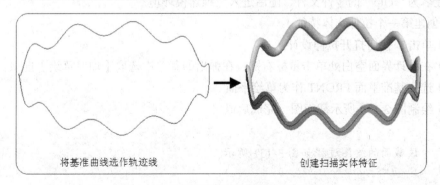

图 3-127　选取轨迹线创建扫描实体特征

在选取轨迹线时，系统弹出图 3-128 所示的【链】菜单，可以使用多种方法选取轨迹线。

- **依次**：按照任意顺序选取实体边线或基准曲线作为轨迹线。在这种方式下，一次只能选取一个对象，同时按住 `Ctrl` 键可以一次选中多个对象。
- **相切链**：一次选中多个相切的边线或基准曲线作为轨迹线。
- **曲线链**：选取基准曲线作为轨迹线。当选取指定基准曲线后，系统还会自动选取所有与之相切的基准曲线作为轨迹线。
- **边界链**：选取曲面特征的某一边线后，可以一次选中所有与该边线相切的边界曲线作为轨迹线。
- **曲面链**：选取某曲面，将其边界曲线作为轨迹线。
- **目的链**：选取环形的边线或曲线作为轨迹线。

图 3-128　【链】菜单

3.3.4　工程实例——书夹设计

下面介绍一个书夹的设计过程，在学习扫描实体特征的创建原理同时，复习拉伸实体特征的设计要领。最后创建的模型如图 3-129 所示。

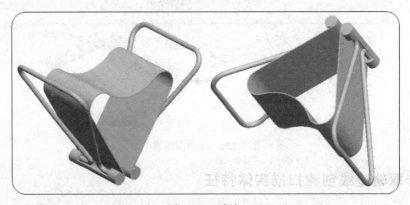

图 3-129　书夹

1．新建零件文件。

新建名为"clip"的零件文件，随后进入三维建模环境。

2．创建第一个拉伸实体特征。

（1）单击 按钮打开拉伸设计工具。

（2）在设计界面空白处单击鼠标右键，在弹出的菜单中选取【加厚草绘】选项。

（3）选取基准平面 FRONT 作为草绘平面。

（4）绘制图 3-130 所示截面图，完成后退出。

 该截面的绘图过程如图 3-131 所示。

（5）按照图 3-132 所示设置特征参数创建加厚草绘特征，结果如图 3-133 所示。

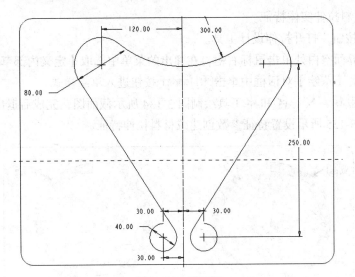

图 3-130　截面图

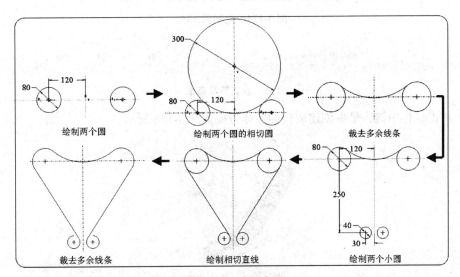

图 3-131　截面图绘制过程

图 3-132　设置特征参数

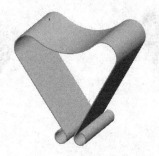

图 3-133　最后创建的特征

3．创建减材料拉伸实体特征。

（1）单击 按钮，打开拉伸设计工具。

（2）在设计界面空白处单击鼠标右键，在弹出的菜单中选取【定义内部草绘】选项。

（3）在弹出的【草绘】对话框中单击 使用先前的 按钮进入草绘模式。

（4）配合使用 、 、 和 工具绘制图 3-134 所示截面图，完成后退出。

（5）按照图 3-135 所示设置特征参数创建减材料拉伸特征。

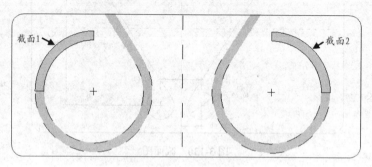

图 3-134　绘制截面图

图 3-135　设置特征参数

（6）单击鼠标中键，最后创建的拉伸实体特征如图 3-136 所示。

图 3-136　设计结果

4．创建基准轴。

（1）单击 按钮，打开基准轴设计工具。

（2）按照如图 3-137 所示选取曲面参照创建基准轴 A_1，如图 3-138 所示。

图 3-137　选取参照

图 3-138　创建基准轴

5. 创建基准平面。

（1）单击 ▱ 按钮，打开基准平面工具。

（2）选取基准轴 A_1 作为参照，设置约束类型为穿过，如图 3-139 所示。

（3）按住 Ctrl 键选取图 3-140 所示平面作为参照，设置约束类型为平行，如图 3-141 所示。

（4）单击鼠标中键，最后创建的基准平面如图 3-142 所示。

图 3-139　设置参数（1）

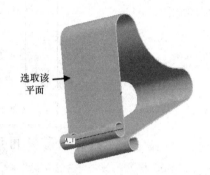

图 3-140　选取参照

图 3-141　设置参数（2）

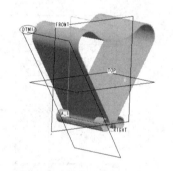

图 3-142　最后创建的基准平面

6. 创建扫描特征。

（1）选取菜单命令【插入】/【扫描】/【伸出项】，打开扫描设计工具。

（2）在【扫描轨迹】菜单中选择【草绘轨迹】选项。

（3）选择新建基准平面DTM1为草绘平面。

（4）在【方向】菜单中选取【正向】选项。

（5）在【草绘视图】菜单中选取【缺省】选项。

（6）系统弹出【参照】对话框并提示尺寸参照不足，增选轴线 A-1 为尺寸参照，如图 3-143 所示。然后关闭对话框。

图 3-143　【参照】对话框

（7）在草绘平面内绘制图 3-144 所示的轨迹，完成后退出。

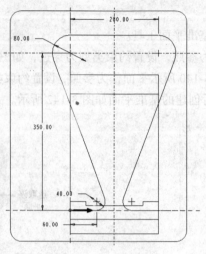

图 3-144　绘制轨迹线

 该截面图的绘图过程如图 3-145 所示。

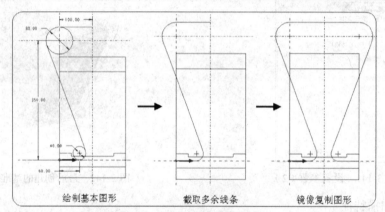

图 3-145　轨迹线绘制过程

（8）在【属性】菜单中选择【自由端点】和【完成】选项。

（9）接着在草绘平面内绘制图 3-146 所示圆形扫描截面图，完成后退出。

（10）单击鼠标中键，最后创建的扫描特征如图 3-147 所示。

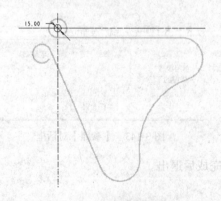

图 3-146　绘制截面图

图 3-147　最后创建的结果

7. 创建拉伸实体特征。

（1）单击 ⬒ 按钮，打开拉伸设计工具。

（2）在设计界面空白处单击鼠标右键，在弹出的菜单中选取【定义内部草绘】选项。

（3）选取如图 3-148 所示平面作为草绘平面。

（4）使用 ◎ 工具和 ▫ 工具绘制图 3-149 所示截面图，完成后退出。

（5）单击代表特征生成方向的箭头，使之指向实体内部，如图 3-150 所示。

（6）设置特征深度为"30.00"。

（7）单击鼠标中键，最后创建特征如图 3-151 所示。

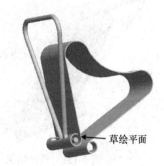

图 3-148　选取草绘平面

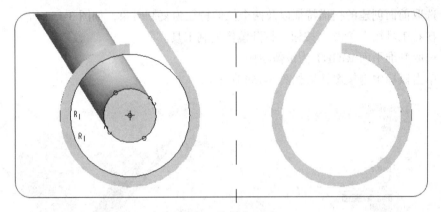

图 3-149　绘制截面图

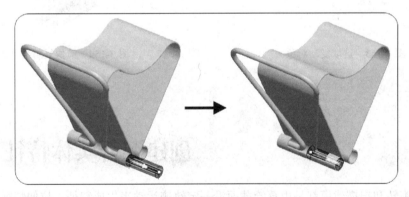

图 3-150　调整特征生成方向

8. 第一次镜像复制特征。

（1）选取上一步创建的拉伸特征为复制对象。

（2）在右工具箱中单击 ⬚ 按钮，打开镜像复制工具。

（3）选取基准平面 FRONT 为镜像参照。

（4）单击鼠标中键镜像结果如图 3-152 所示。

图 3-151　设计结果

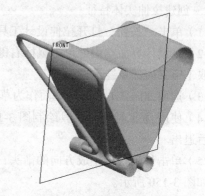

图 3-152　镜像复制结果 1

9．第二次镜像复制特征。

（1）选取前面创建的扫描特征以及两个拉伸特征为复制对象，如图 3-153 所示。

（2）在右工具箱中单击 按钮，打开镜像复制工具。

（3）选取基准平面 RIGHT 为镜像参照。

（4）单击鼠标中键镜像结果如图 3-154 所示。

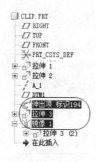

图 3-153　选取复制对象

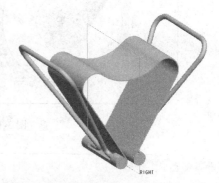

图 3-154　镜像复制结果 2

3.4 创建混合实体特征

　　拉伸、旋转和扫描建模都是由草绘截面沿一定轨迹运动来生成特征。拉伸特征由草绘截面沿直线拉伸生成，旋转特征由草绘截面绕固定轴线旋转生成，扫描实体特征由草绘截面沿任意曲线扫描生成。这 3 类实体特征有一个共同的特点：具有公共截面。

　　但是在实际生活中，还有很多物体结构更加复杂，不能满足上述要求。要创建这种实体特征可以通过下面的混合实体特征来实现。

　　对不同形状的物体进一步抽象不难发现，任意一个物体总可以看成由不同形状和大小的若干个截面按照一定顺序连接而成，这个过程在 Pro/E 中称为混合。混合实体特征的创建方法丰富多样、灵活多变，是设计非规则形状物体的有效工具。

3.4.1 创建坐标系

坐标系是设计中的公共基准，用来精确定位特征的放置位置。有以下两种方法向模型中添加新的坐标系。

- 选取菜单命令【插入】/【模型基准】/【坐标系】。
- 在右工具箱上单击 ⁂ 按钮。

选取坐标系工具后，系统打开【坐标系】对话框，该对话框包含【原点】、【方向】和【属性】3 个选项卡。【原点】选项卡可以用来指定参照，确定坐标系的放置位置（在选取多个参照的同时按下 Ctrl 键，坐标系将放置在这些参照的相交处），如图 3-155 所示。

在【原点】选项卡中，还可以通过偏移已有坐标系创建新的坐标系。此时，在【参照】列表框中选取已有坐标系，然后指定偏移坐标的类型和参数，如图 3-156 所示。

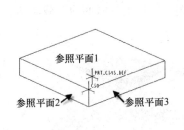

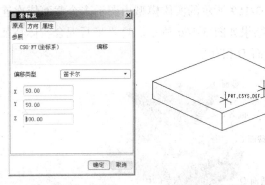

【坐标系】对话框　　　　最后创建的基准坐标系

图 3-155　创建基准坐标系（1）　　　　图 3-156　创建基准坐标系（2）

在【方向】选项卡中，可以重新设置坐标系中 x、y、z 轴的正向。

设置如图 3-157 所示【坐标系】对话框中的基本参数，使用参照来确定坐标系中各坐标轴的指向。

设置如图 3-158 所示【坐标系】对话框中的基本参数，使用参照坐标系来确定各新坐标系中各坐标轴的正向。

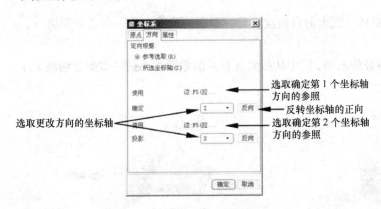

图 3-157　【坐标系】对话框（1）　　　　图 3-158　【坐标系】对话框（2）

3.4.2　混合实体特征综述

平行混合实体特征是最常见的一类混合实体特征，其特点是组成模型的各截面是一组平行平面。选取菜单命令【插入】/【混合】/【伸出项】后，在【混合选项】菜单中选取【平行】选项可以创建平行混合实体特征。

一、混合实体特征的分类

混合实体特征即由多个截面按照一定规范的顺序相连构成，根据建模时各截面之间相互位置关系的不同，将混合实体特征进一步划分为以下 3 种类型。

（1）平行混合实体特征

将相互平行的多个截面连接成实体特征。

如图 3-159 所示的实体模型由图示多个截面依次连接生成。如果将各个截面光滑过渡，最后生成的结果如图 3-160 所示。这是平行混合实体特征的示例，实体上的截面 A、截面 B、截面 C 和截面 D 相互平行。

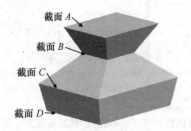
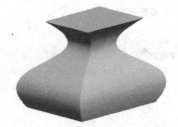

图 3-159　平行混合实体特征（1）　　　　图 3-160　平行混合实体特征（2）

（2）旋转混合实体特征

将相互并不平行的多个截面连接成实体特征。后一截面的位置由前一截面绕 y 轴转过指定的角度来确定。

图 3-161 是旋转混合实体特征的示例，该实体特征上的截面 A、截面 B 和截面 C 相互间绕 y 轴（竖直坐标轴）转过 $45°$。

（3）一般混合实体特征

连接构成实体特征的各截面具有更大的自由度。后一截面的位置由前一截面分别绕 x、y 和 z 轴转过指定的角度来确定。

图 3-162 是一般混合实体特征的示例，图中从截面 A 以后的截面都由前一截面分别绕 x、y、z 轴转过一定角度来确定其位置。

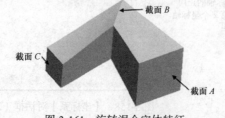

图 3-161　旋转混合实体特征　　　　　图 3-162　一般混合实体特征

二、混合实体特征对截面的要求

混合实体特征由多个截面相互连接生成，但是并非使用任意一组截面都可以创建混合实体特征，其中基本要求之一就是各截面必须有相同的顶点数。

图 3-163 所示的 3 个截面，尽管其形状差异很大，但是由于都由 5 条边线（5 个顶点）组成，所以可以用来生成混合实体特征，这是所有混合实体特征对截面的共同要求。

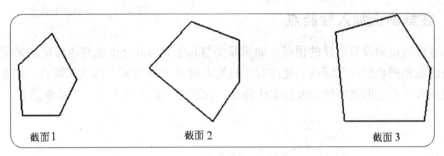

图 3-163　混合截面

三、起始点

起始点是两个截面混合时的参照。两截面的起始点直接相连，其余各点再顺次相连。系统将把绘制截面时的第一个顶点设置为起始点，起始点处有一个箭头标记。

截面上的起始点在位置上要尽量对齐或靠近，否则最后创建的模型将发生扭曲变形，如图 3-164 所示。

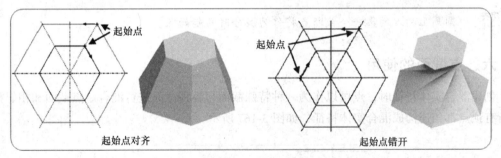

图 3-164　起始点设置

用户可以将任意点设置为起始点。首先选中该点，然后在设计工作区中单击鼠标右键，在弹出的快捷菜单中选取【起始点】选项，即可将该点设置为起始点。

四、混合顶点

当某一截面的顶点数比其他截面少时，要能正确生成混合实体特征，必须使用混合顶点。这样，该顶点就可以当两个顶点来使用，同时和其他截面上的两个顶点相连。

注意，起始点不允许设置为混合顶点。

首先选中一个或多个顶点，然后在设计工作区中单击鼠标右键，在弹出的快捷菜单中选取【混合顶点】选项，即可将该点设置为混合顶点。

图 3-165 是使用混合顶点创建平行混合实体特征的示例。

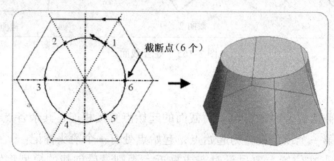

图 3-165　使用混个顶点

五、在截面上加入截断点

圆形这样的截面没有明显的顶点，如果需要与其他截面混合生成实体特征，必须在其上加入与其他截面相同数量的截断点。使用右工具箱上的 工具在圆上插入截断点。图 3-166 中使用圆形截面和正六边形截面创建混合实体特征，在圆形截面上加入了 6 个截断点。

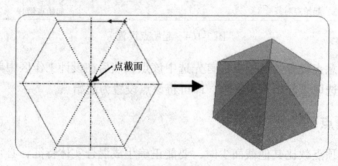

图 3-166　在截面上加入截断点

　圆周上插入的第一个截断点将作为混合时的起始点。

六、点截面的使用

创建混合实体特征时，点可以作为一种特殊截面与各种截面进行混合。点截面和相邻截面的所有顶点都相连构成混合实体特征，如图 3-167 所示。

图 3-167　使用点截面

七、混合实体特征的属性

为特征设置不同的属性可以获得不同的设计结果。在创建混合特征时，系统打开【属性】

菜单来定义混合实体特征的属性。

（1）适用于所有混合实体特征的选项

- 直的：各截面之间采用直线连接，截面间的过渡存在明显的转折。在这种混合实体特征中可以比较清晰地看到不同截面之间的转接。
- 光滑：各截面之间采用样条曲线连接，截面之间平滑过渡。在这种混合实体特征上看不到截面之间明显的转接。

（2）仅适用于旋转混合实体特征的选项

- 开放：顺次连接各截面形成旋转混合实体特征，实体起始截面和终止截面并不封闭相连。
- 闭合：顺次连接各截面形成旋转混合实体特征，同时，实体起始截面和终止截面相连组成封闭实体特征。

图 3-168 是不同属性的混合实体特征的对比。

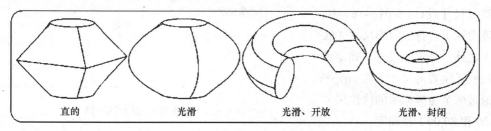

直的　　　　　　　光滑　　　　　　　光滑、开放　　　　　　光滑、封闭

图 3-168　同属性的混合实体特征的对比

3.4.3　创建混合实体特征

下面依次介绍三类混合实体特征的设计要点。

一、创建平行混合实体特征

在 3 类混合实体特征中，平行混合实体特征的创建相对复杂一些，而且创建方法和其他两类混合实体特征有较大差别。

（1）基本设计步骤

平行混合实体特征的主要设计步骤如下。

- 设置实体属性：根据设计要求为模型选取【直的】或【光滑】属性。
- 设置草绘平面：这一步骤与创建拉伸、扫描和旋转实体特征时设置草绘平面基本相同。
- 绘制截面图：依次绘制一组符合设计要求的截面。
- 指定截面间的深度参数：根据系统提示，指定截面之间的距离尺寸参数，最后生成平行混合实体特征。

（2）绘制截面图

绘制截面图是创建平行混合实体特征的重要工作，其绘制步骤如下。

- 正确放置草绘平面后，绘制第一个草绘截面。
- 使用切换工具切换截面，然后绘制第二个截面图。
- 如果有必要，使用同样的方法绘制其他截面图。

二、创建旋转混合实体特征

创建旋转混合实体特征的步骤与创建平行混合实体特征有一定差异。

旋转混合实体的属性除了【直的】和【光滑】外，还有【开放】和【封闭】属性。

绘制截面图也是创建旋转混合实体特征时最重要的步骤，绘制时还要设定各截面之间的尺寸参数。

旋转混合实体特征的截面图绘制方法与平行混合实体特征的绘制方法有很大的差异，由于各截面不再满足相互平行的条件，因此无法像平行混合实体特征那样仅使用一个线性距离尺寸来确定截面之间的相对位置。

为此，在截面中引入了坐标系，各截面都以坐标系为公共定位参照进行尺寸设计。在图 3-169 中，矩形截面除了自身的定形尺寸（长和宽）之外，其定位尺寸（确定截面空间放置位置的尺寸）在 xoy 平面内通过两个与坐标系的线性尺寸（400.00 和 80.00）来确定。

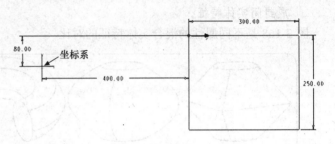

图 3-169　截面图示例

在创建多个截面图时，需要在每个截面图中加入坐标系。在最后生成的实体特征中，这些坐标系重叠在一起，这样可以部分确定各截面的相对位置。在旋转混合实体特征的截面图中，y 轴（竖直坐标轴）有特殊的用途：下一截面的位置由前一截面绕 y 轴转过一定角度确定，然后再在 xoy 平面中由前述两个定位尺寸确定其与坐标系的相对位置。

　与平行混合实体特征不同，创建旋转混合实体特征时，各截面图并非绘制在同一草绘平面内，而是分别绘制在不同的草绘平面内。每完成一个截面图后，系统要求输入下一截面相对上一截面绕 y 轴的转角，然后弹出新的草绘平面绘制下一截面图。

三、创建一般混合实体特征

一般混合实体特征具有更大的设计灵活性，用于创建形状更加复杂的混合实体特征。一般混合实体特征的创建原理和旋转混合实体特征比较接近，依次确定各截面之间的相对位置关系后，将这些截面顺次相连生成最后的模型。

一般混合实体特征的创建步骤与旋转混合实体特征类似，包括以下基本内容。

- 设置实体特征的属性：可以设置【直的】和【光滑】两种属性。
- 设置草绘平面：这一步骤与前面介绍的各种基础实体特征的生成方法基本相同。
- 绘制截面图：一般混合实体特征的截面图绘制方法和旋转混合实体特征相似，只是确定截面之间相对位置关系的方法略有不同。

在旋转混合实体特征中，所有截面使用同一参考坐标系。后一截面的位置是由前一截面绕 y 轴转过指定角度后，再在 xoy 平面内由到 x 轴和 y 轴的两个线性距离尺寸来具体确定。但是用这种方法获得的截面形式还非常有限，不能很好地满足设计需要。

在一般混合实体特征中，指定截面之间的位置关系具有更大的灵活性，后一截面的位置由前一截面分别绕 x、y、z 轴各转过一定角度来确定，这样新截面的位置具有更加丰富的变化，可以生成更复杂的实体特征。

3.4.4　工程实例——铣刀设计

下面介绍一个刀具模型的设计过程，通过该实例熟悉混合实体特征的创建方法和技巧，模型的设计过程如图 3-170 所示。

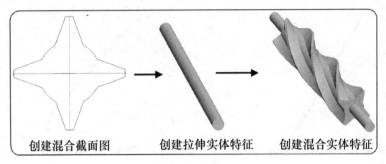

创建混合截面图　　　创建拉伸实体特征　　　创建混合实体特征

图 3-170　模型的设计过程

1. 绘制二维铣刀截面图形。

（1）新建名为"Milling-cutter"的草绘文件。

（2）在二维草绘模式下绘制如图 3-171 所示二维草绘图形，完成后选取菜单命令【文件】/【保存副本】，选择合适的保存路径后，将文件保存。

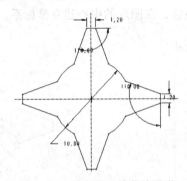

图 3-171　绘制的二维草绘图形

　保存此截面图形到合适的路径，便于以后生成铣刀时调用。

（3）选取菜单命令【文件】/【关闭窗口】，退出二维草绘模式。

2. 创建铣刀刀柄。

（1）新建名为"Milling-cutter"的零件文件。

（2）在右工具箱上单击 ⬚ 按钮，打开拉伸设计图标板。

（3）选择基准平面 RIGHT 作为草绘平面，在二维草绘界面中绘制一个直径为 5 的圆，输入拉伸深度"150"，最后创建如图 3-172 所示拉伸实体特征。

3. 创建铣刀。

（1）选取菜单命令【插入】/【混合】/【伸出项】，在【混合选项】菜单中选择【一般】、【规则截面】、【草绘截面】和【完成】选项。

（2）在【属性】菜单中选择【光滑】、【完成】选项后，弹出【设置草绘平面】菜单。选择其中的【新设置】、【产生基准】选项后，打开【基准平面】菜单，选择其中的【偏移】、【平面】、【坐标系】及【小平面的面】选项，然后在工作区中选择基准平面 RIGHT 作为草绘平面。

（3）在【偏距】菜单中选择【输入值】选项，确保偏距的方向如图 3-173 所示，输入偏距距离"25"。

图 3-172　创建铣刀刀柄　　　　　　　　　图 3-173　偏距的方向

（4）在【方向】菜单中选取【正向】选项，打开【草绘视图】菜单，选择【缺省】选项，进入二维草绘模式。

（5）选取菜单命令【草绘】/【数据来自文件】，在弹出的【打开】对话框中选择前面保存好的名为"Milling-cutter"的铣刀截面文件，随后在如图 3-174 所示【移动和调整大小】对话框中输入比例"1"，并将打开的截面的中心点⊗拉至圆柱的中心。

（6）单击右工具箱上的 按钮，在图形的中心建立坐标系，结果如图 3-175 所示。

图 3-174　【缩放旋转】对话框　　　　　　　图 3-175　绘制的第一个截面

 在此一定要创建坐标系，否则系统将提示"截面不完整"。

（7）将截面另存为"Milling-cutter1"文件。

（8）退出二维草绘模式后，在消息窗口中依次输入 x_axis 旋转角度为"0"，y_axis 旋转角度为"0"，z_axis 旋转角度为"45"，回车后进入二维草绘模式，绘制第二个截面。

（9）选取菜单命令【草绘】/【数据来自文件】，在弹出的【打开】对话框中选择前面保存好的名为"Milling-cutter1"的铣刀截面文件，完成后退出二维草绘模式。

（10）在工作区下方的提示窗口"继续下一个截面吗？（Y/N）"中输入"Y"，接着绘制第三个截面。

（11）重复步骤（8）、（9）和（10），直至完成 6 个截面的创建。每个截面都调用保存好的名为 "Milling-cutter1" 的文件，每个截面与上一截面绕 x 轴和 y 轴的旋转角度均为 "0"，绕 z 轴的旋转角度均为 "45"。

（12）绘制完 6 个截面后，在出现的提示窗口 "继续下一个截面吗？（Y/N）" 中输入 "N"，接着输入所有截面与截面之间的距离都为 "20"，完成后单击【伸出项：混合，一般，草绘截面】对话框中的 确定 按钮，最后生成的铣刀如图 3-176 所示。

（13）选取菜单命令【文件】/【保存】，保存设计结果。

图 3-176　最后生成的铣刀

3.5　创建工程特征

创建基础实体特征时，主要从原理上来介绍一类特征的创建过程，因此尽管使用同一种建模方法来创建两个特征，但是它们的形状却可能大相径庭。工程特征是形状和用途比较确定的特征，使用同一种设计工具创建的一组特征在外形上都是相似的。

一、工程特征的特点

大多数工程特征并不能够单独存在，必须附着在其他特征之上，这也是工程特征和基础实体特征的典型区别之一。例如，孔特征需要切掉已有特征上的实体材料，倒圆角特征需要放置在已有特征的边线或顶点处。因此，使用 Pro/E 进行三维建模时，通常首先创建基础实体特征，然后在其上依次添加各类工程特征，直到最后生成满意的模型为止。

二、放置工程特征的方法

一般来说，创建一个工程特征的过程就是根据指定的位置在另一个特征上准确放置该特征的过程。要准确生成一个工程特征，需要确定以下两类参数。

- 定形参数：确定特征形状和大小的参数，例如长、宽、高及直径等参数。定形参数不准确，将影响特征的形状精度。
- 定位参数：确定特征在基础特征上放置位置的参数。确定定位参数时，通常选取恰当的点、线、面等几何图元作为参照，然后使用相对于这些参照的一组线性尺寸或角度尺寸来确定特征的放置位置。定位参数不准确，特征将偏离正确的放置位置。

定形参数和定位参数是创建工程特征时的两类基本参数，特别是定位参数的确定是通过适当的定位参照来实现的，因而定位参照的选择是创建工程特征的重要内容之一。图 3-177 所示是确定一个孔特征的所有参数示例。

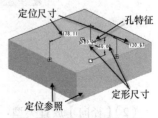

图 3-177　孔特征参数示例

3.5.1　创建孔特征

孔是指在模型上切除实体材料后留下的中空回转结构，是现代零件设计中最常见的结构之一，在机械零件中应用广泛。

一、孔的类型

根据孔的形状、结构和用途的不同及是否标准化等条件，Pro/E 将孔特征划分为以下 3 种类型。

- 直孔：具有单一直径参数，结构较为简单，设计时只需指定孔的直径和深度以及孔轴线在基础实体特征上的放置位置即可。
- 草绘孔：具有相对复杂的剖面结构。首先通过草绘方法绘制出孔的剖面来确定孔的形状和尺寸，然后选取恰当的定位参照来正确放置孔特征。
- 标准孔：用于创建螺纹孔等生产中广泛应用的标准孔特征。根据行业标准指定相应参数来确定孔的大小和形状后，再指定参照来放置孔特征。

图 3-178 所示是 3 种孔特征的示例。

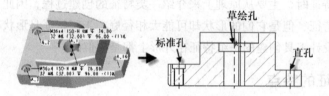

图 3-178　3 种孔特征的示例

二、孔的放置方式

一般来说，创建一个工程特征的过程就是根据指定的位置在另一个特征上准确放置该特征的过程。系统提供了以下 4 种方式来放置一个孔特征。

（1）【线性】放置类型

首先选取实体表面或基准平面作为主参照，然后指定两个参照及孔轴线到这两个参照的距离尺寸来确定孔的位置，示例如图 3-179 所示。

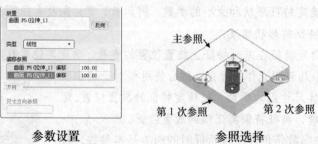

参数设置　　　　　　　　　　参照选择

图 3-179　【线性】放置类型示例

（2）【径向】放置类型

首先选取实体表面或基准平面作为主参照，选取实体上已有的孔轴线作为第一个次参照，新建孔特征的轴线位于以该轴线为中心且指定半径的圆周上，然后，在按住 Ctrl 键的同时选取实体侧面作为第二个次参照。过第一个次参照轴线且平行于第二个次参照平面创建一个辅助平面，该辅助平面绕第一个次参照轴线转过指定角度后，与由第一个次参照确定的圆周的交点即为新建孔特征轴线的位置（角度为正时，逆时针转动），示例如图 3-180 所示。

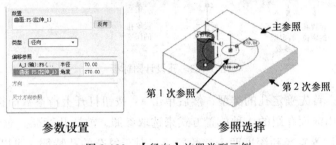

参数设置　　　　　　　　　　参照选择

图 3-180　【径向】放置类型示例

（3）【直径】放置类型

其使用方法和【径向】类似，只是在确定第一个次参照时使用直径数值，而非半径数值，示例如图 3-181 所示。

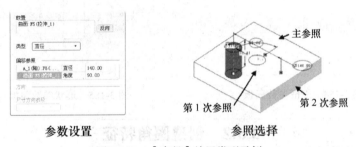

参数设置　　　　　　　　　　参照选择

图 3-181　【直径】放置类型示例

（4）【同轴】放置类型

利用【同轴】可以创建与选定孔或柱体同轴的孔特征，这时只需要一个主参照和一个次参照就可以确定圆孔的放置位置，示例如图 3-182 所示。

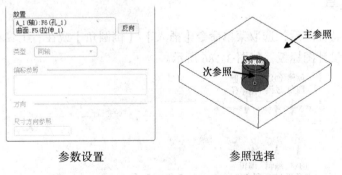

参数设置　　　　　　　　　　参照选择

图 3-182　【同轴】放置类型示例

三、设计工具

创建基础实体特征之后，选取菜单命令【插入】/【孔】或在右工具箱上单击 按钮，都可以打开孔设计图标板，如图 3-183 所示。

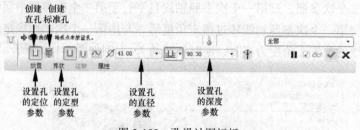

图 3-183　孔设计图标板

创建孔特征时，首先确定孔的类型，然后单击 放置 按钮打开上滑参数面板，如图 3-184 所示，在这里可以使用前面介绍的 4 种放置方式来选取参照，放置孔特征。对于简单的孔特征，只需要在图标板上设置直径和深度两个参数即可。对于复杂的孔特征，可以单击 形状 按钮，打开如图 3-185 所示的参数面板进行更为全面的定形参数设置。

图 3-184　上滑参数面板

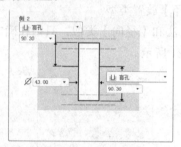

图 3-185　形状参数面板

3.5.2　创建圆角特征

倒圆角特征可以代替零件上的棱边使模型表面的过渡更加光滑、自然，增加产品造型的美感。因此，倒圆角特征是一种边处理特征，选取模型上的一条或多条边、边链或指定一组曲面作为特征的放置参照后，再指定半径参数即可创建。

一、设计工具

创建基础实体特征之后，选取菜单命令【插入】/【倒圆角】或在右工具箱上单击 ⁀ 按钮，都可以打开倒圆角设计图标板，如图 3-186 所示。

图 3-186　倒圆角设计图标板

二、倒圆角特征的分类

根据倒圆角特征半径参数的特点及确定方法，可以将其分为以下 4 种类型。

- 恒定圆角：倒圆角特征具有单一半径参数，用于创建尺寸均匀一致的圆角。
- 可变圆角：倒圆角特征具有多种半径参数，圆角尺寸沿指定方向渐变。
- 由曲线驱动的圆角：圆角的半径由基准曲线驱动，圆角尺寸变化更加丰富。
- 完全倒圆角：使用倒圆角特征替换选定曲面，圆角尺寸与该曲面自动适应。

图 3-187 所示是各种倒圆角特征的示例。

三、快速创建圆角

创建倒圆角特征时，系统默认选中图标板上的 按钮来设置圆角特征的参数。与创建孔特征相似，倒圆角特征也需要指定定形参数和定位参数，此外，还需要指定圆角之间以及圆角终止处的过渡形式。

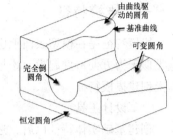

图 3-187　各种倒圆角特征的示例

如果仅创建较简单的圆角，只需选中放置倒圆角特征的边线（被选中的边线将用红色加亮显示），然后在图标板上的文本框中输入圆角大小即可。如果需要在多个边线处创建圆角，那么在选取其他边线时要按住 Crtl 键，最后所选边线处都将放置相等半径的圆角。图 3-188 所示是按住 Crtl 键选取的圆角参照，图 3-189 所示是最后创建的结果。

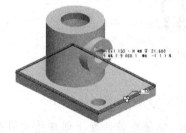

图 3-188　选取圆角参照

图 3-189　创建圆角特征

四、创建倒圆角集

一个倒圆角特征由一个或多个倒圆角集组成。每一个倒圆角集包含一组特定的参照和一个共同的设计参数。在图标板左上角单击 按钮，可以打开倒圆角集列表，其中【集 1】即为第一个倒圆角集，如图 3-190 所示。选择【新建集】选项，可以创建一个新的倒圆角集。

在选定的圆角集上单击鼠标右键，在弹出的快捷菜单中选取【添加】选项，也可以创建新的倒圆角集，选取【删除】选项可以删除选定的倒圆角集，如图 3-191 所示。

图 3-190　创建圆角集

图 3-191　删除圆角集

3.5.3　创建其他工程特征

在工程设计中，通常还使用到以下工程特征。

一、拔模特征

拔模特征是在模型表面上引入结构斜度，用于将实体模型上的圆柱面或平面转换为斜面，这类似于为方便铸件起模而添加拔模斜度后的表面，示例如图 3-192 所示。此外，也可以在曲面上创建拔模特征。

（1）设计工具

创建基础实体特征以后，选取菜单命令【插入】/【拔模】，系统打开如图 3-193 所示拔模设计图标板，设置图标板上的参数即可创建拔模特征。

图 3-192　拔模特征示例　　　　　　　图 3-193　拔模设计图标板

（2）设计要素

创建一个拔模特征必须设置以下要素。

- 拔模曲面：在模型上要加入拔模特征的曲面，以便在该曲面上创建结构斜度，简称拔模面。
- 拔模枢轴：用来指定拔模曲面上的中性直线或曲线，拔模曲面绕该直线或曲线旋转生成拔模特征，通常选取平面或曲线链作为拔模枢轴。如果选取平面作为拔模枢轴，拔模曲面围绕其与该平面的交线旋转生成拔模特征。此外，用户还可以直接选取拔模曲面上的曲线链来定义拔模枢轴。
- 拔模角度：是拔模曲面绕由拔模枢轴所确定的直线或曲线转过的角度，该角度决定了拔模特征中结构斜度的大小。拔模角度的取值范围为"$-30° \sim 30°$"，并且该角度的方向可调。创建拔模特征时，调整角度的方向可以决定是在模型上添加材料还是去除材料。
- 拖动方向：用来指定测量拔模角度所用的方向参照，可以选取平面、边、基准轴、两点（如基准点或模型顶点）或坐标系来设置拖动方向。如果选取平面作为拔模枢轴，拖动方向将垂直于该平面。在创建拔模特征时，系统使用箭头标示拖动方向的正向，设计时可以根据需要对其进行调整。

（3）设计过程

创建拔模特征时，首先选取拔模曲面，然后在图标板上激活第一个参数收集器，指定拔模枢轴，激活第二个参数收集器，指定拖动方向参照，最后指定拔模角度。通过反转拖动方向或拔模角度可以更改特征的加材料或减材料属性，如图 3-194 所示。

图 3-194　设置拔模参数

　　按照图 3-195 所示设置拔模参照，图 3-196 所示是最后创建的减材料拔模特征，反转拔模角度后可以创建加材料拔模特征，如图 3-197 所示。

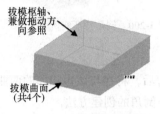

拔模枢轴、兼做拖动方向参照

拔模曲面（共4个）

图 3-195　设置拔模参照　　　图 3-196　创建减材料拔模特征　　　图 3-197　创建加材料拔模特征

二、创建壳特征

　　壳特征是一种应用广泛的工程特征，通过挖去实体的内部材料，获得均匀的薄壁结构。由壳特征创建的模型具有较少的材料消耗和较轻的重量，常用于创建各种薄壳结构和各种壳体容器等。图 3-198 所示是以壳特征为主体结构的电视机外壳。

　　在创建基础实体特征之后，选取菜单命令【插入】/【壳】或在右工具箱上单击 回 按钮，都可以启动壳设计工具。

　　（1）移除的曲面

　　用来选取创建壳特征时在实体上删除的曲面。如果未选取任何曲面，则会将零件的内部掏空，创建一个封闭壳，且空心部分没有入口，可以在实体表面选取一个或多个移除曲面。

　　（2）非缺省厚度

　　用于选取要为其指定不同厚度的曲面，然后分别为这些曲面单独指定厚度值。其余曲面将统一使用缺省厚度，缺省厚度值在图标板上的厚度文本框中设定。

　　在图标板上的【厚度】文本框中为壳特征输入缺省厚度值，单击文本框旁边的 ％ 按钮可以调整厚度方向。

　　图 3-199 所示是一组壳特征设计实例。

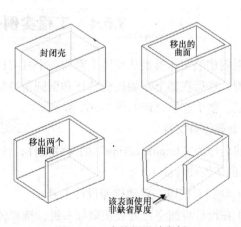

封闭壳　移出的曲面

移出两个曲面

该表面使用非缺省厚度

图 3-198　电视机外壳　　　　　　图 3-199　壳特征设计实例

三、创建倒角特征

倒角特征可以对模型的实体边或拐角进行斜切削加工。例如，在机械零件设计中，为了方便零件的装配，在如图 3-200 所示轴和孔的端面进行倒角加工。

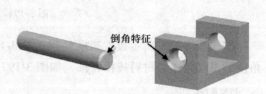

图 3-200 倒角特征实例

创建基础实体特征之后，选取菜单命令【插入】/【倒角】或在右工具箱上单击 🔲 按钮，都可以打开倒角设计工具。

边倒角的创建原理和圆角有些类似。选取放置倒角的参照边后，将在与该边相邻的两曲面间创建倒角特征。在图标板上的第一个下拉列表中提供了 4 种边倒角的创建方法。

- 【D×D】：在两曲面上距参照边距离为 D 处创建倒角特征，是系统的默认选项。
- 【D1×D2】：在一个曲面上距参照边距离为 D1、在另一个曲面上距参照边距离为 D2 处创建倒角特征。
- 【角度×D】：在一个曲面上距参照边距离为 D，同时与另一曲面成指定角度创建倒角特征。
- 【45×D】：与两个曲面均成 45° 角且在两曲面上与参照边距离 D 处创建倒角特征。

图 3-201 所示是 4 种倒角特征的示例。

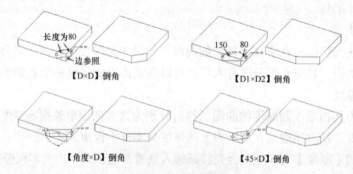

图 3-201 倒角特征示例

3.5.4 工程实例——机盖设计

本例创建的实体模型从整体上看为一个具有内腔的壳体结构。从建模过程来看，首先创建基础模型，然后在其上添加拔模特征和倒圆角特征，最后创建壳结构，然后再在其上添加一组拉伸特征。整个建模原理如图 3-202 所示。

1. 新建零件文件。

新建名称为 "Engine casing" 的零件文件，使用缺省设计模板进入三维建模环境。

2. 创建拉伸特征（1）。

（1）单击 🔲 按钮，启动拉伸设计工具。

（2）在设计界面空白处长按鼠标右键，选择弹出菜单中的【定义内部草绘】选项。

（3）选取 TOP 面作为草绘平面，单击鼠标中键。

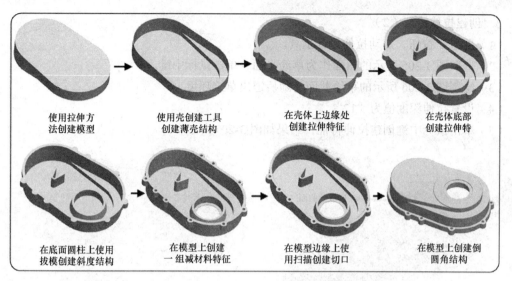

图 3-202　模型设计过程

（4）绘制图 3-203 所示的草绘截面，随后退出草绘环境。

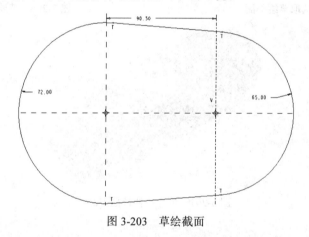

图 3-203　草绘截面

（5）设置拉伸深度值为"27"。

（6）单击鼠标中键创建拉伸特征，结果如图 3-204 所示。

图 3-204　创建拉伸特征（1）

3. 创建拉伸特征（2）。

（1）单击 按钮，启动拉伸设计工具。

（2）选取图 3-205 所示的曲面作为草绘平面，单击鼠标中键。

（3）绘制图 3-206 所示的草绘截面，随后退出草绘环境。

（4）设置拉伸深度值为"12"。

（5）单击鼠标中键创建拉伸特征，结果如图 3-207 所示。

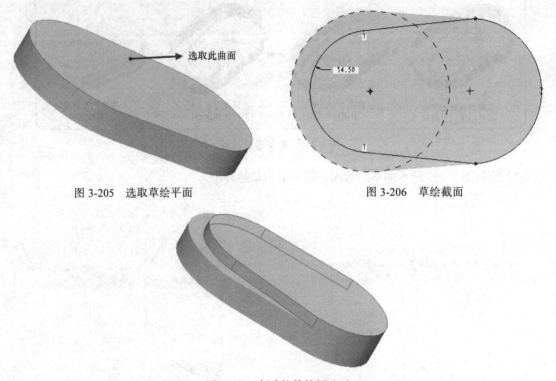

图 3-205　选取草绘平面　　　　　　　　　　　　图 3-206　草绘截面

图 3-207　创建拉伸特征（2）

4. 创建壳特征。

（1）单击 按钮，启动壳设计工具。

（2）选取图 3-208 所示的曲面为抽壳面。

（3）设置壳的厚度为"1"。

（4）单击鼠标中键创建壳特征，结果如图 3-209 所示。

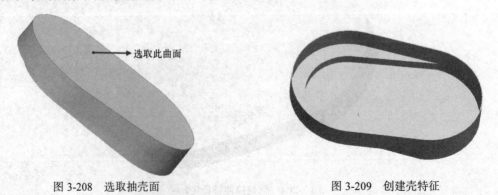

图 3-208　选取抽壳面　　　　　　　　　　　　　图 3-209　创建壳特征

5. 创建拉伸特征（3）。

（1）单击 按钮，启动拉伸设计工具。

（2）选取图 3-210 所示的平面作为草绘平面，单击鼠标中键。

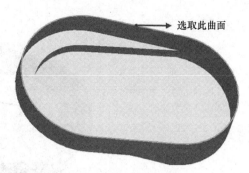

选取此曲面

（3）绘制图 3-211 所示的草绘截面，随后退出草绘环境。

（4）设置拉伸深度值为"15"。

（5）单击鼠标中键创建拉伸特征，结果如图 3-212 所示。

图 3-210　选取草绘平面

在选取曲面作为草绘平面时，可以将命令帮助区中的【智能】切换为【几何】状态。此操作有利于选取所需要的曲面。

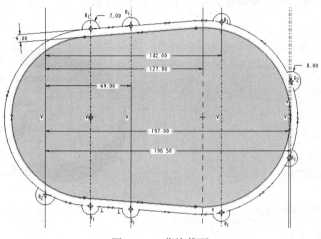

图 3-211　草绘截面

可用 按钮选取机壳的内壁曲线。

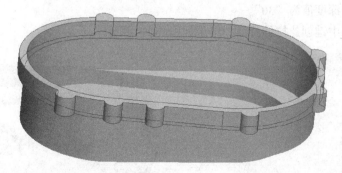

图 3-212　创建拉伸特征（3）

6. 创建拉伸特征（4）。

（1）单击 按钮，启动拉伸设计工具。

（2）选取图 3-213 所示的曲面作为草绘平面，单击鼠标中键。

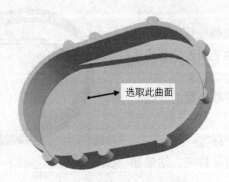

图 3-213　选取草绘平面

（3）绘制图 3-214 所示的草绘截面，随后退出草绘环境。

（4）设置拉伸深度值为"20"。

（5）单击鼠标中键创建拉伸特征，结果如图 3-215 所示。

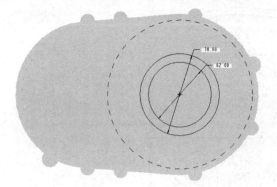

图 3-214　草绘截面

图 3-215　创建拉伸特征（4）

7.　创建拉伸特征（5）。

（1）单击 按钮，启动拉伸设计工具。

（2）选取图 3-213 所示的曲面作为草绘平面，单击鼠标中键。

（3）绘制图 3-216 所示的草绘截面，随后退出草绘环境。

（4）设置拉伸深度值为"30"。

（5）单击鼠标中键创建拉伸特征，结果如图 3-217 所示。

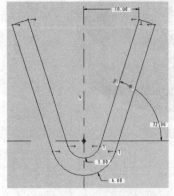

图 3-216　草绘截面

图 3-217　创建拉伸特征（5）

8. 创建斜度特征。

（1）单击 按钮，启动斜度设计工具。

（2）选取图 3-218 所示的面为拔模面。

（3）单击操作面板上图 3-219 所示的区域。

（4）选取图 3-220 所示的面为拔模枢轴。

（5）设置拔模角度为"10"。

（6）按 按钮调节拔模方向，结果如图 3-221 所示。

（7）单击鼠标中键创建拔模特征，结果如图 3-222 所示。

 选取拔模面时，应按住 Ctrl 键依次选取半个圆柱面，才能出现如图 3-222 所示的情况。

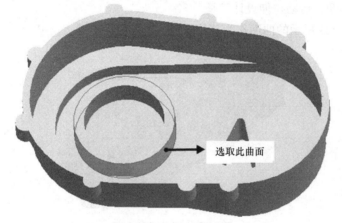

图 3-218　选取拔模面

图 3-219　添加项目

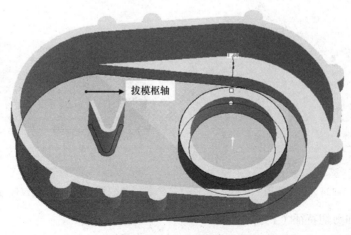

图 3-220　选取拔模枢轴

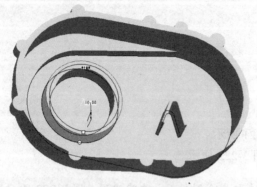

图 3-221 调节拔模方向

图 3-222 创建拔模特征

9. 创建拉伸特征（6）。

（1）单击 ▣ 按钮，启动拉伸设计工具。

（2）选取图 3-223 所示的曲面作为草绘平面，单击鼠标中键。

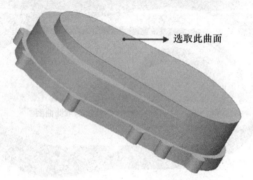

图 3-223 选取草绘平面

（3）绘制图 3-224 所示的草绘截面，随后退出草绘环境。

（4）设置拉伸深度值为 "2"。

（5）单击鼠标创建拉伸特征，结果如图 3-225 所示。

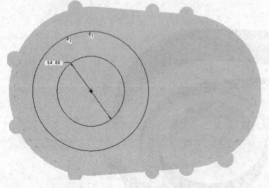

图 3-224 草绘截面

图 3-225 创建拉伸特征（6）

10. 创建拉伸剪切特征（1）。

（1）单击 ▣ 按钮，启动拉伸设计工具。

（2）选取图 3-226 所示的曲面作为草绘平面，单击鼠标中键。

（3）绘制图 3-227 所示的草绘截面，随后退出草绘环境。

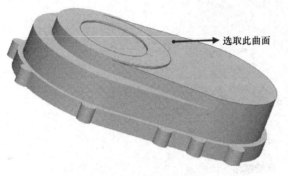

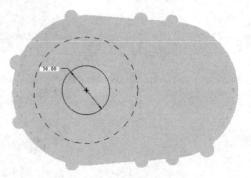

图 3-226　选取草绘平面　　　　　　图 3-227　草绘截面

（4）设置拉伸剪切特征参数如图 3-228 所示，调整拉伸方向指向模型内部。

（5）单击鼠标中键创建拉伸特征，结果如图 3-229 所示。

图 3-228　设置拉伸剪切特征参数　　　　图 3-229　创建拉伸剪切特征（1）

11．创建拉伸剪切特征（2）。

（1）单击 按钮，启动拉伸设计工具。

（2）选取图 3-230 所示的曲面作为草绘平面，单击鼠标中键。

图 3-230　选取草绘平面

（3）绘制图 3-231 所示的草绘截面，随后退出草绘环境。

（4）设置拉伸剪切特征参数如图 3-232 所示。

（5）单击鼠标中键创建拉伸特征，结果如图 3-233 所示。

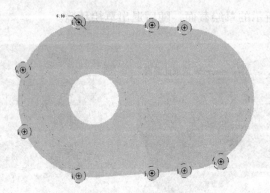

图 3-231　草绘截面

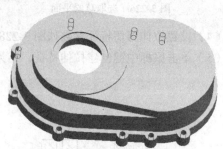

图 3-232　设置拉伸剪切特征参数

图 3-233　创建拉伸剪切特征（2）

问题思考　思考：是否可以将第 11 步的创建拉伸剪切特征（2）合并到第 5 步中完成？

12. 创建扫描特征。

（1）选取菜单命令【插入】/【扫描】/【切口】。

（2）在弹出的【扫描轨迹】菜单中选取【草绘轨迹】选项。

（3）选取图 3-234 所示的曲面作为草绘平面。

（4）在弹出的菜单中依次选取【正向】/【缺省】选项。

（5）绘制图 3-235 所示的扫描轨迹，随后退出草绘环境。

（6）选取菜单命令【无内部因素】/【完成】。

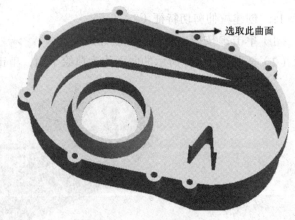

→ 选取此曲面

图 3-234　选取草绘平面

（7）绘制图 3-236 所示的扫描截面，随后退出草绘环境。

（8）在系统弹出的菜单中选取【正向】命令。

（9）单击鼠标中键创建扫描特征，结果如图 3-237 所示。

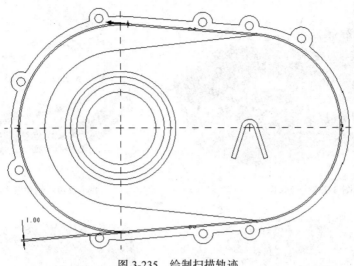

图 3-235　绘制扫描轨迹

 绘制图 3-235 所示的草绘截面时要单击 按钮，设置偏距图元参数为 1，方向向外。

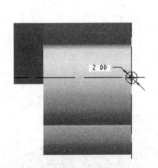

图 3-236　绘制扫描截面

图 3-237　创建扫描特征

13. 创建倒圆角特征（1）。

（1）单击 按钮，启动倒圆角设计工具。

（2）按住 Ctrl 键依次选取图 3-238 所示的边。

（3）设置倒圆角特征参数为"1"。

（4）单击鼠标中键创建倒圆角特征，结果如图 3-239 所示。

14. 创建倒圆角特征（2）。

（1）单击 按钮，启动倒圆角设计工具。

（2）按住 Ctrl 键依次选取图 3-240 所示的边。

（3）设置倒圆角特征参数为"0.5"。

（4）单击鼠标中键创建倒圆角特征，结果如图 3-241 所示。

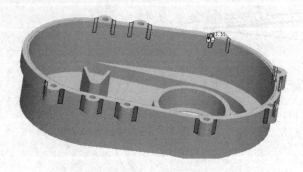

图 3-238　选取边

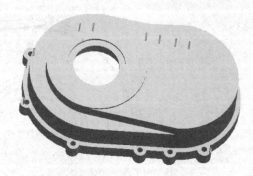

图 3-239　创建圆角特征（1）

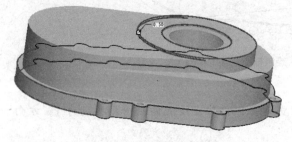

图 3-240　选取边

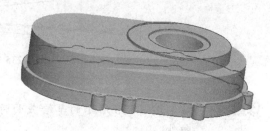

图 3-241　创建倒圆角特征（2）

15. 创建倒圆角特征（3）。

（1）单击 按钮，启动倒圆角设计工具。

（2）按住 Ctrl 键依次选取图 3-242 所示的边。

（3）设置倒圆角特征参数为 "1"。

（4）单击鼠标中键创建倒圆角特征，结果如图 3-243 所示。

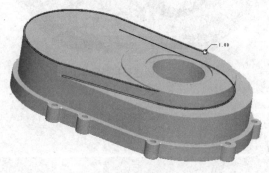

图 3-242　选取边

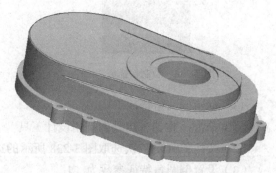

图 3-243　创建圆角特征（3）

16. 创建倒圆角特征（4）。

（1）单击 按钮，启动倒圆角设计工具。

（2）按 Ctrl 键选取图 3-244 所示的边。

（3）设置倒圆角特征参数为 "3"。

（4）单击鼠标中键创建倒圆角特征，结果如图 3-245 所示。

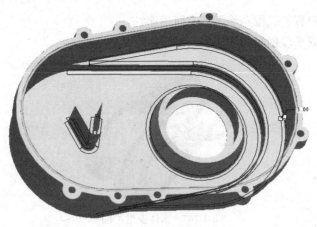

图 3-244　选取边

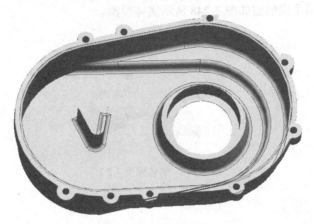

图 3-245　创建倒圆角特征（4）

至此，本实例操作完成，最后效果如图 3-246 所示。

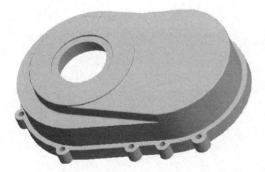

图 3-246　最终效果

3.6　习题

1. 在三维实体建模中，什么是"特征"？"特征"主要有哪些种类？

2. 在三维建模过程，二维草绘图形有何用途？

3. 使用实体建模手段创建如图 3-247 所示实体模型。

图 3-247   实体模型（1）

4. 使用实体建模手段创建如图 3-248 所示实体模型。

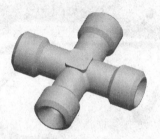

图 3-248   实体模型（2）

特征是模型的基本组成单位，一个三维模型由众多的特征按照一定的设计顺序"组装"而成。同时，特征又是模型的基本操作单位，在模型上选取特定的特征后，可以使用阵列、复制等方法为其创建副本，还可以对其进行修改、重定义等更为全面的编辑操作。在建模过程中引入关系和参数，可以提高模型的利用率，通过变更关系参数可以更新设计结果。

学习目标

- 掌握特征的编辑和重定义方法。
- 掌握常用阵列方法的用途和特点。
- 掌握特征复制方法的应用。
- 掌握创建参数化模型的一般过程。

4.1
特征的修改

如果用户对设计完成后的模型不满意，可以使用系统提供的特征修改工具对模型中的特征进行修改。实际上，在使用 Pro/E 进行建模的过程中，设计者需要熟练使用设计修改工具反复修改设计内容，直至满意为止。

4.1.1 特征的编辑

使用特征编辑工具可以重新设定特征参数，使用新参数再生模型后，即可获得新的设计结果，这是一种简便快捷的模型修改手段。

在模型树窗口中的特征标识上单击鼠标右键，在弹出的快捷菜单中选取【编辑】选项，系统将显示该特征的所有尺寸参数。双击需要修改的尺寸参数，然后输入新的参数值，最后单击上工具箱上的 按钮，再生模型。

图 4-1 所示的实体模型由底部的拉伸实体特征（长方体）、上部的拉伸实体特征（圆柱体）和圆角特征 3 个特征组成。选取圆柱体作为编辑对象后，系统将显示该特征的 3 个参数：圆柱

体的内径、外径和高度，如图 4-2 所示。图 4-3 所示是修改内径尺寸后的结果，图 4-4 所示是修改高度尺寸后的结果。

　　如果选取圆角特征作为修改对象，系统将显示该圆角特征中所有圆角集的半径值，如图 4-5 所示。选取需要修改的圆角尺寸，按照上述方法修改半径值，结果如图 4-6 所示。

图 4-1　三维模型

图 4-2　显示参数

图 4-3　修改孔径

图 4-4　修改高度

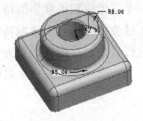

图 4-5　显示圆角半径

图 4-6　修改圆角半径

修改特征的尺寸参数后，系统并不会立即再生模型，用户需要手动启动再生命令。再生模型时，系统会根据特征创建的先后顺序依次再生每一个特征。如果使用了不合理的设计参数，还可能导致特征再生失败。

4.1.2　特征的编辑定义

　　使用特征编辑的方法来修改模型虽然操作简单、直观，但是其功能比较单一，主要用于修改特征的尺寸参数。当模型结构比较复杂时，常常难以找到需要修改的参数。如果需要全面修改特征创建过程中的设计内容（包括草绘平面的选取、参照的选取及草绘剖面的尺寸等），则应该使用特征重定义的方法。

　　在进行特征重定义之前，首先选取需要重定义的特征，然后长按鼠标右键，也可以直接在模型树窗口中的特征标识上单击鼠标右键，在弹出的快捷菜单中选取【编辑定义】选项，系统将打开该特征的设计图标板，重新设定需要修改的参数项即可。

　　与特征编辑相似，在特征重定义时，如果使用了不正确的设计参数，最终也会导致特征再生失败。

4.1.3　工程实例——模型的变更

　　下面结合实例介绍修改模型设计的方法，操作前首先打开素材文件"\第 4 章\素材\Redefine.prt"，如图 4-7 所示。

1．初步了解模型的结构。

在重定义模型前，首先应该查看模型的特征构成。此时可以打开模型树窗口，依次单击模型的标识，系统将用红色边线显示相应的特征。对于使用组的形式表示的特征，可以将组展开，查看组的构成。该模型对应的模型树窗口内容如图 4-8 所示。

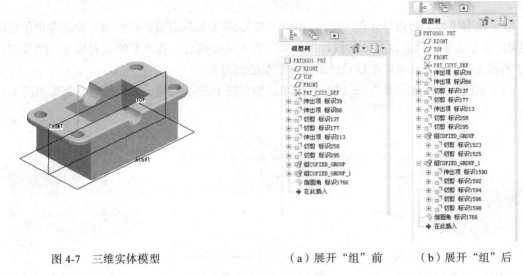

图 4-7　三维实体模型　　　　　　（a）展开"组"前　　　（b）展开"组"后

图 4-8　模型树窗口

2．修改箱体的壁厚。

（1）在模型树窗口中的第二个伸出项（伸出项 标识 66）上单击鼠标右键，在弹出的快捷菜单中选取【编辑定义】选项，系统将重新打开该特征的设计图标板，如图 4-9 所示。图标板可以提供该特征创建时的详细信息，例如特征采用加材料的拉伸方法生成，而且创建了薄板特征，因此初步确定只需更改薄板厚度就可以更改模型的壁厚。

图 4-9　设计图标板

（2）此时系统暂时隐含该特征之后创建的特征，并用橘红色线框显示该特征的轮廓及特征的所有定形参数，如图 4-10 所示。这时可以在图标板上直接修改薄板厚度，也可以在模型的相应参数上双击鼠标左键再修改参数，修改壁厚为"20.00"，然后单击图标板上的☑按钮，再生模型，结果如图 4-11 所示。

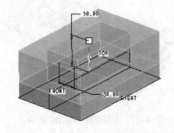

图 4-10　显示特征的轮廓及参数

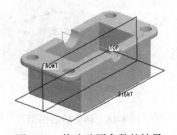

图 4-11　修改壁厚参数的结果

3. 修改模型上两个半圆形切口的设计。

（1）首先在模型树窗口中选取半径较小的半圆形切口的标识（切剪 标识 137），单击鼠标右键，在弹出的快捷菜单中选取【删除】选项，将其删除。由于圆角特征选取了该切口的边线作为放置参照，因此系统提示是否删除圆角特征，此时将圆角特征删除，结果如图 4-12 所示。

（2）选取模型上的切口标识（切剪 标识 177），单击鼠标右键，在弹出的快捷菜单中选取【编辑定义】选项，打开该特征的设计图标板。进入草绘模式，修改草绘剖面尺寸，结果如图 4-13 所示（当然这里还可以根据设计需要重绘草绘剖面）。

（3）更改特征深度参照为 ⬛ ⬛（穿透），单击图标板上的 ✔ 按钮，再生模型，结果如图 4-14 所示。

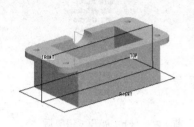

图 4-12 删除切口的结果

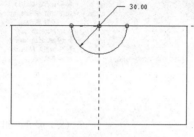

图 4-13 修改草绘剖面尺寸

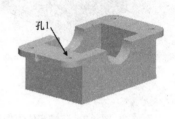

图 4-14 重定义后的模型

4. 修改孔 1 的直径。

（1）在模型树窗口中选取孔 1 的标识（切剪 标识 295），单击鼠标右键，在弹出的快捷菜单中选取【编辑】选项，修改孔的直径为 "20.00"，如图 4-15 所示。

（2）选取菜单命令【编辑】/【再生】，再生后的模型如图 4-16 所示。

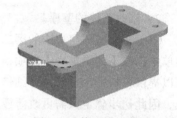

图 4-15 修改孔的直径

由图 4-16 可见，修改小孔 1 的尺寸后，小孔 1 同一侧小孔 2 的直径也发生了改变，这是因为小孔 2 是由小孔 1 使用镜像复制方法创建的，而且设置了从属属性。如果修改小孔 2 的尺寸，则小孔 1 的尺寸也会改变。实体另一侧的两个小孔在镜像复制时使用了独立属性，所以其直径没有改变。

5. 在模型上添加圆角特征。

使用 ⬛ 工具在模型上添加圆角特征，最后的结果如图 4-17 所示。

图 4-16 再生后的模型

图 4-17 添加圆角后的结果

4.2 特征的阵列和复制

在特征建模中，有时需要在模型上重复创建一组相同或相似的特征，这时可以使用特征阵列和特征复制工具。阵列是指将一定数量的对象规则有序地进行排列，例如电话按键、风扇叶片等。特征复制可以在选定位置创建已知特征的副本，并且可以更改设计参数。

4.2.1 特 征 阵 列

阵列是指将一定数量的对象规则有序地进行排列。在特征建模中，有时候需要在模型上创建一组相似的特征，而这些特征又在模型的特定位置上规则整齐地排列，这时可以使用特征阵列的方法，例如电话按键、风扇叶片等。

Pro/E 中的特征阵列根据设计方法及操作过程的不同，可分为以下 7 种类型。

- 尺寸阵列：使用驱动尺寸并指定阵列的尺寸增量来创建特征阵列。用户可以根据需要创建一维和二维特征阵列，这是最常用的特征阵列方式。
- 方向阵列：选取一个方向参照，特征沿该方向由指定的阵列参数进行阵列。
- 轴阵列：选取一参照轴线，特征绕该轴线旋转来创建圆周阵列特征。
- 填充阵列：用实例特征使用特定的格式填充选定区域来创建阵列。
- 表阵列：使用阵列表并为每一阵列实例指定尺寸值来创建阵列。
- 参照阵列：参照一个已有的阵列来阵列选定的特征。
- 曲线阵列：特征沿一曲线路径进行阵列，阵列的位置随曲线变化。

一、尺寸阵列

尺寸阵列是最常用的特征阵列方法，该阵列方式主要选取特征上的尺寸作为阵列的基本参数。在创建尺寸特征之前，首先要创建基础实体特征及一个实例特征，该实例特征作为特征阵列的父本（父特征），由父特征阵列后生成的特征为阵列子特征，如图 4-18 所示。

（1）驱动尺寸

创建尺寸阵列时，需要选取父特征的一个或多个定形或定位尺寸作为驱动尺寸。在图 4-19 中，选取孔特征作为阵列父特征，选取尺寸 50.00 作为驱动尺寸，从该尺寸的标注参照开始，沿尺寸标注的方向创建阵列子特征，如图 4-19 箭头指示的方向所示。

图 4-18　阵列示例

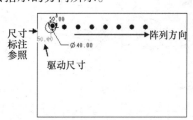

图 4-19　驱动尺寸的使用

（2）设计工具

选中父特征后，在右工具箱上单击▦按钮，打开阵列设计图标板，如图 4-20 所示。图标板左侧有一个下拉列表中的默认选项是【尺寸】，用于创建尺寸阵列。系统将显示阵列父特征上的所有尺寸，用户可以从这些尺寸中选取驱动尺寸来创建特征阵列。

图 4-20　阵列设计图标板

（3）设置驱动尺寸及尺寸增量

在图标板上单击 尺寸 按钮，打开如图 4-21 所示的尺寸参数面板，在其上设置驱动尺寸及相应的尺寸增量。如果仅指定【方向 1】的驱动尺寸，则可以创建一维尺寸阵列；如果同时指定【方向 1】和【方向 2】的驱动尺寸，则可以创建二维尺寸阵列。

指定驱动尺寸时，首先在【方向 1】或【方向 2】列表框中激活【尺寸】参数栏，然后在模型上选取尺寸参数作为驱动尺寸，在【增量】参数栏中输入该驱动尺寸的尺寸增量。一个方向上既可以使用一个尺寸作为驱动尺寸，也可以使用多个尺寸作为驱动尺寸。若使用多个驱动尺寸，则向参数栏中添加其他驱动尺寸时需要按住 Ctrl 键。

选取如图 4-22 所示的圆孔作为阵列父特征，图中标出了该特征上的 3 个尺寸参数。图 4-23 所示是选用一个尺寸（$d10$ 对应于尺寸 60.00）作为驱动尺寸创建一维阵列的结果，图 4-24 所示是选用两个尺寸（$d9$ 对应于尺寸 50.00）作为驱动尺寸创建一维阵列的结果。

图 4-21　尺寸参数面板

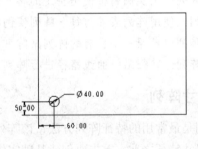

图 4-22　选取父特征

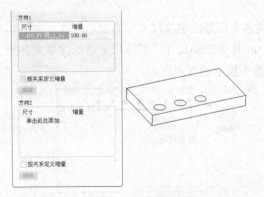

图 4-23　使用单个尺寸创建阵列

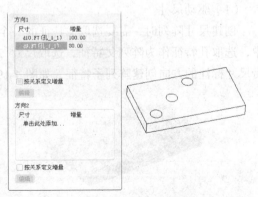

图 4-24　使用两个尺寸创建阵列

（4）确定阵列特征总数

设置完阵列驱动尺寸后，在图标板上的两个文本框中分别指定两个方向上的特征总数（注意，特征总数包括父特征在内），如图 4-25 所示。

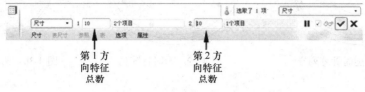

图 4-25　设置阵列总数

二、方向阵列

当特征采用约束方式定位时，由于定位尺寸不充分或者根本就不含有定位尺寸，此时如果要创建沿一定方向的阵列特征，就会因为缺少驱动尺寸而不能顺利进行。此时使用【方向】阵列可以简便地达到设计目的。

在图标板左下角设置阵列类型为【方向】，然后"选取平面、直边、坐标系或轴"作为方向参照。修改阵列特征的间距值（驱动尺寸的增量和阵列个数），就可创建在一个方向的简单线性阵列特征，如图 4-26 所示。单击图标板上的第二方向参照文本框 单击此处添加项目 ，将其激活，然后选取适当的参照并设置阵列间距和个数，即可创建两个方向上的阵列特征，如图 4-27 所示。

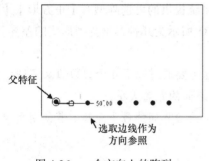

图 4-26　一个方向上的阵列

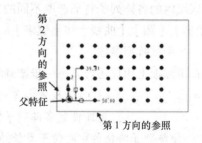

图 4-27　两个方向上的阵列

三、轴阵列

轴阵列用于创建绕一个参照轴线旋转的圆周阵列。在设计图标板左下角设置阵列类型为【轴】，在模型中选取一条参照轴线，然后设置阵列特征的个数和角度增量值。

设置增量的方式有两种：一种是指定各个特征的角度间隔值，另一种是指定阵列特征所占据的总角度值。系统根据要阵列的特征个数确定特征之间的角度间隔，多用于阵列个数太多或特征之间的间隔角度为非整数时。

系统默认的阵列方向是逆时针方向，如图 4-28 所示。当阵列特征未布满整个圆周时，可单击图标板上的 按钮，调整特征的生成方向，如图 4-29 所示。在图标板上的 文本框中可以输入第二方向要阵列的特征数量，当该文本框中的数值大于 1 时，将激活右侧的文本框，用于设置第二方向阵列特征的间距值，结果如图 4-30 所示。

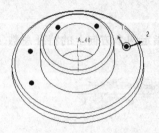

图 4-28　逆时针阵列

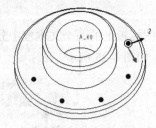

图 4-29　顺时针阵列

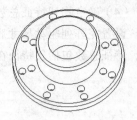

图 4-30　两个方向的阵列

四、填充阵列

填充阵列是一种操作更加简便、实现方式更加多样化的特征阵列方法。创建填充阵列时，首先划定阵列特征的布置范围，然后指定排列格式并微调有关参数，系统将按照设定的格式在指定区域内创建阵列特征。

（1）设置填充区域

创建并选取阵列父特征后，单击右工具箱上的 ▦ 按钮，打开阵列设计图标板，然后在图标板上的第一个下拉列表中选取【填充】选项。单击图标板上的 参照 按钮，打开上滑参数面板，单击其中的 定义... 按钮，设置草绘平面，草绘填充阵列区域，也可以激活该按钮旁边的文本框，选取已有草绘曲线围成的封闭区域作为填充阵列区域。

（2）设置填充格式

在图标板上从左至右的第二个下拉列表中选取填充栅格类型，不同的填充栅格类型可以为填充区域内的各阵列子特征选取不同的排列阵型。系统提供的可选阵型有【正方形】、【菱形】、【三角形】、【圆】、【曲线】和【螺旋】6 种。如图 4-31 所示为几种典型阵列形式的差异。

（3）调整阵型参数

在图标板上用户还可以进一步微调阵列参数，这主要通过以下 4 个参数值来实现。

- ▦ 7.80 ：重新设置各阵列子特征中心之间的距离大小。
- ▦ 0.00 ：重新设置各阵列子特征中心与草绘边界间的最小距离。若使用负值，则可使阵列子特征的中心位于草绘边界之外。
- ▱ 0.00 ：重新设置栅格绕原点的旋转角度。
- ⟩ 0.00 ：重新设置圆形和螺旋形栅格的径向间隔大小。

完成上述设置后，单击图标板上的 ✔ 按钮，即可在绘制的区域内创建填充阵列，如图 4-32 所示。

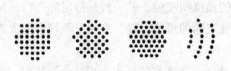

图 4-31　阵列形式

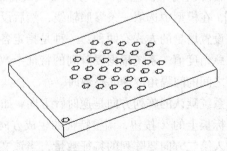

图 4-32　填充阵列结果

五、表阵列

表阵列是一种相对比较自由的阵列方式，常用于创建不太规则的特征阵列。创建表阵列之前，首先要收集特征的尺寸参数，创建阵列表，然后使用文本编辑方式编辑阵列表，为阵列子特征确定尺寸参数，最后使用这些参数创建阵列特征。

（1）创建阵列表

创建并选中阵列父特征后，单击右工具箱上的 ▦ 按钮，打开阵列设计图标板，在图标板上的第一个下拉列表中选取【表】选项，然后单击图标板上的 表尺寸 按钮，打开尺寸参数面板，依次选取父特征上的尺寸，将其添加到参数面板中。如图 4-33 所示，图中阵列父特征的 3 个尺寸参数都被添加到参数面板中。添加多个尺寸时，要按住 Ctrl 键。

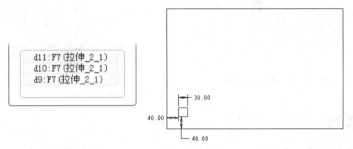

图 4-33　创建阵列表

（2）编辑阵列表

在图标板上单击 编辑 按钮，以文本编辑器的方式打开阵列表，编辑阵列子特征的尺寸参数，如图 4-34 所示。此时，父特征上的尺寸标注显示为符号形式，与文本编辑器中的尺寸参数相对应，供设计时参考。完成参数编辑后，在文本编辑器中选取菜单命令【文件】/【保存】，保存修改后的阵列表，最后的设计结果如图 4-35 所示。

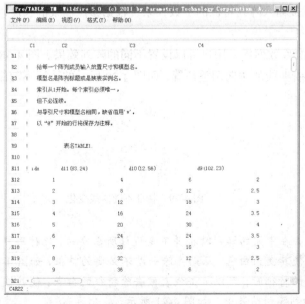

图 4-34　编辑阵列表

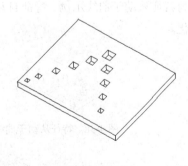

图 4-35　表阵列结果

六、参照阵列

特征阵列操作将在阵列父特征和阵列子特征之间建立起父子关系。在父特征上继续添加新特征后，如果希望在子特征上也添加这些特征，可以使用参照阵列的方法。

如图 4-36 所示，在父特征上已经创建了倒角特征，在右工具箱上单击 按钮，由于新建的倒角特征在此处只有惟一的阵列结果，所以系统立即按照前一次特征阵列关系在所有阵列子特征上创建倒角特征，如图 4-37 所示。

如果父特征上新建的特征具有多种可能的阵列结果，系统就会打开阵列图标板，用户可以根据需要从中选取适当的阵列方法。

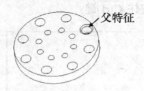

图 4-36　选取父特征　　　　　　图 4-37　参照阵列结果

七、曲线阵列

曲线阵列用于创建沿一参照曲线变化的阵列特征，在实际建模过程中，一些形状复杂的阵列特征往往不能通过简单的线性变换得到。如果用户能定义特征生成的路径，则将使阵列操作大大简化。

单击图标板上的 按钮，打开阵列设计图标板，在图标板上的第一个下拉列表中选取【点】选项，可以选取一条已有的曲线作为参照，也可以单击图标板上的 参照 按钮，打开上滑参数面板，单击其中的 定义 按钮，自行创建草绘曲线。

系统提供了两种设置阵列个数的方法：一种是设置阵列特征的间距，系统根据参照曲线的长度确定阵列特征的个数；另一种是直接输入阵列特征的个数，系统根据参照曲线的长度确定阵列特征的间距。

单击图标板上的 选项 按钮，打开上滑参数面板，用户可以设置不同的阵列效果。图 4-38 所示为特征从动于曲线示例，特征自动沿着曲线的法向调整位置，而图 4-39 所示的特征不随曲线变化。

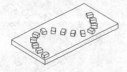
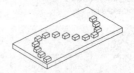

图 4-38　特征从动于曲线　　　　　　图 4-39　特征不随曲线变化

创建阵列特征时，有时一些夹在中间的阵列特征并不是设计所需要的，此时用户可以单击代表该特征的黑点，使其变为白色，从而去除一些不必要的特征，如图 4-40 所示。当要再次显示被去除的特征时，可以单击代表被去除特征的白点，使其恢复为黑色，此时特征又被添加到阵列结果中，如图 4-41 所示。

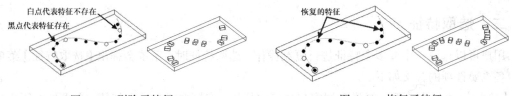

白点代表特征不存在
黑点代表特征存在

恢复的特征

图 4-40　删除子特征　　　　　　　　　　　图 4-41　恢复子特征

八、点阵列

点阵列是 Pro/E 5.0 新增的功能，当定义点阵列时，选择草绘基准点特征，阵列的特征将被应用到点特征中的所有位置。随后可参照此点阵列更多的特征，并且可排除不需要的特征。

单击图标板上的 ▦ 按钮，打开阵列设计图标板，在图标板上的第一个下拉列表中选取【点】选项，单击图标板上的 参照 按钮，打开上滑参数面板，单击其中的 定义... 按钮，然后选择草绘平面，进入草绘界面。单击右工具栏上的 × 按钮，在需要创建阵列特征处创建点，然后单击 ✔ 按钮，完成草绘，如图 4-42 所示。

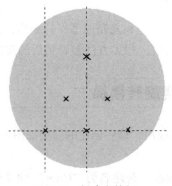 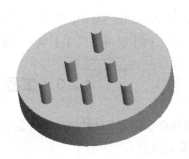

图 4-42　创建点特征　　　　　　　　　图 4-43　点阵列效果

在阵列图板上单击 ✔ 按钮，得到如图 4-43 所示的点阵列效果。

通过点阵列用户可以创建各式各样的阵列特征，特别是规律性不强的重复对象，从而简化阵列创建的操作。

4.2.2　特 征 复 制

使用复制方法可以"克隆"已有的对象，以避免重复设计，提高设计效率。在 Pro/E Wildfire 5.0 中，用户也可以使用特征复制的方法来"克隆"已有的特征，而且使用该方法还可以在复制特征的同时修改设计内容，以获得与被复制特征不同的设计结果。

选取菜单命令【编辑】/【特征操作】，打开【特征】菜单，在【特征】菜单中选取【复制】选项后，系统弹出【复制特征】菜单，从该菜单中选取特征复制方法并设置复制参数。

一、选取特征复制的方法

在【复制特征】菜单中选取一种特征复制方法，可选的方法有【新参考】、【相同参考】、【镜像】和【移动】4 种。

二、选取特征

用户可以选取一个或多个特征进行复制操作。选取特征时，系统会弹出【选取特征】菜单，其中各主要选项的含义如下。

【选取】：直接在模型上或模型树窗口中选取特征。在模型树上选取特征，会更加方便快捷。

【层】：选取指定图层上的放置特征。

【范围】：根据特征创建的先后顺序连续选中一组特征，通过输入特征的再生序号范围来选取这一组特征。

三、设置新特征的定位参数

根据系统提示，指定新特征的放置参照和定位参数。采用不同的特征复制方法复制特征时，设置特征的放置参照和定位参数的方法略有不同。

四、根据设计需要修改复制特征的定形参数

在 Pro/E Wildfire 5.0 中，复制特征的形状和大小并非必须和复制原型保持一致，用户可以通过系统弹出的【组可变尺寸】菜单来更改定形参数的数值，相关方法参看稍后的实例。

4.2.3　工程实例——创建旋转楼梯

下面结合实例来介绍特征阵列和复制工具在设计中的应用，最后创建的模型如图 4-44 所示。

1. 新建文件。

选取菜单命令【文件】/【新建】，打开【新建】对话框，新建名为"Copy"的零件文件，关闭对话框后进入三维建模环境。

2. 创建第一个拉伸实体特征。

（1）在右工具箱上单击 按钮，打开拉伸设计图标板，在设计界面中按住鼠标右键，在弹出的快捷菜单中选取【定义内部草绘…】选项，打开【草绘】对话框。

（2）选取基准平面 FRONT 作为草绘平面，使用系统缺省参照放置草绘平面，随后进入二维草绘模式。

（3）绘制如图 4-45 所示的剖面图，完成后退出草绘模式。

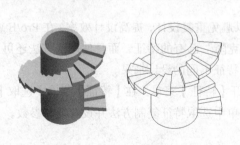

图 4-44　最后创建的模型

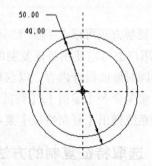

图 4-45　绘制剖面图

（4）按照如图 4-46 所示设置特征参数，最后创建的设计结果如图 4-47 所示。

图 4-46　设置特征参数

图 4-47　拉伸实体特征

3. 创建第二个拉伸实体特征。

（1）在右工具箱上单击 按钮，打开拉伸设计图标板，在设计界面中按住鼠标右键，在弹出的快捷菜单中选取【定义内部草绘…】选项，打开【草绘】对话框。

（2）选取基准平面 FRONT 作为草绘平面，此时系统缺省的草绘视图方向如图 4-48 的箭头方向所示，在【草绘】对话框中单击 按钮改变其指向，如图 4-49 所示，接受系统其他缺省参照放置草绘平面后，进入二维草绘模式。

图 4-48　缺省的草绘视图方向

图 4-49　调整后的草绘视图方向

（3）在草绘平面内按照以下步骤绘制拉伸剖面。

● 单击 按钮绘制如图 4-50 所示一段圆弧。

● 单击 按钮绘制如图 4-51 所示两条线段。

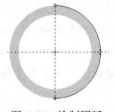

图 4-50　绘制圆弧

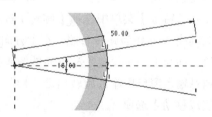

图 4-51　绘制线段

● 单击 按钮绘制如图 4-52 所示的一段同心圆弧。

● 裁去图形上的多余线条，保留如图 4-53 所示的剖面图，完成后退出草绘模式。

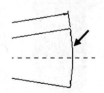

图 4-52　绘制同心圆弧

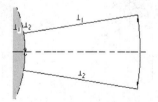

图 4-53　最后绘制的剖面图

（4）按照如图 4-54 所示设置拉伸参数，确保拉伸方向如图 4-55 中的箭头指向所示。

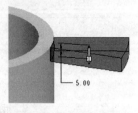

图 4-54　设置拉伸参数　　　　　　　　　图 4-55　特征生成方向

（5）在图标板上确认设计参数后，最后创建的特征如图 4-56 所示。

4. 复制拉伸实体特征。

（1）选取菜单命令【编辑】/【特征操作】，打开【特征】菜单，选取【复制】选项，在打开的【复制特征】菜单中选取【移动】、【选取】、【独立】和【完成】选项，选取如图 4-57 所示特征作为复制对象后，在【选取特征】菜单中选取【完成】选项。

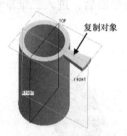

图 4-56　最后创建的拉伸特征　　　　　　　图 4-57　选取复制对象

（2）在【移动特征】菜单中选取【平移】选项，在【一般选取方向】菜单中选取【曲线/边/轴】选项，然后选取如图 4-58 所示轴线 A6 作为平移参照，在【方向】菜单中选取【正向】选项，接受系统缺省的平移方向（如图 4-59 中的箭头方向所示）。

（3）在消息输入窗口中输入特征的平移距离"5"，然后按 Enter 键确认。

（4）在【移动特征】菜单中选取【旋转】选项，【选取方向】菜单中选取【曲线/边/轴】选项，仍然选取轴线 A_6 作为旋转参照，在【方向】菜单中选取【正向】选项，接受系统缺省的旋转方向（该方向与上一步设置平移方向的箭头指向一致）。

（5）在消息输入窗口中输入旋转角度"18"，然后按 Enter 键确认，最后在【移动特征】菜单中选取【完成移动】选项。

（6）在【组可变尺寸】菜单中直接选取【完成】选项，最后单击模型对话框中的 确定 按钮，创建如图 4-60 所示的设计结果。

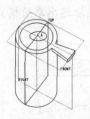

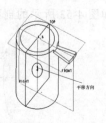

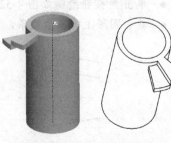

图 4-58　选取平移方向参照　　　图 4-59　平移方向　　　图 4-60　复制拉伸实体特征

5. 创建阵列特征。

（1） 选中刚创建的复制特征，然后在右工具箱上单击▦按钮，打开阵列设计图标板。在图标板左上角单击 尺寸 按钮，弹出【尺寸】参数面板，首先选中上一步复制特征时的平移距离尺寸 5.00，然后按住 Ctrl 键再选取旋转尺寸作为驱动尺寸，如图 4-61 和图 4-62 所示。

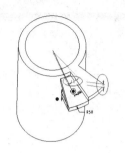

图 4-61　选取驱动尺寸　　　　　　　　图 4-62　尺寸参数面板

（2）按照如图 4-63 所示设置其他阵列参数，预览阵列效果如图 4-64 所示，单击✓按钮，最后创建的阵列效果如图 4-44 所示。

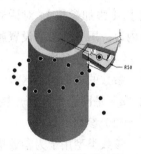

图 4-63　设置阵列参数　　　　　　　　图 4-64　预览阵列效果

4.3 参数和关系

参数可以标明不同模型的属性，用于提供关于设计对象的附加信息，是参数化设计的要素之一。参数与关系配合使用可以创建参数化模型，通过变更参数的数值来变更模型的形状和大小。

关系是参数化设计的另一个要素，通过关系可以在参数和对应模型之间引入特定的"父子"关系。当参数值变更后，通过这些关系来规范模型再生后的结果。

4.3.1　参　　数

在实际设计中，常常会遇到这样的问题：有时候用户需要创建一种系列产品，这些产品在结构特点和建模方法上都具有极大的相似之处，例如一组不同齿数的齿轮、一组不同直径的螺钉等。如果能够对一个已经设计完成的模型做最简单的修改就可以获得另外一种设计结果（例如，将一个具有 30 个轮齿的齿轮改变为具有 40 个轮齿的齿轮），那将大大节约设计时间，增加模型的利用率。要实现这种设计方法，可以借助"参数"来实现。

只要给出一个长方体模型的长、宽、高 3 个尺寸就可以完全确定该模型的形状和大小。在 Pro/E 中，可以将长方体模型的长、宽、高这 3 个数据设置为参数，将这些参数与图形中的尺寸建立关系后，只要变更参数的具体数值，就可以轻松改变模型的形状和大小，这就是参数在设计中的用途。

一、创建参数

新建零件文件后，选取菜单命令【工具】/【参数】，打开如图 4-65 所示的【参数】对话框，用户可以利用该对话框在模型中创建或编辑定义的参数。

在【参数】对话框的左下角单击 ✚ 按钮，或者在对话框中选取菜单命令【参数】/【添加参数】，对话框中都将新增一行内容，用于为参数设置属性项目。

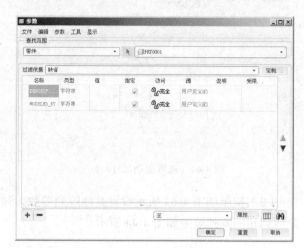

图 4-65　【参数】对话框

（1）参数名称

参数的名称用于区分不同的参数。注意，Pro/E 的参数不区分大小写，例如参数"D"和参数"d"是同一个参数。参数名不能包含非字母数字字符，如"!"、""""、"@"和"#"等。

（2）参数类型

参数类型用于为参数指定类型。可选的类型有以下 4 种。

- 【整数】：整型数据，例如齿轮的齿数等。
- 【实数】：实数数据，例如长度、半径等。
- 【字符串】：符号型数据，例如标识等。
- 【是否】：二值型数据，例如条件是否满足等。

（3）参数数值

参数数值用于为参数设置一个初始值，该值可以在随后的设计中修改，从而变更设计结果。

（4）参数访问权限

参数访问权限用于为参数设置访问权限。可选的访问权限有以下 3 种。

- 【完全】：无限制的访问权限，用户可以随意访问参数。
- 【限制】：具有限定权限的参数。
- 【锁定】：锁定的参数，这些参数不能被随意更改，通常由关系决定其值。

二、删除参数

如果要删除某一个参数，可以首先在【参数】对话框的参数列表中选中该参数，然后在对话框底部单击 ▬ 按钮，删除该参数。用户不能删除由关系驱动的或在关系中使用的参数。对于这些参数，必须先删除其中使用参数的关系，然后再删除参数。

三、应用示例

下面为长方体模型定了 3 个参数。

- *L*: 长。
- *W*: 宽。
- *H*: 高。

完成定义后的【参数】对话框如图 4-66 所示。

图 4-66　【参数】对话框

4.3.2　关　系

选取菜单命令【工具】/【关系】，可以打开如图 4-67 所示的【关系】对话框。

图 4-67　【关系】对话框（1）

如果单击对话框底部的 ▶局部参数 按钮，可以看到对话框底部显示【参数】栏，该【参数】栏用于显示模型上已经创建的参数，如图 4-68 所示。

在参数化设计中，通常需要将参数和模型上的尺寸相关联，这主要是通过在【参数】对话框中编辑关系式来实现。

图 4-68　【关系】对话框（2）

一、创建模型

按照前面的介绍，用户在为长方体模型创建了 L、W、H 这 3 个参数后，再使用拉伸的方法创建如图 4-69 所示的模型。

二、显示模型尺寸

要在参数和模型上的尺寸之间建立关系，首先必须显示模型尺寸。显示模型尺寸的简单方法是在模型树窗口相应的特征上单击鼠标右键，然后在弹出的快捷菜单中选取【编辑】选项，如图 4-70 所示。图 4-71 所示是显示模型尺寸后的结果。

图 4-69　长方体模型

图 4-70　显示模型尺寸的方法

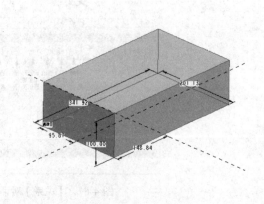

图 4-71　显示模型尺寸

三、在特征尺寸和参数之间建立关系

选取菜单命令【工具】/【关系】，打开【关系】对话框。注意，此时模型上的尺寸将以代号形式显示，如图 4-72 所示。

接下来编辑关系。设计者可以直接用键盘输入关系，也可以单击模型上的尺寸代号并配合【关系】对话框左侧的运算符号按钮来编辑关系。按照图 4-73 所示，为长方体的长、宽、高 3 个尺寸与 L、W、H 3 个参数之间建立关系。编辑完后，单击对话框中的 [确定] 按钮，保存关系。

选取菜单命令【编辑】/【再生】或在上工具箱上单击 按钮，再生模型。系统将使用新的参数值（$L=30$、$W=40$、$H=50$）更新模型，结果如图 4-74 所示。

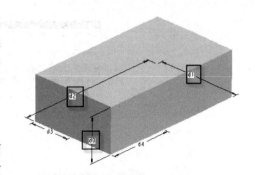

图 4-72　显示符号参数

图 4-73　【关系】对话框

图 4-74　再生后的模型

如果希望将该长方体模型变为正方体模型，可以再次打开【关系】对话框，继续添加如图 4-75 所示的关系。图 4-76 所示是再生后的模型。

图 4-75　【关系】对话框

图 4-76　再生后的模型

注意关系"$W=L$"与关系"$L=W$"的区别，前者用参数 L 的值更新参数 W 的值，建立该关系后，参数 W 的值被锁定，只能随参数 L 的改变而改变，如图 4-77 所示。后者的情况正好相反。

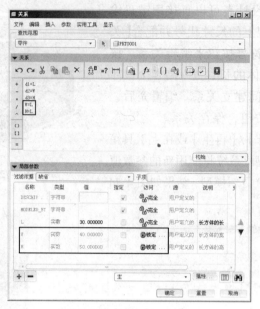

图 4-77　【关系】对话框

4.3.3　工程实例——创建参数化齿轮

本例将介绍齿轮的参数化设计方法，最终创建的模型如图 4-78 所示。

1. 新建零件文件。

新建名为"Cylinder_gear"的零件文件，随后进入三维建模环境。

2. 设置参数。

选取菜单命令【工具】/【参数】，打开【参数】对话框。

- 单击 + 按钮，在【名称】栏中输入"M"，在【值】栏中输入数值"1"。
- 用同样的方法创建参数 Z，值为"20"；参数 B，值为"3"；参数 ANGLE，值为"20"。

设置完的参数如图 4-79 所示。

图 4-78　参数化齿轮模型

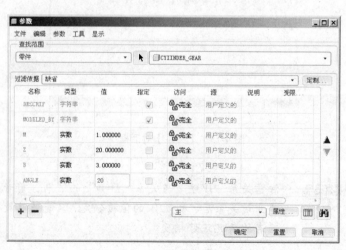

图 4-79　设置参数

以上参数的含义：*M* 为齿轮的模数，初始值为 1。*Z* 为齿数，初始值为 20。*B* 为齿轮厚度，初始值为 3。ANGLE 为齿轮压力角，初始值为 20。

3. 草绘基准曲线

单击 按钮，打开草绘工具。

● 选取基准平面 FRONT 作为草绘平面，接受默认参照。

● 绘制 4 条圆曲线，尺寸值任意，如图 4-80 所示。

最后得到的草绘曲线如图 4-81 所示。

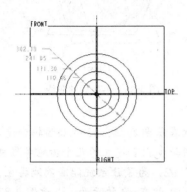

图 4-80 绘制圆曲线

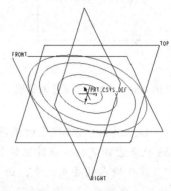

图 4-81 草绘曲线

4. 设置关系。

选取菜单命令【工具】/【关系】，打开【关系】对话框。

● 在模型窗口中单击步骤 3 创建的草绘曲线，出现如图 4-82 所示的符号尺寸。

● 在【关系】对话框中输入关系式，建立齿轮参数间的关系，建立完毕的关系如图 4-83 所示。

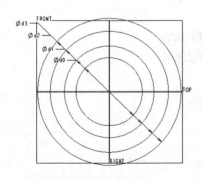

图 4-82 显示符号尺寸

图 4-83 添加关系

建立的全部关系如下。

$d0=m×z-m×2.5$

$d2=m×z$

$d1=d2×\cos(angle)$

$d3=m×z+m×2$

输入关系式后，为了验证所输入的关系式是否正确，可以先校验一下，方法是：单击【关系】对话框中的 ☑ 按钮，如果所输入的关系式正确，则会弹出如图 4-84 所示的【校验关系】对话框，提示已经成功校验了关系。

关闭对话框后，单击 ⚙ 按钮，步骤 3 绘制的曲线变成了如图 4-85 所示的形状。

图 4-84 【校验关系】对话框

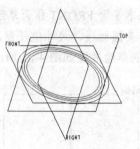

图 4-85 再生后的曲线

 1. 以上关系中 $d0$ 代表齿根圆直径，$d1$ 代表基圆直径，$d2$ 代表齿轮分度圆直径，$d3$ 代表齿顶直径，在建立的关系式中分别与步骤 2 建立的几个齿轮参数相联系。

2. 在所输入的关系式中，由于 $d1$ 引用了 $d2$，为了让系统能准确地再生，避免出现不必要的麻烦，在输入关系式的时候将 $d1$ 放在 $d2$ 的后面，参考图 4-83。

5. 创建渐开线。

单击 〜 按钮，打开菜单管理器。

● 选取【从方程】/【完成】选项。

● 选取默认的坐标系 "PRT-CSYS-DEF"，选取【笛卡儿】选项。

● 建立如下方程（图 4-86 方框里的内容为读者必须输入的方程）。

$R=d1/2$（注意：$d1$ 为渐开线的基圆直径）

$THETA=T \times 90$

$X=R \times COS (THETA) +R \times SIN (THETA) \times THETA \times (PI/180)$

$Y=R \times SIN (THETA) -R \times COS (THETA) \times THETA \times (PI/180)$

$Z=0$

● 输入完成后，保存所输入的内容，退出记事本文件。

最后得到的渐开线如图 4-87 所示。

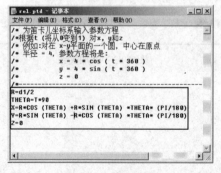

图 4-86 输入关系

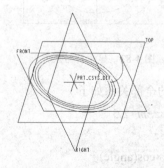

图 4-87 渐开线结果

6. 创建拉伸曲面。

单击 按钮，打开拉伸设计工具。

● 单击 按钮，选取拉伸为曲面。

● 选择基准平面 FRONT 作为草绘平面，接受默认参照。

● 单击 按钮，选择步骤 5 创建的渐开线，如图 4-88 所示。

● 曲面高度可以先给任意值。

最后得到的拉伸曲面如图 4-89 所示。

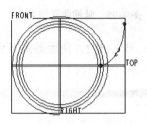

图 4-88　选择渐开线

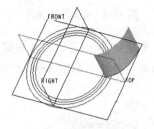

图 4-89　拉伸曲面结果

● 用与步骤 4 建立尺寸关系相同的方法，建立关系 $d4 = b$ 使曲面深度和参数 b 相等，使曲面厚度等于参数 b，如图 4-90 和图 4-91 所示。

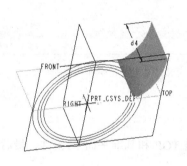

图 4-90　显示参数

图 4-91　创建关系

● 单击 按钮，再生后的模型如图 4-92 所示。

7. 延伸曲面。

● 选取如图 4-93 所示的曲面边，选取菜单命令【编辑】/【延伸】。

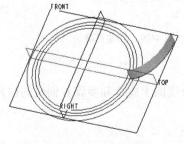

图 4-92　再生后的模型

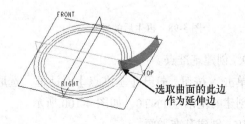

图 4-93　选取参照

● 单击 按钮，选取延伸方式为【相切】，如图 4-94 所示。

最后得到的延伸曲面如图 4-95 所示。

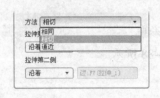

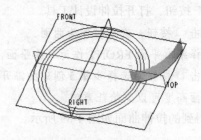

图 4-94　设置约束条件　　　　　　　　图 4-95　延伸曲面结果

● 用与步骤 4 建立尺寸关系相同的方法，建立关系 $d5 = d0/2$，使曲面的延伸距离和齿根
圆的半径相等，如图 4-96 和图 4-97 所示。

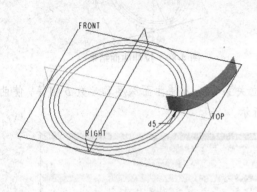

图 4-96　显示参数　　　　　　　　　　图 4-97　添加关系

● 单击 🔧 按钮，再生后的模型如图 4-98 所示。

8. 创建基准轴。

单击 / 按钮，打开【基准轴】对话框，选取基准平面 TOP 和基准平面 RIGHT，最后创建
的基准轴 A_1 如图 4-99 所示。

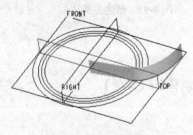

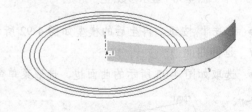

图 4-98　再生后的模型　　　　　　　　图 4-99　创建基准轴 A.1

9. 创建基准点。

单击 ✕✕ 按钮，打开【基准点】对话框，选取 $d2$（分度圆）曲线和步骤 6 创建的拉伸曲面，
最后创建的基准点 PNT0，如图 4-100 所示。

10. 创建基准平面。

（1）单击 ⬜ 按钮，打开【基准平面】对话框，经过步骤 8 创建的基准轴 A_1 和步骤 9 创建
的基准点 PNT0，创建基准平面 DTM1，如图 4-101 所示。

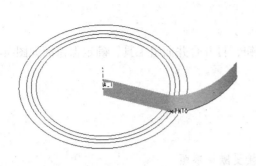

图 4-100　创建基准点 PNT0

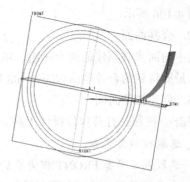

图 4-101　创建基准平面 DTM1

（2）单击  按钮，打开【基准平面】对话框，将前面创建的基准平面 DTM1 绕基准轴 A_1 转过一定角度（角度任意，稍后通过关系约束其值），最后创建的基准平面 DTM2，如图 4-102 所示。

（3）用与步骤 4 建立尺寸关系相同的方法，建立关系 $d7 = 360-90/z$，如图 4-103 和图 4-104 所示。

（4）单击 按钮，再生后的模型如图 4-105 所示。

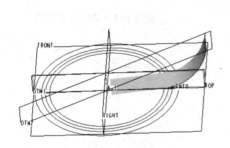

图 4-102　创建基准平面 DTM2

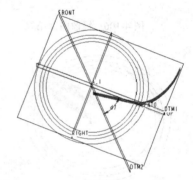

图 4-103　显示参数

图 4-104　添加关系

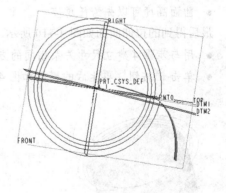

图 4-105　再生后的模型

11. 镜像曲面。

选中创建的拉伸曲面，单击 按钮，选取基准面 DTM2 作为镜像平面，最后得到的镜像曲面如图 4-106 所示。

12. 合并曲面。

选中前面步骤创建的两个面组，单击 按钮，打开合并面组工具，确定保留面如图 4-107 所示，最后得到的合并曲面如图 4-108 所示。

13. 创建拉伸曲面。

单击 按钮，打开拉伸设计工具。

● 选取拉伸为曲面。

● 选取基准平面 FRONT 作为草绘平面，接受默认参照。

● 单击 按钮，选取前面创建的 D0 曲线，如图 4-109 所示，完成后退出。

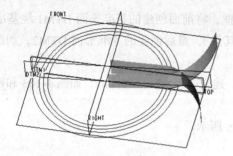

图 4-106 镜像曲面结果

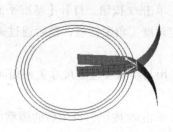

图 4-107 选取合并参照

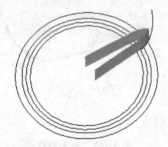

图 4-108 合曲面并结果

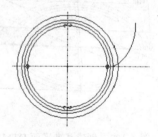

图 4-109 草绘曲线

● 曲面高度可以先给任意值。

最后得到的拉伸曲面如图 4-110 所示。

● 用与步骤 4 建立尺寸关系相同的方法，建立关系 $d11 = b$，如图 4-111 和图 4-112 所示。

● 单击 按钮，再生后的模型如图 4-113 所示。

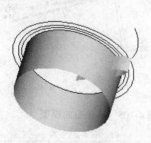

图 4-110 拉伸曲面结果

图 4-111 显示参数

图 4-112　添加关系　　　　　　　　　　　图 4-113　再生结果

14. 复制并旋转合并面组。

（1）选中步骤 13 创建的合并面组，单击 按钮，然后单击 按钮，打开【选择性粘贴】对话框。

（2）选取基准轴 A_1 作为方向参照。

（3）在【变换】栏中选取【旋转】选项，旋转角度可以输入任意值，如图 4-114 所示。

（4）在【选项】栏中取消对【隐藏原始几何】复选项的选取，如图 4-115 所示。

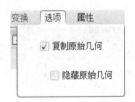

图 4-114　设置变换方式　　　　　　　　　图 4-115　【选项】栏

（5）最后创建的面组如图 4-116 所示。

（6）用与步骤 4 建立尺寸关系相同的方法，建立关系 $d13 = 360/z$，如图 4-117 和图 4-118 所示。

（7）单击 按钮，再生后的模型如图 4-119 所示。

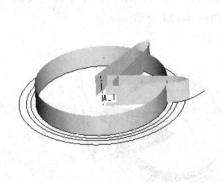

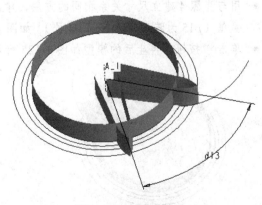

图 4-116　创建的面组　　　　　　　　　　图 4-117　显示参数

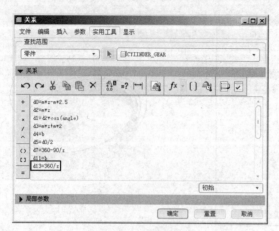

图 4-118　添加关系

图 4-119　再生结果

15．阵列面组。

选中步骤 14 创建的旋转复制面组，单击 按钮，打开阵列工具。

● 选取阵列方式为【尺寸】，并选择角度尺寸 18°作为阵列的第一方向尺寸，如图 4-120 和图 4-121 所示。

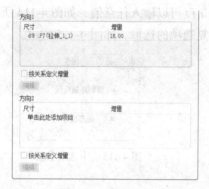

图 4-120　参数面板

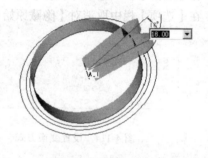

图 4-121　驱动尺寸设置

● 阵列角度和个数为任意值。

最后创建的阵列特征如图 4-122 所示。

● 用与步骤 4 建立尺寸关系相同的方法，建立关系式 $d14 = d12$、$p15 = z-1$ 来确定最后的数值（$p15$ 为阵列实例数的 ID 号），如图 4-123 和图 4-124 所示。

● 单击 按钮，再生后的模型如图 4-125 所示。

图 4-122　阵列结果

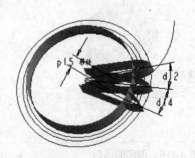

图 4-123　显示参数

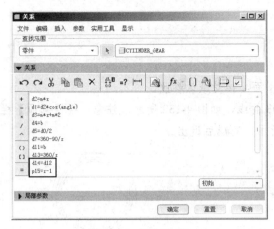

图 4-124　添加关系　　　　　　　　　　图 4-125　阵列结果

16. 合并面组。

选取如图 4-126 所示的两个面组，单击![按钮]按钮，打开合并面组工具，确定保留面如图 4-127 所示，最后得到的合并面组如图 4-128 所示。

图 4-126　选取合并对象　　　　图 4-127　确定合并方向　　　　图 4-128　合并结果

17. 再次合并面组。

利用与步骤 16 相同的方法，将合并完成的面组与相邻面组合并，注意保留侧的方向。合并后的效果如图 4-129 所示。

18. 合并阵列面组。

在模型树中选中刚完成的合并曲面特征，单击鼠标右键，在弹出的快捷菜单中选择【阵列】选项，如图 4-130 所示，最后创建的合并阵列面组如图 4-131 所示。

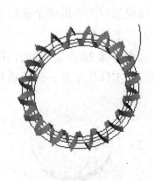

图 4-129　合并结果　　　　图 4-130　启动阵列工具　　　图 4-131　合并阵列面组结果

19. 创建拉伸曲面。

单击 按钮，打开拉伸设计工具。

- 选择拉伸为曲面。
- 选取基准平面 FRONT 作为草绘平面，接受默认参照。
- 单击 按钮，选择前面创建的 D3 曲线，如图 4-132 所示。注意，在【选项】栏中选取【封闭端】复选项，如图 4-133 所示，完成后退出。

图 4-132　上滑参数面板

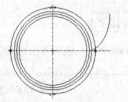

图 4-133　草绘曲线

- 曲面高度可以先给任意值。

最后得到的拉伸曲面如图 4-134 所示。

- 参考前面的方法，建立关系式 $d34 = b$ 来确定所建立的封闭面组的高度等于齿轮厚度，即参数 b，如图 4-135 和图 4-136 所示。

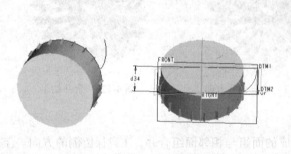

图 4-134　拉伸曲面结果　　　　图 4-135　显示尺寸　　　　图 4-136　添加关系

- 单击 按钮，再生后的模型如图 4-137 所示。

20. 合并曲面。

将模型空间中的两个面组合并，注意保留方向，合并后的结果如图 4-138 所示。

21. 实体化曲面。

选中步骤 20 所完成的合并面组，选取菜单命令【工具】/【实体化】，打开【实体化】对话框，打开实体化工具，最后得到的实体如图 4-139 所示。

图 4-137　再生结果

图 4-138　合并结果

图 4-139　实体化结果

到这一步已经完成了参数化标准直齿圆柱齿轮的建立。读者可以看出，在创建此齿轮的过程中，首先是设置了齿轮的相关参数，然后在建模过程中使用了大量的关系式，目的就是为了达到参数化的效果，这样做有很多好处，既可以使更改方便，也有利于在以后的工作中使用类似的齿轮。

22. 修改齿轮参数方法 1。

下面将齿轮的模数改为 1.5，齿数改为 15，厚度改为 5。

● 选取菜单命令【工具】/【参数】，打开【参数】对话框，依次修改相应参数，如图 4-140 所示。

图 4-140　修改参数

● 单击 按钮，便可得到更改后的齿轮，再生后的模型如图 4-141 所示。隐藏基准曲线后的结果如图 4-142 所示。

图 4-141　再生后的模型　　　　图 4-142　隐藏基准曲线后的结果

用这种方法虽然可以控制零件参数，进行新齿轮零件的设计，但是做的显然不够，特别是如果定义的参数很多，有的参数又并不需要进行额外更新，这时就需要在原有的基础上更进一步，通过 PROGRAM 命令即可达到此效果，从而提高设计效率。

23. 修改齿轮参数方法 2。

● 选取菜单命令【工具】/【程序】，打开菜单管理器。

● 选取【编辑设计】选项。

● 在程序编辑中，在 INPUT 和 END INPUT 两个关键词的中间插入以下内容。

INPUT

M　NUMBER

"请输入齿轮的模数："

Z　NUMBER

"请输入齿轮的齿数："

B　NUMBER

"请输入齿轮的厚度："

END INPUT

这里输入字母大小写的效果是相同的，其中 *M* 代表建立的
参数，NUMBER 代表变量的类型为数值，""中的内容用来提
示输入内容，在 Pro/E 中文版中支持此处的中文显示。在上面
的编辑中，没有引入参数 ANGLE 这个压力角参数，由于标准
齿轮的压力角都是 20°，因此把此变量当成固定值处理。

- 编辑完成后可以及时检验程序的效果，在随即打开的消息输入窗口中单击■按钮，然后依次选取【输入】/【选取全部】/【完成选取】选项。
- 选择 *M*、*Z*、*B* 3 个参数，如图 4-143 所示。
- 依次在信息栏中输入新的数值"2"、"40"、"5"，如图 4-144 所示。

完成后零件自动更新，结果如图 4-145 所示。

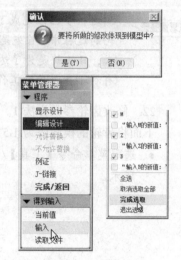

图 4-143　菜单操作

图 4-144　输入参数

图 4-145　自动更新结果

 这里只介绍齿轮轮齿部分的参数化设计方法，请读者在其上添加其他结构设计，并完成参数化建模工作，然后修改设计参数，以获得不同的设计效果，如图 4-146 和图 4-147 所示。

图 4-146　设计结果（1）

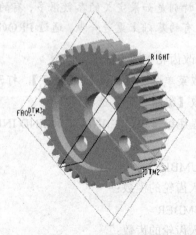

图 4-147　设计结果（2）

4.4 习题

1. 简要说明参数化建模的一般原理。
2. 使用特征阵列的方法创建如图 4-148 所示的模型。

图 4-148　使用特征阵列的方法创建模型

3. 练习打开教学资源文件 "\第 4 章\素材\gear.prt"。练习修改该齿轮模型的齿数、模数等参数，然后再生模型。

第5章
曲面及其应用

曲面是构建复杂模型的重要材料之一，Pro/E Wildfire 5.0 提供了强大的曲面设计功能。回顾 CAD 技术的发展历程不难发现，曲面技术的发展为表达实体模型提供了更加有力的工具。在现代的复杂产品设计中，曲面应用相当广泛，例如汽车、飞机等具有漂亮外观和优良物理性能的表面结构通常使用参数曲面来构建。本章将介绍曲面特征的各种创建方法、操作方法及由曲面特征构建实体特征的方法。

学习目标

- 掌握拉伸、旋转、扫描和混合曲面的创建方法和技巧。
- 掌握边界混合曲面的创建方法和技巧。
- 掌握曲面复制操作的应用和技巧。
- 掌握曲面合并的方法和技巧。
- 掌握使用曲面创建实体模型的方法和技巧。

5.1
曲面的创建方法

曲面特征是一种几何特征，它没有质量和厚度等物理属性，这是与实体特征最大的差别。但是从创建原理来讲，曲面特征和实体特征却具有极大的相似性。

5.1.1 创建基本曲面特征

基本曲面特征是指使用拉伸、旋转、扫描和混合等常用三维建模方法创建的曲面特征，其创建原理与实体特征类似。

一、创建拉伸曲面特征

创建拉伸曲面特征的基本步骤与创建拉伸实体特征类似，在右工具箱上选取拉伸工具▣后，打开拉伸设计图标板，然后选取曲面设计工具▣，如图 5-1 所示。在创建曲面特征之前，首先选取并放置草绘平面；然后绘制剖面图，指定曲面深度后，即可创建拉伸曲面特征。

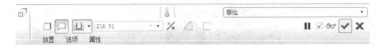

图 5-1　拉伸曲面设计图标板

对曲面特征的剖面要求不像对实体特征那样严格，用户既可以使用开放剖面来创建曲面特征，也可以使用闭合剖面来创建，如图 5-2 和图 5-3 所示。若采用闭合剖面创建曲面特征，还可以指定曲面两端是否封闭，在图标板上单击 选项 按钮，在如图 5-4 所示的上滑参数面板上选取【封闭端】复选项，即可创建两端闭合的曲面特征，如图 5-5 所示。

图 5-2　使用开放剖面创建拉伸曲面

图 5-3　使用闭合剖面创建拉伸曲面

图 5-4　上滑参数面板

图 5-5　两端闭合的曲面

二、创建旋转曲面特征

使用旋转方法创建曲面特征的基本步骤与使用旋转方法创建实体特征类似，在右工具箱上选取旋转工具 后，打开旋转设计图标板，然后选取曲面设计工具 ，正确放置草绘平面后，可以绘制开放剖面或闭合剖面创建曲面特征。在绘制剖面图时，注意绘制旋转中心轴线，如图 5-6 和图 5-7 所示。

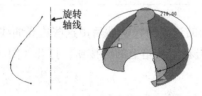

图 5-6　使用开放剖面创建旋转曲面

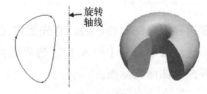

图 5-7　使用闭合剖面创建旋转曲面

三、创建扫描曲面特征

选取菜单命令【插入】/【扫描】/【曲面】，可以使用扫描工具创建曲面。与创建扫描实体特征相似，创建扫描曲面特征也主要包括草绘或选取扫描轨迹线及草绘剖面图两个基本步骤。在创建扫描曲面特征时，系统会弹出【属性】菜单来确定曲面创建完成后端面是否闭合。如果设置属性为【开放端】，则曲面的两端面开放不封闭；如果属性为【封闭端】，则两端面封闭。

图 5-8 所示是扫描曲面特征的示例。

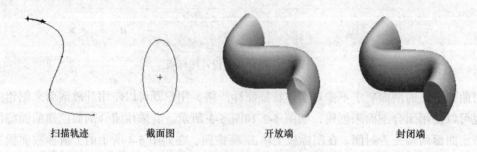

扫描轨迹   截面图   开放端   封闭端

图 5-8   扫描曲面特征示例

四、创建混合曲面特征

选取菜单命令【插入】/【混合】/【曲面】，可以使用混合工具来创建混合曲面特征。与创建混合实体特征类似，可以创建平行混合曲面特征、旋转混合曲面特征和一般混合曲面特征这 3 种曲面类型。混合曲面特征的创建原理也是将多个不同形状和大小的截面按照一定顺序顺次相连，因此各截面之间也必须满足顶点数相同的条件。

图 5-9 所示是扫描截面图，图 5-10 所示是使用该截面创建的混合曲面特征。

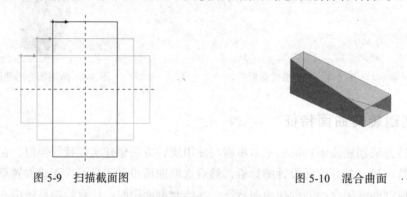

图 5-9   扫描截面图   图 5-10   混合曲面

5.1.2   创建边界混合曲面特征

创建边界混合曲面特征时，首先要定义构成曲面的边界曲线，然后由这些边界曲线围成曲面特征。选取菜单命令【插入】/【边界混合】或单击右工具箱上的 按钮，打开如图 5-11 所示的边界混合曲面图标板。

图 5-11   边界混合曲面图标板

一、创建单一方向上的边界混合曲面

依次指定曲面经过的曲线，系统将这些曲线顺次连成光滑过渡的曲面。

（1）选取边界曲线

单击图标板上的 按钮，弹出如图 5-12 所示的参数面板；激活面板上的【第一方向】列表框后，配合键盘上的 Ctrl 键依次选取如图 5-13 所示的曲线 1、曲线 2 和曲线 3，最后创建的边界混合曲面如图 5-14 所示。图 5-15 所示是选取【闭合混合】复选项后的结果，此时系统将曲线 1 和曲线 3 混合，生成封闭曲面。

图 5-12　参数面板

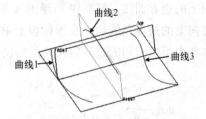

图 5-13　选取边界曲线

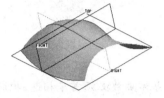

图 5-14　边界混合曲面（1）

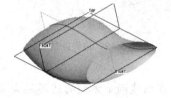

图 5-15　边界混合曲面（2）

（2）选取曲线顺序对结果的影响

选取曲线时，不同的曲线选取顺序导致的生成结果也会不同。图 5-16 所示是依次选取曲线 2、曲线 3 和曲线 1 生成的曲面。图 5-17 所示是依次选取曲线 2、曲线 1 和曲线 3 生成的曲面。选中要调节顺序的参照边线后，单击选项栏右侧的 或 按钮，可使曲线向上或向下移动，从而调节混合连线的选取顺序。

（3）精确设置边界参数

单击参数面板中的 细节 按钮，打开如图 5-18 所示的【链】对话框，该对话框用于精确设置边界曲线的参数。单击 添加 按钮，添加新的参照曲线；单击 移除 按钮，从已选的参照曲线中去除不需要的曲线；单击 上移 或 下移 按钮，调节参照曲线的顺序。使用【选项】选项卡中的工具可以对参照曲线进行必要的修剪。

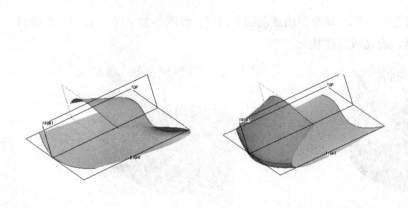

图 5-16　边界混合曲面（1）　　　图 5-17　边界混合曲面（2）　　　图 5-18　【链】对话框

二、创建双方向上的边界混合曲面

创建两个方向上的边界混合曲面时，除了指定第一个方向的边界曲线外，还必须指定第二个方向上的边界曲线。图 5-19 所示的 4 条基准曲线；按照前述方法选取曲线 1 和曲线 3 作为第一个方向上的边界曲线后，在图标板上单击第二个 $\boxed{~}$ [单击此处] 以激活该文本框，选取曲线 2 和曲线 4 作为第二方向的边界曲线，最后创建的边界混合曲面特征如图 5-20 所示。

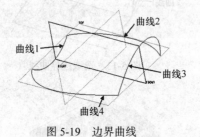

图 5-19　边界曲线　　　　　　　　　图 5-20　边界混合曲面

 在创建两个方向的边界混合曲面时，使用的基准曲线必须首尾相连，构成封闭曲线，而且线段之间不允许有交叉。因此，创建这些基准曲线时，必须使用对齐约束工具严格限制曲线端点的位置关系，使之两两完全对齐。

三、设置边界条件

在创建边界混合曲面时，如果新建曲面与已知曲面在边线处相连，则可以通过设置边界条件的方法来设置两曲面在连接处的过渡形式，以得到不同的连接效果。

在设计图标板的左上角单击 约束 按钮，打开上滑参数面板，可以在新建曲面的选定边线处设置边界条件。可以选用的边界条件有以下 4 种。

（1）自由

新建曲面和相邻曲面间没有任何约束，完全为自由状态，如图 5-21 所示。此时，在曲面交接处通常有明显的边界。

（2）切线

新建曲面在边线处与选定的参照（基准平面或曲面）相切，如图 5-22 所示。此时，在曲面交接处通常没有明显的边界，为光滑过渡状态。

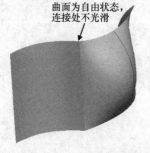

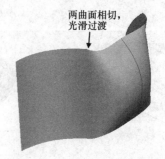

图 5-21　"自由"边界条件示例　　　　　图 5-22　"切线"边界条件示例

（3）曲率

新建曲面在边线处与选定的曲面曲率协调，如图 5-23 所示；在曲面交接处也没有明显的边界，为光滑过渡。

（4）垂直

新建曲面在边线处与选定的参照（基准平面或曲面）垂直，如图 5-24 所示。

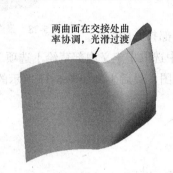

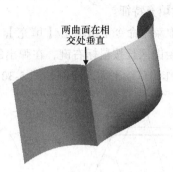

图 5-23 "曲率"边界条件示例   图 5-24 "垂直"边界条件示例

5.1.3 创建填充曲面

填充曲面也称平整曲面，从实际效果来看是平面，通常用于创建一个曲面两端的封口曲面，其创建方法比较简单。选取菜单命令【编辑】/【填充】，打开设计图标板，在设计工作区中长按鼠标右键，在弹出的快捷菜单中选取【定义内部草绘】选项，然后选取草绘平面，在草绘平面内绘制剖面图后，即可生成需要的填充曲面。

由于填充曲面主要用作其他曲面端部的封口，因此在绘制剖面图时，通常使用 □ 工具利用已有的曲面边界曲线来围成剖面，这样的两个曲面在合并操作时可以获得惟一的结果。

图 5-25 所示的旋转曲面，选取基准平面 FRONT 作为草绘平面，绘制如图 5-26 所示的剖面图；最后生成的填充曲面如图 5-27 所示。

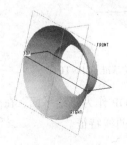

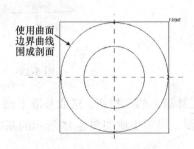

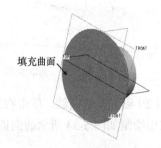

图 5-25 旋转曲面   图 5-26 绘制剖面图   图 5-27 填充曲面结果

5.1.4 工程实例——幸运星设计

下面通过一个综合实例来介绍曲面建模方法的使用技巧，最后创建的幸运星模型如图 5-28 所示。

1. 新建零件文件。

新建文件名为"Luck_star"的零件文件。

2. 创建基准平面。

将基准平面 FRONT 偏移"5"后，生成基准平面 DTM1，如图 5-29
所示。

图 5-28　最终设计结果

3. 创建填充特征。

（1）选取菜单命令【编辑】/【填充】，在工作区顶部打开图标板。

（2）在绘图区长按鼠标右键，在弹出的快捷菜单中选取【定义内部草绘】选项，选取基准平面 DTM1 作为草绘平面，绘制如图 5-30 所示的剖面图，最后生成如图 5-31 所示的特征。

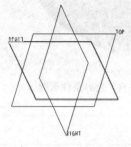
图 5-29　生成基准平面 DTM1

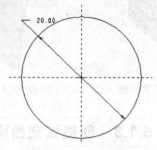
图 5-30　绘制剖面图

图 5-31　最后生成的特征

4. 创建一组基准特征。

（1）创建基准点。单击右工具箱上的 ✕ 按钮，经过如图 5-32 所示的新建填充曲面边线和基准平面 TOP 的交点，生成如图 5-33 所示的基准点 PNT0。

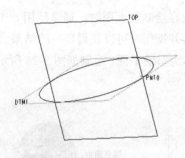
图 5-32　选取参照

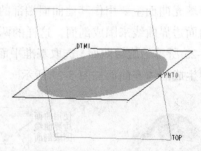
图 5-33　生成基准点 PNT0

（2）创建基准曲线。单击右工具箱上的 ⌒ 按钮，选取基准平面 TOP 作为草绘平面，在草绘模式中绘制如图 5-34 所示的剖面图，最后生成如图 5-35 所示的基准曲线特征。

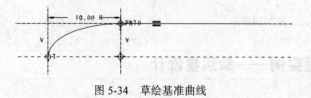
图 5-34　草绘基准曲线

图 5-35　生成的基准曲线

（3）创建基准轴线。单击右工具箱上的 ／ 按钮，按住 Ctrl 键在工作区选取基准平面 RIGHT 和基准平面 TOP 作为参照，创建经过两者交线的基准轴线，如图 5-36 所示。

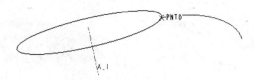

图 5-36　生成的基准轴线

（4）创建基准平面。单击右工具箱上的 □ 按钮，按住 Ctrl 键在工作区选取如图 5-37 所示的 A_1 轴和基准平面 TOP 作为参照，输入旋转角度"36"，最后生成如图 5-38 所示的基准平面。

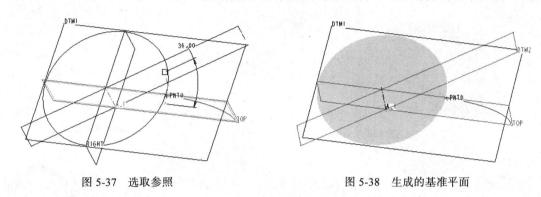

图 5-37　选取参照　　　　　　　　　　图 5-38　生成的基准平面

（5）创建基准点。选取如图 5-39 所示的曲线和基准平面 DTM2 作为参照，生成如图 5-40 所示的基准点特征。

（6）创建基准曲线。单击右工具箱上的 ⌒ 按钮，选取基准平面 DTM2 作为草绘平面，绘制如图 5-41 所示的剖面图，最后生成如图 5-42 所示的基准曲线特征。

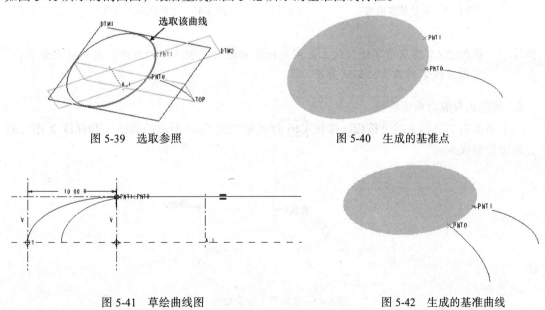

图 5-39　选取参照　　　　　　　　　　图 5-40　生成的基准点

图 5-41　草绘曲线图　　　　　　　　　图 5-42　生成的基准曲线

（7）创建基准点。单击右工具箱上的 ✕ 按钮，在如图 5-43 所示的曲线 1、曲线 2 的曲线末端处创建基准点，结果如图 5-44 所示。

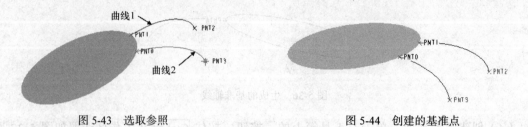

图 5-43　选取参照　　　　　　　　　　图 5-44　创建的基准点

（8）创建基准曲线。选取基准平面 FRONT 作为草绘平面，在草绘模式中使用↖工具绘制如图 5-45 所示的曲线，最后生成如图 5-46 所示的基准曲线。

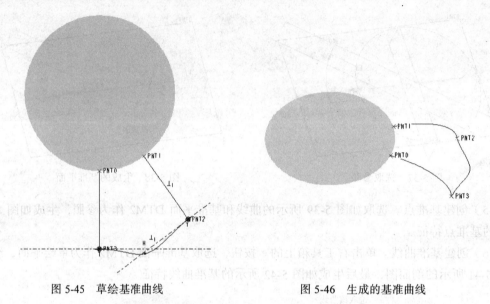

图 5-45　草绘基准曲线　　　　　　　　图 5-46　生成的基准曲线

在图 5-45 所示的草绘曲线上使用鼠标光标拖动控制点，对曲线的形状进行编辑，直到曲线达到满意的形状为止。

5．创建边界混合曲面特征。

（1）单击右工具箱上的 按钮，按住 Ctrl 键选取如图 5-47 所示的曲线 1 和曲线 2 作为第一方向边界曲线。

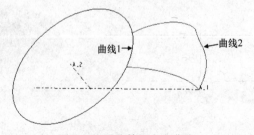

图 5-47　选取第一方向曲线

（2）激活第二方向参照收集器，按住 Ctrl 键选取如图 5-48 所示的曲线 3 和曲线 4 作为第二方向边界曲线，最后生成如图 5-49 所示的曲面特征。

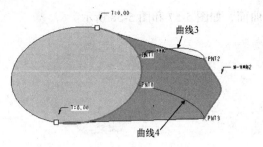

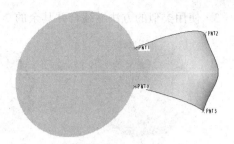

图 5-48　选取第二方向曲线　　　　　　　图 5-49　生成的曲面特征

6. 阵列曲面。

（1）选取刚刚创建的曲面作为阵列对象，在右工具箱上单击 按钮，打开阵列设计图标板，在其下拉列表中选取【轴】选项，创建轴阵列。

（2）此时系统提示选取参照轴，在模型树窗口中选取轴线 A.1。

（3）按照图 5-50 所示设置阵列参数，阵列效果预览如图 5-51 所示；最后创建的阵列结果如图 5-52 所示。

图 5-50　设置阵列参数

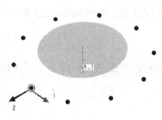

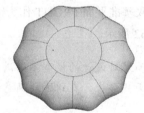

图 5-51　阵列效果预览　　　　　　　　图 5-52　阵列结果

以下用到了一些曲面的编辑操作，例如曲面的合并及实体化等，请读者先根据实例对这些操作有一个初步了解，后续将介绍其具体的设计方法。

7. 合并曲面。

（1）按住 Ctrl 键选取两个相邻的曲面作为合并对象如图 5-53 所示，单击右工具箱上的 按钮，接受默认参数，合并结果如图 5-54 所示。

（2）将已经合并的曲面继续与相邻曲面合并，按照图 5-55 所示选取合并对象，合并结果如图 5-56 所示。

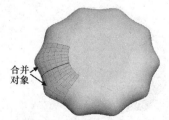

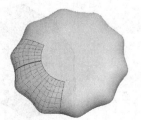

图 5-53　选取曲面（1）　　　图 5-54　合并结果　　　图 5-55　选取曲面（2）

（3）使用类似的方法继续合并其余的 7 个曲面，如图 5-57 和图 5-58 所示。

 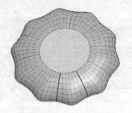 

图 5-56　合并结果（1）　　　　图 5-57　选取曲面　　　　图 5-58　合并结果（2）

（4）继续将已经合并的曲面和中部的填充曲面合并，如图 5-59 和图 5-60 所示。

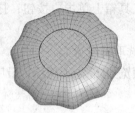 

图 5-59　选取曲面　　　　　　　　图 5-60　合并结果

8．镜像复制并合并曲面。

（1）选取合并完成的曲面作为复制对象，在右工具箱上单击 按钮，打开镜像复制工具。

（2）选取基准平面 FRONT 作为镜像平面，镜像前面创建的曲面如图 5-61 所示；镜像复制结果如图 5-62 所示。

 如果对设计的模型不够满意，可以通过编辑定义图 5-45 所示创建的曲线，从而改变其形状，直到达到满意的结果为止。

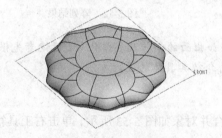 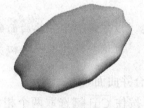

图 5-61　选取复制参照　　　　　　　　　图 5-62　镜像复制结果

（3）选取镜像复制前后的曲面作为合并对象，如图 5-63 所示，合并结果如图 5-64 所示。

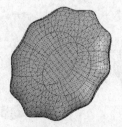 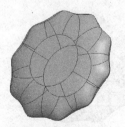

图 5-63　选取曲面　　　　　　　　图 5-64　合并结果

9. 创建曲面加厚特征。

（1）选取前面创建的曲面作为加厚对象，选取菜单命令【编辑】/【加厚】，打开加厚设计工具。

（2）设置加厚厚度为"1"，最后生成如图 5-28 所示的实体特征。

5.2 曲面的编辑操作

使用各种方法创建的曲面特征并不一定正好满足设计要求，这时可以采用各种曲面编辑工具来编辑曲面，就像裁剪布料制作服装一样，可以将多个不同曲面特征进行编辑后拼装为一个曲面，最后由该曲面创建实体特征。

5.2.1 修剪曲面特征

修剪曲面特征是指裁去指定曲面上多余的部分以获得理想大小和形状的曲面，其修剪方法较多，既可以使用已有基准平面、基准曲线或曲面来修剪，也可以使用拉伸、旋转等三维建模方法来修剪。选取菜单命令【编辑】/【修剪】或在右工具箱上单击 按钮，都可启动曲面修剪工具。

一、使用基准平面作为修剪工具

在图 5-65 中选取图示曲面特征作为修剪的面组，选取基准平面 FRONT 作为修剪对象，确定这两项内容后，系统使用一个黄色箭头指示修剪后保留的曲面侧，另一侧将会被裁去，单击图标板上的 按钮可以调整箭头的指向，以改变保留的曲面侧，如图 5-66 所示。

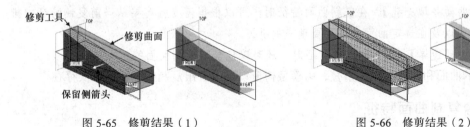

图 5-65　修剪结果（1）　　　　　　图 5-66　修剪结果（2）

二、使用一个曲面修剪另一个曲面

用户可以使用一个曲面修剪另一个曲面，这时要求被修剪的曲面能够被修剪曲面严格分割开。如图 5-67 所示的两个曲面，可以使用曲面 2 修剪曲面 1，但不能使用曲面 1 修剪曲面 2。进行曲面修剪时，用户可以单击图标板上的 按钮调整保留曲面侧，以获得不同的结果，该按钮为一个三值按钮，单击时可以获得 3 种结果，分别如图 5-67 至图 5-69 所示。

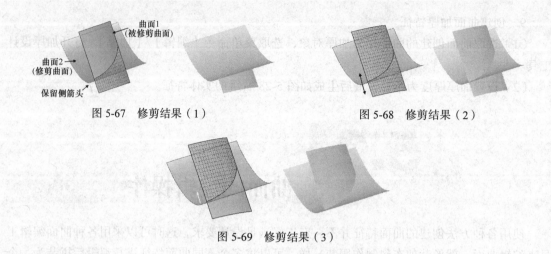

图 5-67　修剪结果（1）　　　　　　图 5-68　修剪结果（2）

图 5-69　修剪结果（3）

5.2.2　复制曲面特征

使用曲面复制的方法也可以创建已有曲面的副本。系统提供了多种曲面复制的方法，用户在设计时可以根据设计需要进行选取。

一、复制曲面

选取曲面特征后，选取菜单命令【编辑】/【复制】或在上工具箱上单击 按钮，或者使用快捷键 Ctrl+C，都可以启用曲面复制工具。

复制完曲面后，选取菜单命令【编辑】/【粘贴】或在上工具箱上单击 按钮，或者使用快捷键 Ctrl+V，启用粘贴工具，系统打开粘贴操作界面。

单击图标板上的 按钮打开参照参数面板，其中包含了要复制的曲面特征。单击 按钮，打开选项参数面板，其中包含以下 3 个选项。

- 【按原样复制所有曲面】：复制曲面特征时保留曲面的原有特性。
- 【排除曲面并填充孔】：在复制曲面特征时，可以根据需要指定要从当前复制特征中排除的曲面以及在选定曲面上选取要填充的孔。
- 【复制内部边界】：在复制曲面特征时，还可以包含要复制曲面的边界。

复制生成的曲面和原曲面完全重叠，由模型树窗口可以看出复制曲面特征确实存在。

二、镜像复制曲面特征

镜像复制的原理在实体建模中已经介绍过。选取曲面特征后，选取菜单命令【编辑】/【镜像】或在右工具箱上单击 按钮，都可以选中镜像复制工具。

单击图标板上的 按钮，系统弹出参数面板，在【镜像平面】列表框中指定基准平面或实体表面作为镜像参照；单击 按钮，打开选项参数面板，选取【复制为从属项】复选项后，复制曲面和原曲面具有父子关系，修改原曲面后复制曲面自动被修改。

在图 5-70 中，选取曲面特征作为镜像复制对象，选取

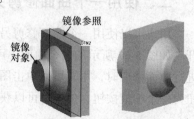

图 5-70　镜像复制曲面

基准平面 DTM2 作为镜像参照，可以在模型另一侧创建类似的曲面。

5.2.3 合并曲面特征

使用曲面合并的方法可以把多个曲面合并，生成单一曲面特征，这是曲面设计中的一个重要操作。当模型上具有多个独立曲面特征时，首先选取参与合并的两个曲面特征（在模型树窗口或模型上选取一个曲面后，按住 Ctrl 键再选取另一个曲面），然后选取菜单命令【编辑】/【合并】或在右工具箱上单击 按钮，系统打开如图 5-71 所示的合并图标板。

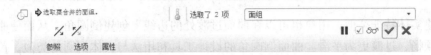

图 5-71 合并图标板

在图标板上有两个 按钮，分别用来确定合并曲面时每一曲面上保留的曲面侧。

在图 5-72 至图 5-75 中，合并两个相交曲面，分别单击两个 按钮，调整保留的曲面侧，系统用黄色箭头指示要保留的曲面侧。

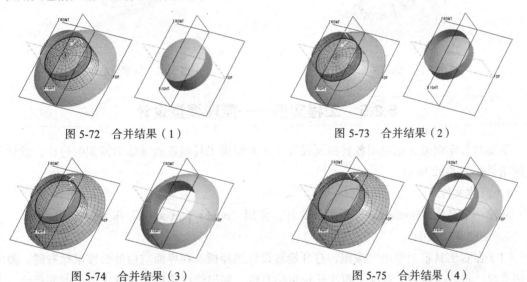

图 5-72 合并结果（1）　　　　　　　　图 5-73 合并结果（2）

图 5-74 合并结果（3）　　　　　　　　图 5-75 合并结果（4）

图 5-76 所示的 4 个曲面特征，按照图 5-77 至图 5-79 所示的顺序将其合并为单一曲面。

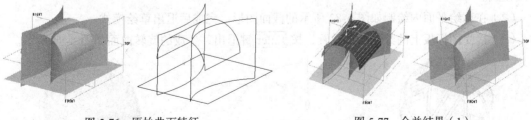

图 5-76 原始曲面特征　　　　　　　　图 5-77 合并结果（1）

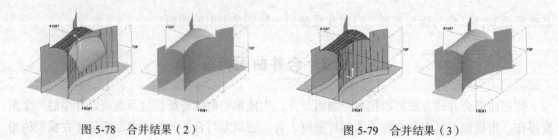

图 5-78　合并结果（2）　　　　　　　　图 5-79　合并结果（3）

5.2.4　曲面倒圆角

与创建实体特征类似，用户也可以在曲面过渡处的边线上创建倒圆角，从而使曲面之间的连接更为顺畅，过渡更为平滑。曲面倒圆角的设计工具和用法与实体倒圆角类似，首先在右工具箱上单击 按钮，然后选取放置圆角的边线，接下来设置圆角半径参数，即可创建曲面倒圆角，如图 5-80 和图 5-81 所示。

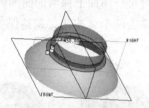
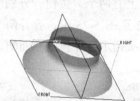

图 5-80　选取圆角参照　　　　　　　　　图 5-81　倒圆角结果

5.2.5　工程实例——篮球模型设计

下面结合实例来介绍使用各种曲面设计工具和编辑工具创建篮球曲面模型的过程，设计完成的结果如图 5-82 所示。

1. 新建文件。

新建一个名为"Basketball"的零件文件，使用"mmns_part_solid"作为模板。

2. 创建基础曲面。

（1）在右工具箱上单击 按钮，打开旋转设计图标板，在界面空白处长按鼠标右键，弹出快捷菜单，选取【曲面】选项；再次长按鼠标右键，弹出快捷菜单，选取【定义内部草绘...】选项，打开【草绘】对话框，选取基准平面 FRONT 作为草绘平面，单击鼠标中键，进入二维草绘模式。

（2）在草绘平面内绘制如图 5-83 所示的截面图形，完成后退出草绘模式。

（3）接受图标板上的其他默认设置，按 Enter 键退出，生成的旋转曲面如图 5-84 所示。

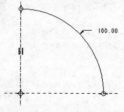

图 5-82　设计结果　　　　　图 5-83　草绘旋转截面　　　　图 5-84　生成的旋转曲面

3．创建投影曲线。

（1）选取菜单命令【编辑】/【投影】，打开设计图标板；单击 参照 按钮，打开上滑参数面板，按照图 5-85 所示设置投影方式。

（2）单击参数面板上的 定义 按钮，打开【草绘】对话框，选取基准平面 TOP 作为草绘平面，按 Enter 键，进入二维草绘模式。

（3）在草绘平面内绘制如图 5-86 所示的截面图形，完成后退出草绘模式。

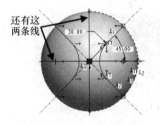

图 5-85　设置投影方式　　　　　　　图 5-86　草绘投影曲线

（4）选取如图 5-87 所示的旋转曲面作为投影的参照曲面，接受默认的投影方向【沿方向】，然后单击该选项后面的文本框将其激活，选取先前的草绘平面 TOP 作为投影的方向参照，然后单击平面上出现的黄色箭头，调节投影的方向指向曲面，如图 5-88 所示。

（5）单击鼠标中键退出，最后生成的投影曲线如图 5-89 所示。

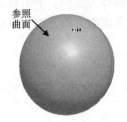

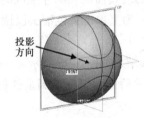

图 5-87　选取参照曲面　　　图 5-88　设置投影的方向参照　　　图 5-89　生成的投影曲线

 投影曲线的创建原理是将在草绘平面内绘制的草绘曲线投影到指定的曲面上，以获得基准曲线。

4．创建可变剖面扫描曲面。

（1）选取如图 5-90 所示的一条投影曲线作为扫描轨迹线，然后单击右工具箱上的 按钮，打开可变剖面扫描设计图标板。

（2）在界面空白处长按鼠标右键，在弹出的快捷菜单中选取【草绘】选项，如图 5-91 所示，进入二维草绘模式。

图 5-90　选取扫描轨迹线　　　　　　图 5-91　快捷菜单

（3）在草绘平面内绘制如图 5-92 所示的扫描截面，完成后退出草绘模式。

（4）在界面空白处长按鼠标右键，在弹出的快捷菜单中选取【恒定剖面】选项。

（5）按 Enter 键退出，生成的扫描曲面如图 5-93 所示。

（6）重复上述操作步骤，依次选取剩余的 3 条投影曲线作为扫描轨迹来创建扫描曲面，结果如图 5-94 所示。

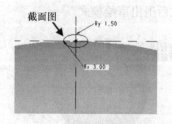
图 5-92　草绘扫描截面

图 5-93　生成的扫描曲面

图 5-94　最后生成的所有扫描曲面

此处创建扫描曲面时，也可以选取菜单命令【编辑】/【扫描】/【曲面】，这里使用的是可变剖面扫描中的【恒定剖面】方式。读者在实际操作时可以结合扫描曲面的方式来创建曲面，从而加深对各命令使用方法的理解。

5.　合并曲面。

（1）按住 Ctrl 键依次选取先前的旋转曲面和刚才生成的扫描曲面作为参照，单击右工具箱上的 按钮，打开设计图标板，在模型上单击黄色箭头以调节保留曲面的方向，调节结果如图 5-95 所示。

（2）按 Enter 键退出，合并后的结果如图 5-96 所示。

（3）重复上述操作步骤，将合并后的面组再与剩余的扫描曲面一一合并，结果如图 5-97 所示。

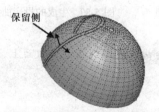
图 5-95　调节保留曲面的方向

图 5-96　合并后的结果

图 5-97　合并所有曲面后的结果

6.　创建倒圆角特征。

（1）选取如图 5-98 所示面组的棱边作为圆角放置边，单击鼠标右键，弹出快捷菜单，选取【倒圆角边】选项，打开倒圆角设计图标板。

（2）按住 Ctrl 键依次选取球面上的所有棱边作为参照，如图 5-99 所示。

（3）双击模型上的圆角半径值，将其修改为"1.5"，完成后按 Enter 键退出，倒圆角结果如图 5-100 所示。

7.　复制面组。

（1）首先创建一条基准轴作为移动参照。单击右工具箱上的 按钮，打开【基准轴】对话框，按住 Ctrl 键选取基准平面 TOP 和 RIGHT 作为参照，创建一条基准轴，如图 5-101 所示。

（2）选取整个面组作为复制对象，如图 5-102 所示，然后单击上工具箱上的 按钮，复制曲面，也可以使用键盘上的 Ctrl+C 组合键来复制曲面。

图 5-98　选取圆角放置参照

图 5-99　选取圆角参照边

图 5-100　倒圆角结果

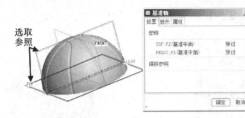
图 5-101　创建基准轴

图 5-102　选取复制参照

（3）单击上工具箱上的 按钮，对复制结果进行移动变换，在打开的图标板上单击 按钮，对复制结果进行旋转变换。

（4）选取如图 5-103 所示的基准轴作为参照，然后双击模型上的旋转角度值，将其修改为"180"。此时，复制所得的面组已经被旋转到另一侧，结果如图 5-104 所示。

（5）在界面空白处长按鼠标右键，在弹出的快捷菜单中选取【新移动】选项，如图 5-105 所示，再次长按鼠标右键，在弹出的快捷菜单中选取【旋转】选项，指定移动方式。

图 5-103　选取旋转轴

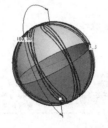
图 5-104　旋转复制结果

图 5-105　快捷菜单

（6）选取如图 5-106 所示的基准轴作为参照，双击模型上的旋转角度值，将其修改为"90"。

（7）单击图标板上的 按钮，打开上滑参数面板，取消对【隐藏原始几何】选项的选取，按 Enter 键退出，复制所得的面组如图 5-107 所示。

图 5-106　选取旋转参照

图 5-107　复制所得的面组

8. 合并面组。

（1）按住 Ctrl 键依次选取两个半球面组作为参照，在右工具箱上单击 按钮，打开设计图标板。

（2）在界面空白处长按鼠标右键，在弹出的快捷菜单中选取【连接】选项，接受图标板上的其他默认设置，按 Enter 键退出，合并后的面组如图 5-108 所示。

通过与未合并时的面组相对比，读者可以看出合并后的面组中间的那条间隔线没有了。

9. 创建基准曲线。

（1）首先创建两个基准平面作为参照。单击右工具箱上的 按钮，打开【基准平面】对话框，按住 Ctrl 键选取基准平面 FRONT 和基准轴 A_2 作为参照，输入旋转角度值"22.5"，如图 5-109 所示。回车后创建的基准平面 DTM1 如图 5-110 所示。

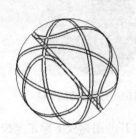 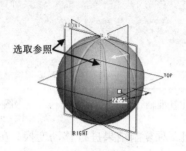 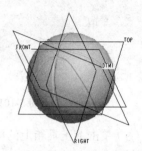

图 5-108　合并后的面组　　　图 5-109　选取参照　　　图 5-110　创建基准平面 DTM1

（2）重复上述操作步骤，按照图 5-111 所示选取参照，创建基准平面 DTM2，如图 5-112 所示。

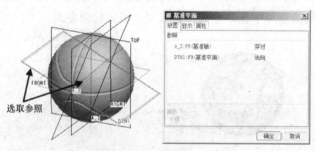 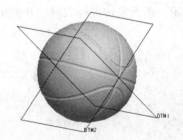

图 5-111　选取参照　　　　　　　图 5-112　创建基准平面 DTM2

（3）单击右工具箱上的 按钮，打开【草绘】对话框，选取基准平面 DTM1 作为草绘平面，单击鼠标中键，进入二维草绘模式，在打开的【参照】对话框中加选基准平面 DTM2 作为标注和约束参照。

（4）利用 工具在草绘平面内绘制如图 5-113 所示的文字图形，按照图 5-114 所示设置文字的字体及其他参数。

（5）单击右工具箱上的 按钮，退出二维草绘模式，生成的基准曲线如图 5-115 所示。

10. 创建偏距曲面。

（1）首先选取整个面组，然后选取菜单命令【编辑】/【偏移】，打开设计图标板。在界面的空白处长按鼠标右键，在弹出的快捷菜单中选取【具有拔模】选项。

（2）再次长按鼠标右键，在弹出的快捷菜单中选取【定义内部草绘...】选项，打开【草绘】

对话框，选取基准平面 DTM1 作为草绘平面。由于要在球的前表面创建偏移特征，因此需要单击模型上出现的黄色箭头方向以使其指向朝外，如图 5-116 所示，然后单击鼠标中键，进入二维草绘模式。

图 5-113　草绘文字图形

图 5-114　设置文字参数

图 5-115　生成的基准曲线

（3）接着系统打开【参照】对话框，要求选取另一方向的标注和约束参照，直接单击 关闭(C) 按钮，不需再指定参照。

（4）在右工具箱上单击 □ 按钮，在打开的【类型】对话框中选取【环】选项，接着依次选取字母中每个封闭环的一个边，系统将自动选取到整个封闭环作为草绘截面，结果如图 5-117 所示，完成后退出草绘模式。

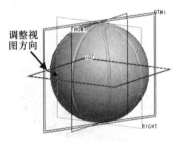

图 5-116　调节视图方向

图 5-117　草绘偏移区域

（5）单击模型上的黄色箭头以使其指向朝内，使得偏移曲面向内生成，如图 5-118 所示，然后依次单击模型上的两个代表偏移距离和拔模角度的数值，将两者分别设置为"1.5"和"10"。如果读者无法区分这两个数值各自所代表的含义，也可以在图标板上直接输入偏移距离和拔模角度值。

（6）接受图标板上的其他默认设置，回车后生成的偏移曲面如图 5-119 所示。

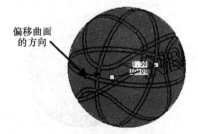

图 5-118　调节曲面的生成方向

图 5-119　生成的偏移曲面

11. 创建倒圆角特征。

（1）选取刚创建的偏移曲面的一个棱边作为参照，单击鼠标右键，在弹出的快捷菜单中选取【倒圆角边】选项，打开倒圆角设计图标板。

（2）按住 Shift 键，继续进行参照边的选取。鼠标光标移动到先前选取的参照边附近，系统将以浅蓝色加亮显示出该参照边所在的曲面环，如图 5-120 所示，单击鼠标左键，然后松开 Shift 键，系统将自动选取到整个曲面环，如图 5-121 所示。

图 5-120　加亮显示曲面环　　　　　　图 5-121　选取到整个曲面环

（3）接着再按住 Ctrl 键选取另一个文字的棱边作为参照，然后仿照上面曲面环的选取方式选取到整个环的棱边作为参照，依次进行重复选取。对于后面的单个棱边可以直接按住 Ctrl 键进行选取，选取结果如图 5-122 所示。

（4）双击圆角半径值，将其修改为"0.8"，接受其他默认设置，回车后生成的倒圆角特征如图 5-123 所示。

图 5-122　选取的参照边　　　　　　　图 5-123　生成的倒圆角特征

12. 裁剪曲面。

（1）用鼠标左键先后两次单击球面以选取到整个面组，然后选取菜单命令【编辑】/【修剪】，打开设计图标板。

（2）选取基准平面 DTM1 作为草绘平面，单击模型上的黄色箭头以指定要保留含有偏移曲面的一侧，如图 5-124 所示。回车确认裁剪，结果如图 5-125 所示。

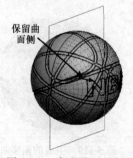

图 5-124　保留曲面的侧　　　　　　　图 5-125　裁剪结果

13. 复制曲面。

（1）选取整个面组作为复制对象，按住 Ctrl+C 组合键复制面组，接着在上工具箱上单击 ⬚ 按钮，对复制结果进行移动变换，在打开的图标板上单击 ↻ 按钮，对复制结果进行旋转变换。

（2）选取如图 5-126 所示的基准轴作为旋转参照，然后双击模型上的旋转角度值，将其修改为"180"。

（3）单击图标板上的 选项 按钮，打开上滑参数面板，取消对【隐藏原始几何】选项的选取，然后按 Enter 键退出，复制结果如图 5-127 所示。

图 5-126　选取旋转参照 　　　　　　　　　　　图 5-127　复制结果

14. 合并面组。

（1）按住 Ctrl 键依次选取两个半球面组作为参照，在右工具箱上单击 ⬚ 按钮，打开设计图标板。

（2）在界面空白处长按鼠标右键，在弹出的快捷菜单中选取【连接】选项，接受图标板上的其他默认设置，按 Enter 键退出，合并后的面组如图 5-128 所示。

（3）对模型进行适当的渲染处理，有兴趣的读者还可以为模型添加材质以及一些修饰性的特征等，这里笔者只给出一个参考结果，如图 5-129 所示。

图 5-128　合并后的面组 　　　　　　　　　图 5-129　模型的最终设计参考结果

5.3
曲面的实体化操作

曲面特征的重要用途之一就是由曲面围成实体特征的表面，然后将曲面实体化，这也是现代设计中对复杂外观结构的产品进行造型设计的重要手段。在将曲面特征实体化时，既可以创建实体特征也可以创建薄板特征。

5.3.1　闭合曲面的实体化

图 5-130 所示的曲面特征是由 6 个独立的曲面特征经过 5 次合并后围成的闭合曲面。选取该曲面后，选取菜单命令【编辑】/【实体化】，打开如图 5-131 所示的实体化设计图标板。

图 5-130　闭合曲面　　　　　　　　　　　　图 5-131　实体化工具

通常情况下，系统选取默认的实体化设计工具，因为将该曲面实体化生成的结果唯一，因此可以直接单击图标板上的按钮生成最后的结果。单击 按钮，打开参照设置面板，可以重新选取曲面进行实体化操作。

 注意，这种将曲面实体化的方法只适合闭合曲面。另外，虽然曲面实体化后的结果和实体前的曲面在外形上没有多大的区别，但是曲面实体化后已经彻底变为实体特征，这个变化是质变，这样所有实体特征的基本操作都适用于该特征。

5.3.2　与实体特征无缝接合的曲面的实体化

与实体特征无缝结合的曲面是指曲面的所有未闭合边界全部位于实体表面或内部，如图 5-132 所示。选取该曲面后，选取菜单命令【编辑】/【实体化】，打开实体化设计图标板。

一、在曲面和实体表面之间进行实体填充

选取如图 5-132 所示的曲面特征后，选取菜单命令【编辑】/【实体化】，系统弹出实体化图标板，按下按钮，在曲面特征和实体上表面之间填充实体材料，从而将整个模型实体化，结果如图 5-133 所示。

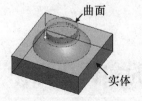

图 5-132　选取曲面特征　　　　　　　　　　图 5-133　设计结果

二、使用曲面切减实体材料

图 5-134 所示的曲面特征与实体特征无缝结合，而且曲面全部位于实体特征内部，单击图标板上的 按钮，可以使用该曲面特征来切除材料。此时系统用黄色箭头指示去除的材料侧，单击 按钮，可以调整材料侧的指向。

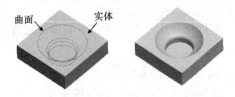

图 5-134　使用曲面切减实体材料

三、使用曲面替换实体表面

如果单击图标板上的 按钮，则可以使用曲面来替换实体表面。此时整个实体表面被曲面边界分为两部分，其中箭头指示的实体表面将由曲面替换，其余为最后保留的实体表面。在图 5-135 中，箭头指示的区域为实体上表面位于曲面内的部分；在图 5-136 中，箭头指示的区域为实体表面位于曲面外的部分。

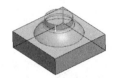   

图 5-135　替换结果（1）　　　　　　　图 5-136　替换结果（2）

5.3.3　曲面的加厚操作

曲面除可以构建实体特征外，还可以构建薄板特征。一般来说，任意曲面特征都可以构建薄板特征，当然对于特定曲面来说，只是不合理的薄板厚度也可能导致构建薄板特征失败。

选取曲面特征后，选取菜单命令【编辑】/【加厚】，系统弹出如图 5-137 所示的加厚设计图标板。

图 5-137　加厚设计图标板

使用图标板上默认的 工具可以加厚任意曲面特征，在图标板的文本框中输入加厚厚度，系统使用黄色箭头指示加厚方向，单击 按钮可以调整加厚方向，如图 5-138 所示。

图 5-139 所示的实体特征内部有一曲面特征，选取该曲面特征后，选取菜单命令【编辑】/【加厚】，打开加厚设计图标板。在图标板上单击 按钮，可以在实体内部进行薄板修剪。系统用箭头指示薄板修剪的方向，单击 按钮可以改变该方向，设置修剪厚度后，即可获得修剪结果，图中在曲面两侧都进行了薄板修剪。

  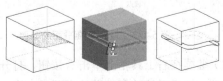

图 5-138　曲面加厚　　　　　　　　　图 5-139　曲面薄修剪

5.3.4　工程实例——瓶体设计

本例将介绍一个瓶体模型的设计过程，设计结果如图 5-140 所示。

1．新建零件文件。

新建名为"Bottle"的零件文件。

2．创建第一条基准曲线。

（1）在右工具箱上单击 按钮，打开【草绘】对话框，选取基准平面 TOP 作为草绘平面，接受系统的所有默认参照后，进入二维草绘模式。

图 5-140　瓶体模型设计结果

（2）在草绘平面内使用 工具绘制一段圆弧曲线，该曲线关于基准平面 RIGHT 对称，如图 5-141 所示，完成后退出草绘模式，最后创建的草绘基准曲线如图 5-142 所示。

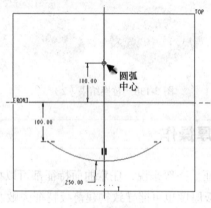

图 5-141　草绘曲线

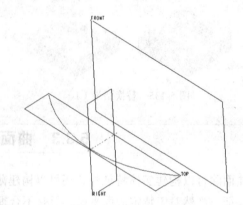

图 5-142　新建的第一条基准曲线

3．创建第二条基准曲线。

（1）在右工具箱上单击 按钮，打开【基准平面】对话框。

（2）首先选取基准平面 FRONT 作为参照，设置约束类型为【平行】，按住 Ctrl 键再选取前一步创建的基准曲线的端点作为另一个参照，设置约束类型为【穿过】，如图 5-143 所示，最后创建如图 5-144 所示的基准平面 DTM1。

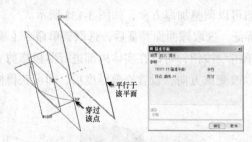

图 5-143　设置基准平面的参照

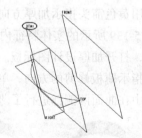

图 5-144　新建基准平面 DTM1

（3）继续在右工具箱上单击 按钮，打开【草绘】对话框，选取新建基准平面 DTM1 作为草绘平面，接受系统的所有默认参照后，进入二维草绘模式。

（4）在草绘平面内使用↘工具绘制一段圆弧曲线，如图 5-145 所示，完成后退出草绘模式，最后创建的草绘基准曲线如图 5-146 所示。

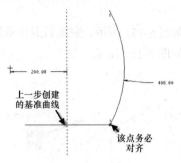

图 5-145　草绘曲线

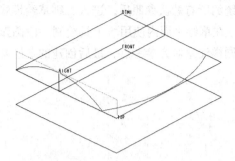

图 5-146　新建的第 2 条基准曲线

 图中提示的参考点必须对齐（重合）。如果未对齐，可以使用相应的约束工具来对齐。这两个参考点对齐后，图上只有两个约束尺寸。

4.　使用镜像复制的方法继续创建基准曲线。

（1）选中上一步创建的基准曲线。

（2）选取菜单命令【编辑】/【镜像】。

（3）按照图 5-147 所示选取镜像参考平面。

（4）单击图标板上的✓按钮，镜像后的基准曲线如图 5-148 所示。

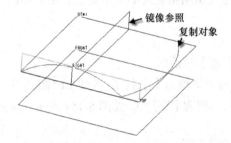

图 5-147　选取镜像对象和参照

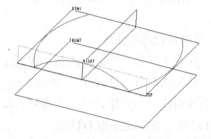

图 5-148　镜像后的基准曲线

（5）使用类似的方法继续镜像基准曲线，按照图 5-149 所示选取镜像对象和镜像参照，镜像后的结果如图 5-150 所示。

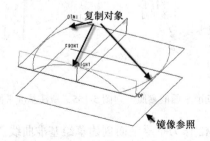

图 5-149　选取镜像对象和参照

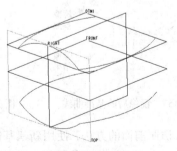

图 5-150　镜像后的基准曲线

5. 继续创建草绘基准曲线。

（1）在右工具箱上单击 按钮，打开【草绘】对话框，选取基准平面 TOP 作为草绘平面，接受系统的所有默认参照后，进入二维草绘模式。

（2）在草绘平面内使用 工具绘制一段圆弧曲线，如图 5-151 所示，完成后退出草绘模式，绘图时同样注意对齐参考点，最后创建的草绘基准曲线如图 5-152 所示。

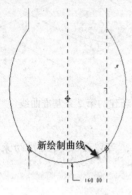

图 5-151　草绘曲线

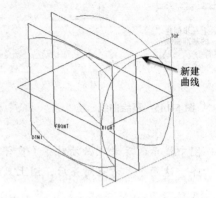

图 5-152　创建的基准曲线

 对齐后的曲线将只有一个半径尺寸。

（3）使用基准平面 RIGHT 作为镜像参照镜像复制刚刚创建的基准曲线，结果如图 5-153 所示。

6. 继续创建基准曲线。

（1）在右工具箱上单击 按钮，打开【基准平面】对话框。

（2）首先选取基准平面 TOP 作为参照，设置约束类型为【平行】，按住 Ctrl 键再选取前面创建的基准曲线的端点作为另一个参照，设置约束类型为【穿过】，如图 5-154 所示，最后创建如图 5-155 所示的基准平面 DTM2。

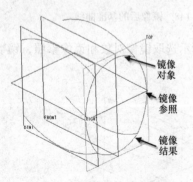

图 5-153　镜像后的基准曲线

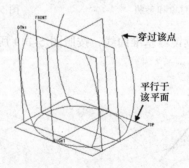

图 5-154　设置基准平面的参照

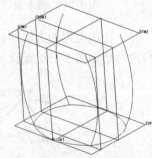

图 5-155　新建基准平面 DTM2

（3）仿照前面的方法，使用新建基准平面 DTM2 作为草绘平面创建草绘基准曲线。草绘曲线如图 5-156 所示，依旧使用 工具绘制一段圆弧曲线，该圆弧半径和与之重叠位置处的圆弧半径相等，最后创建的基准曲线如图 5-157 所示。

图 5-156　绘制草绘曲线

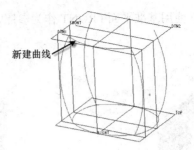

图 5-157　创建的基准曲线

 绘图时注意对齐参照点，正确绘制的曲线上只有相等约束，没有其他尺寸。

（4）再次使用新建基准平面 DTM2 作为草绘平面，创建草绘基准曲线。使用 ⌐ 工具绘制如图 5-158 所示的一段圆弧曲线，该圆弧半径和与之重叠位置处的圆弧半径相等，最后创建的基准曲线如图 5-159 所示。

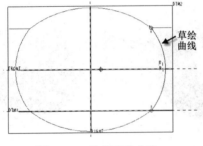

图 5-158　绘制草绘曲线

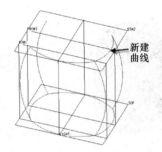

图 5-159　创建的基准曲线

7. 创建边界混合曲面特征。

（1）在右工具箱上单击 按钮，打开边界曲面设计图标板。

（2）单击 按钮，打开参照设置面板，按照图 5-160 所示指定第一方向上的两条曲线，然后激活第二方向参照列表框，按照图示指定第二方向上的两条曲线，最后创建的边界混合曲面如图 5-161 所示。

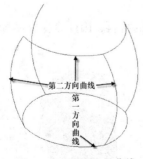

图 5-160　选取边界曲线

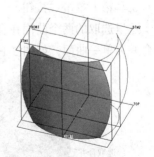

图 5-161　创建的边界混合曲面

（3）再次在右工具箱上单击 按钮，打开边界曲面设计图标板，按照图 5-162 所示选取边界曲线，最后创建的边界混合曲面如图 5-163 所示。

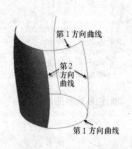

（4）使用基准平面 FRONT 作为参照，镜像复制第一个边界混合曲面特征，结果如图 5-164 所示。

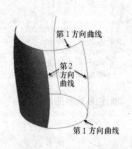
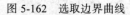
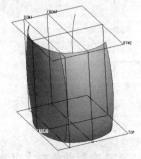
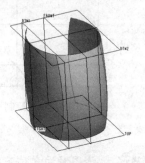

图 5-162 选取边界曲线　　　　图 5-163 创建的边界混合曲面　　　　图 5-164 镜像后的曲面特征

（5）继续使用基准平面 RIGHT 作为参照，镜像第二个边界混合曲面特征，结果如图 5-165 所示。

（6）按照图 5-166 所示选取边界曲线，再次创建如图 5-167 所示的边界混合曲面特征。

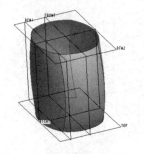
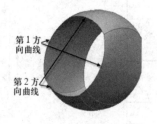

图 5-165 镜像后的曲面特征　　　　图 5-166 选取边界曲线　　　　图 5-167 创建的边界混合曲面特征

 此处也可以使用填充的方法创建曲面特征。

8. 合并曲面特征。

（1）如图 5-168 所示，按住 Ctrl 键选取两个相邻曲面作为合并对象。

（2）在右工具箱上单击 按钮。

（3）由于这里选取的两个曲面在合并时没有需要去除的材料，因此直接在图标板上单击 按钮，将其合并为单一曲面，如图 5-169 所示。

图 5-168 选取合并曲面　　　　图 5-169 合并曲面特征

（4）将已经合并的曲面——和其余 3 个边界混合曲面特征合并，最后将 5 个曲面合并为单一曲面。

9. 创建旋转曲面特征。

（1）在右工具箱上单击 按钮，打开旋转设计图标板，选中曲面设计工具。

（2）选取基准平面 FRONT 作为草绘平面，接受系统的所有默认参照后，进入二维草绘模式，绘制如图 5-170 所示的剖面图，完成后退出草绘模式。

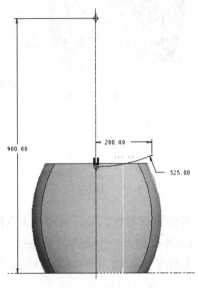

图 5-170　绘制剖面图

（3）按照图 5-171 所示设置其他特征参数，最后创建的曲面特征如图 5-172 所示。

图 5-171　设置特征参数　　　　　　　　　图 5-172　创建的曲面特征

（4）按住 Ctrl 键选取新建曲面特征和上一个合并曲面特征作为合并对象，在右工具箱上单击 按钮，按照图 5-173 所示确定保留曲面侧，最后的合并结果如图 5-174 所示。

图 5-173　确定保留曲面侧　　　　　　　　图 5-174　合并结果

10. 创建旋转曲面特征。

（1）在右工具箱上单击 按钮，打开旋转设计图标板，选中曲面设计工具。

（2）选取基准平面 FRONT 作为草绘平面，接受系统的所有默认参照后，进入二维草绘模式，绘制如图 5-175 所示的剖面图，完成后退出草绘模式。

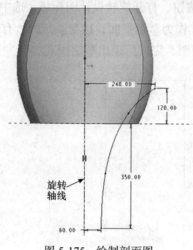

图 5-175 绘制剖面图

（3）按照图 5-176 所示设置其他特征参数，最后创建的曲面特征如图 5-177 所示。

（4）按住 Ctrl 键选取新建曲面特征和上一个合并曲面特征作为合并对象，在右工具箱上单击 按钮，按照图 5-178 所示确定保留曲面侧，最后的合并结果如图 5-179 所示。

图 5-176 设置特征参数

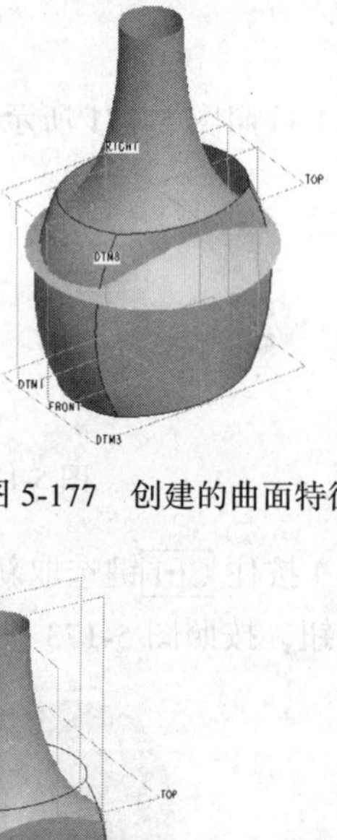

图 5-177 创建的曲面特征

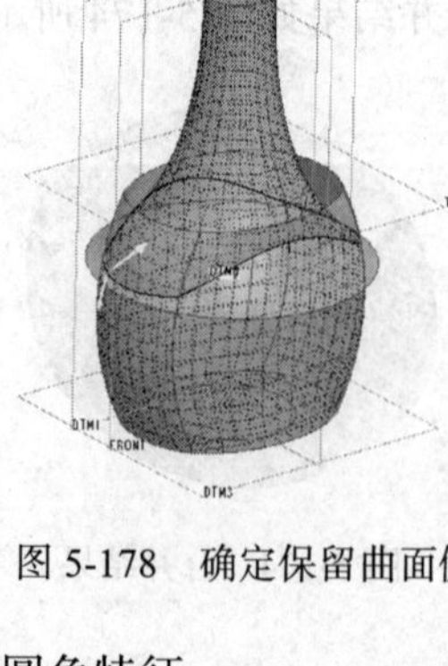

图 5-178 确定保留曲面侧

图 5-179 合并结果

11．创建倒圆角特征。

（1）在右工具箱上单击 按钮，打开倒圆角设计图标板。

（2）按照图 5-180 所示选取边线，创建倒圆角特征，设置圆角半径为"30.00"，结果如图 5-181 所示。

图 5-180　选取边线参照　　　　　图 5-181　创建半径为"30.00"的倒圆角特征

（3）按照图 5-182 所示选取边线，创建第二个倒圆角特征，设置圆角半径为"50.00"，结果如图 5-183 所示。

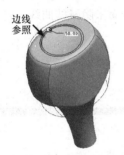

图 5-182　选取边线参照　　　　　图 5-183　创建第二个倒圆角特征

12．曲面实体化。

（1）选中完成上述步骤后的曲面特征。

（2）选取菜单命令【编辑】/【加厚】。

（3）按照图 5-184 所示设置加厚参数。

（4）单击图标板上的 ✓ 按钮，加厚后的实体模型如图 5-185 所示。

图 5-184　设置加厚参数　　　　　图 5-185　加厚后的实体模型

13．创建倒圆角特征。

如图 5-186 所示，在瓶口的两条边线处分别放置半径为"5.00"的圆角，结果如图 5-187

所示。

图 5-186　设置倒圆角参照

图 5-187　创建圆角特征

14. 隐藏基准曲线。

（1）如图 5-188 所示，单击模型树窗口顶部的 按钮，在下拉菜单中选取【层树】选项，打开图层管理器窗口，在图层【03_PRT_ALL_CURVES】上单击鼠标右键，在弹出的快捷菜单中选取【隐藏】选项，隐藏设计中使用的基准曲线。

（2）如果尚有曲线未隐藏，可以在图 5-188 所示的快捷菜单中选取【层属性】选项，打开如图 5-189 所示的【层属性】对话框，在模型上依次单击尚未隐藏的曲线，将其加入到该图层中，最终的设计结果如图 5-140 所示。

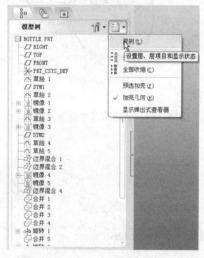

图 5-188　隐藏图层

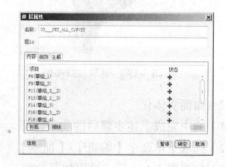

图 5-189　【层属性】对话框

5.4

习题

1. 简要说明曲面与实体的主要区别和联系。
2. 观察图 5-190，回答以下问题。

（1）图中的曲面特征是由什么方法创建生成的？

（2）怎样保证曲面的形状符合渐开线的要求？

（3）该曲面在创建齿轮轮廓中有什么功用？

3. 分析怎样使用如图 5-191 所示的一组曲线创建曲面特征。

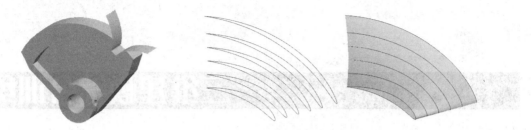

图 5-190　齿轮模型　　　　　　　　　　图 5-191　创建曲面特征

4. 分析如图 5-192 所示的曲面应该采用什么方法创建。

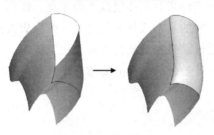

图 5-192　曲面特征

5. 分析如图 5-193 所示的手机壳模型的创建过程，列出主要的设计步骤和设计工具。

图 5-193　手机壳模型

第6章 三维建模综合训练

创建三维实体模型是 Pro/E 的主要设计目的之一。随着工业产品日益复杂化，借助传统的二维图形来表达一个设计方案往往显得力不从心，因此在现代设计和加工中，实体模型逐渐成为设计者设计思想最直接的表达形式。实体建模手段丰富，技巧性很强。实际设计中，常常需要综合使用曲面建模和实体建模的基本工具和技巧，才能完成大型复杂模型的设计工作。实体建模的设计思路比较明确，设计结果相对比较直观，便于理解。而曲面建模包含的"创意"因素更多，技巧性更强，对其设计要领的掌握需要建立在大量的实践基础之上，需要在动手操作的过程中融会贯通。

学习目标

- 掌握使用 Pro/E 创建三维模型的一般原理。
- 掌握实体模型的基本设计技巧。
- 掌握曲面建模的一般方法和技巧。
- 掌握提高建模效率的基本方法。

6.1 工程实例 1——电机模型设计

下面介绍一个电机模型的设计过程，最终完成的设计结果如图 6-1 所示。

一、设计思路

本例将继续介绍实体建模的基本方法和技巧，设计中综合使用了拉伸、旋转、筋等特征设计方法以及阵列和镜像等操作方法建模，其基本设计过程如图 6-2 所示。

图 6-1　电机模型

二、学习目标

通过对本例的学习全面掌握实体模型的设计方法和技巧，设计过程中应该注意以下要点。

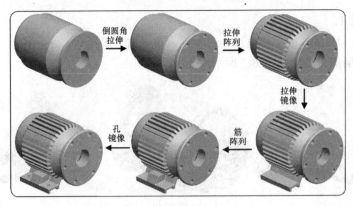

图 6-2　基本设计过程

（1）理解实体建模的基本原理。

（2）合理确定特征建模的基本顺序。

（3）熟练掌握拉伸、旋转等基本建模工具的用法。

（4）熟练掌握特征阵列和镜像复制的用法和技巧。

三、设计过程

1. 新建零件文件。

新建名为"Electromotor"的零件文件，使用【mmns_part_solid】作为模板，进入三维建模环境。

2. 创建旋转特征。

单击 按钮，打开旋转设计工具。

● 选取基准平面 RIGHT 作为草绘平面，接受默认参照。

● 绘制如图 6-3 所示的截面图形，完成后退出。

● 接受其他默认设置，最后得到的旋转特征如图 6-4 所示。

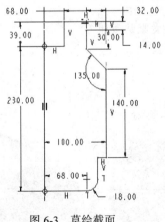

图 6-3　草绘截面

图 6-4　旋转特征

3. 创建倒圆角特征。

单击 按钮，打开倒圆角工具。

● 首先选取如图 6-5 所示的边线作为参照，在图标板的文本框中输入圆角半径"8"，创建圆角设置 1。

● 继续选取如图 6-6 所示的边线作为参照，输入圆角半径"3"，创建圆角设置 2。

最后得到的倒圆角特征如图 6-7 所示。

图 6-5　选取参照边（1）　　　　图 6-6　选取参照边（2）　　　　图 6-7　倒圆角特征

4．创建倒角特征。

单击 ⌇ 按钮，打开倒角工具。

● 选取如图 6-8 所示的两条边线作为参照。

● 采用默认的【D×D】倒角形式，在图标板的文本框中参数 D 的数值"3"，最后得到的
倒角特征如图 6-9 所示。

图 6-8　选取参照边线　　　　　　　　　　图 6-9　倒角特征

5．创建拉伸特征。

（1）单击 ⌸ 按钮，打开拉伸设计工具。

● 选取如图 6-10 所示的平面作为草绘平面，接受默认参照。

● 绘制如图 6-11 所示的截面图形，完成后退出。

● 设置拉伸方式为去除材料，深度为 ⌶。

最后得到的拉伸特征如图 6-12 所示。

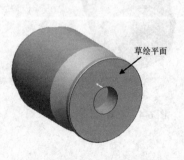
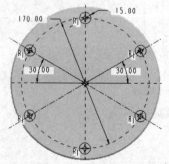
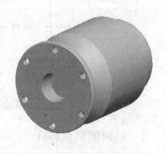

图 6-10　草绘平面　　　　　　图 6-11　草绘截面　　　　　　图 6-12　拉伸特征

（2）再次单击 按钮，打开拉伸设计工具。

- 选取如图 6-13 所示的平面作为草绘平面，接受默认参照。
- 绘制如图 6-14 所示的截面图形，完成后退出。
- 设置拉伸方式为去除材料，深度为"150"。

最后得到的拉伸特征如图 6-15 所示。

图 6-13　草绘平面

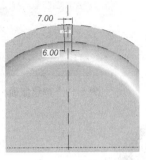
图 6-14　草绘截面

图 6-15　拉伸特征

6. 创建阵列特征。

在上一步创建的拉伸特征上单击鼠标右键，在弹出的快捷菜单中选取【阵列】选项。

- 在图标板的下拉列表中选取阵列方式为【轴】。
- 选取如图 6-16 所示的轴作为参照。
- 设置阵列个数为"35"，总的旋转角度为"360"。

最后得到的阵列特征如图 6-17 所示。

图 6-16　选取参照

图 6-17　阵列特征

7. 创建拉伸特征。

（1）单击 按钮，打开拉伸设计工具。

- 选取如图 6-18 所示的平面作为草绘平面，接受默认参照。
- 绘制如图 6-19 所示的截面图形，完成后退出。
- 单击 按钮，设置拉伸方式为去除材料，深度为"40"。

最后得到的拉伸特征如图 6-20 所示。

（2）在上一步创建的拉伸特征上单击鼠标右键，在弹出的快捷菜单中选取【阵列】选项。

- 设置阵列方式为【轴】。
- 选取如图 6-21 所示的中心轴线作为参照。
- 设置阵列个数为"30"，总的旋转角度为"360"。

最后得到的阵列特征如图 6-22 所示。

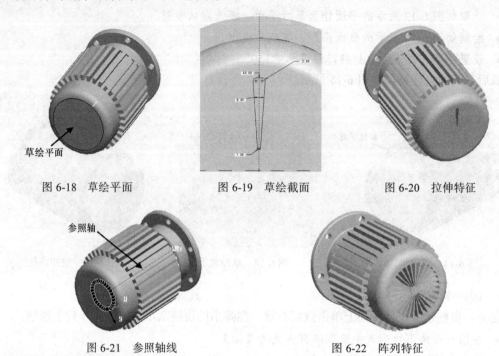

图 6-18　草绘平面　　　　　图 6-19　草绘截面　　　　　图 6-20　拉伸特征

图 6-21　参照轴线　　　　　　　　图 6-22　阵列特征

8．创建旋转特征。

单击 按钮，打开旋转设计工具。

● 选取基准平面 RIGHT 作为草绘平面，接受默认参照。

● 绘制如图 6-23 所示的截面图形，完成后退出。

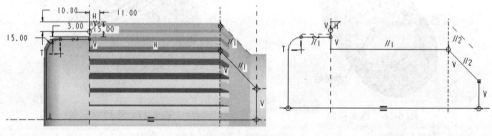

图 6-23　草绘截面

● 单击 按钮，设置旋转方式为去除材料。

最后得到的旋转特征如图 6-24 所示。

9．创建拉伸特征。

（1）单击 按钮，打开【基准平面】对话框。

选取如图 6-25 所示的平面作为参照，输入向下的偏移距离"77"，创建如图 6-26 所示的基准平面 DTM1。

（2）单击 按钮，打开拉伸设计工具。

● 选取基准平面 DTM1 作为草绘平面，接受默认参照。

● 绘制如图 6-27 所示的截面图形，完成后退出。

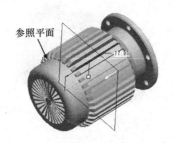

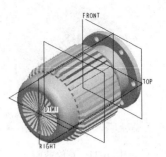

图 6-24　旋转特征　　　　　　　　　图 6-25　选取参照　　　　　　图 6-26　创建基准平面 DTM1

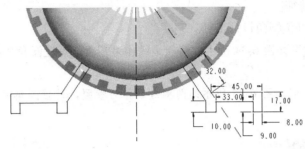

图 6-27　草绘截面

● 单击 选项 按钮，在打开的上滑参数面板中设置两侧的深度均为"到选定项"。

● 分别选取图 6-28 和图 6-29 所示的边线作为参照。

最后得到的拉伸特征如图 6-30 所示。

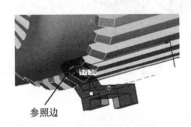

图 6-28　选取参照边线（1）　　　图 6-29　选取参照边线（2）　　　图 6-30　拉伸特征

10．创建筋特征。

（1）单击 按钮，打开轮廓筋设计工具。

● 在界面空白处单击鼠标右键，在弹出的快捷菜单中选取【定义内部草绘】选项。

● 选取基准平面 DTM1 作为草绘平面，接受默认参照。

● 绘制如图 6-31 所示的截面图形，完成后退出。

● 在图标板的文本框中输入筋的宽度为"50"。

最后得到的筋特征如图 6-32 所示。

（2）创建镜像特征。

选取刚才创建的筋特征作为参照，单击 按钮，打开镜像工具，选取基准平面 RIGHT 作为参照，最后得到的镜像特征如图 6-33 所示。

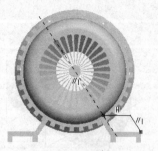
图 6-31　草绘截面

图 6-32　筋特征

图 6-33　镜像特征

11. 创建倒圆角特征。

单击 按钮，打开倒圆角设计工具。

- 按住 Ctrl 键选取如图 6-34 所示的两侧边线作为参照，设置圆角半径为 "3"，创建圆角设置 1。

- 按住 Ctrl 键选取如图 6-35 所示的两侧边线作为参照，设置圆角半径为 "1.5"，创建圆角设置 2。

图 6-34　选取参照边线（1）

图 6-35　选取参照边线（2）

- 按住 Ctrl 键选取如图 6-36 所示的两侧边线作为参照，设置圆角半径为 "2"，创建圆角设置 3。

最后得到的倒圆角特征如图 6-37 所示。

图 6-36　选取参照边线（3）

图 6-37　倒圆角特征

12. 创建孔特征。

（1）单击 按钮，打开孔设计工具。

- 在图标板的第一个文本框中选取孔的类型为【草绘】。

- 单击图标板上的 按钮，打开草绘平面，绘制如图 6-38 所示的截面图形。注意，不要漏掉旋转中心线，完成后退出。

- 在图标板的右上角单击 放置 按钮，打开上滑参数面板，选取如图 6-39 所示的放置面作为主参照。

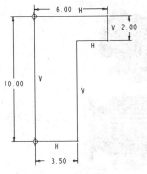

图 6-38　草绘截面

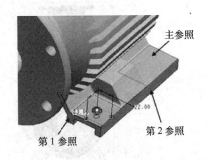

图 6-39　设置孔的定位参数

- 激活【次参照】列表框，按照图 6-39 所示选取第一参照，然后输入偏距参数 "22.00"。
- 按住 Ctrl 键继续按照图 6-39 所示选取第二参照，然后输入偏距参数 "23.00"。

最后得到的孔特征如图 6-40 所示。

（2）创建阵列特征。

选中刚才创建的孔特征，单击鼠标右键，在弹出的快捷菜单中选取【阵列】选项。

- 设置阵列方式为【方向】。
- 选取如图 6-41 所示的边线作为第一方向参照，尺寸增量为 "102"。

图 6-40　孔特征

图 6-41　第一方向参照

- 选取如图 6-42 所示的边线作为第二方向参照，尺寸增量为 "178"。
- 设置阵列个数均为 "2"。

最后得到的阵列特征如图 6-43 所示。

图 6-42　第二方向参照

图 6-43　阵列特征

最后读者还可以根据实际情况在模型上添加细部特征，由于篇幅所限，笔者在这里就不再介绍，只给出如图 6-44 所示的结果作为参考。

图 6-44　参考设计结果

<h1>6.2 工程实例 2——减速器箱盖设计</h1>

减速器是一种常见的机械设备，本例将介绍其箱盖的设计过程，设计完成后的零件结果如图 6-45 所示。

一、设计思路

减速器上盖也是典型的箱体零件，设计中综合使用了拉伸、拔模、壳及筋等特征设计方法，其基本设计过程如图 6-46 所示。

图 6-45　设计完成后的箱盖零件

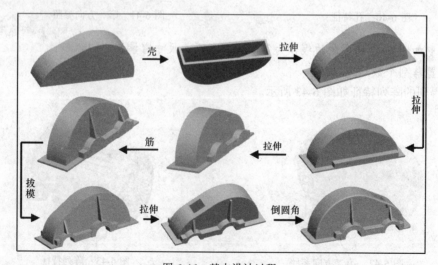

图 6-46　基本设计过程

二、学习目标

读者通过上盖的设计可以进一步巩固和提高箱体类零件的设计技巧，设计过程中应该注意以下技术要点。

- 合理安排特征的创建顺序。
- 筋特征的创建方法和技巧。
- 特征创建的先后顺序对设计结果的影响。

三、设计过程

1. 新建零件文件。

（1）在上工具箱上单击□按钮，打开【新建】对话框，在【类型】分组框中选取【零件】选项，在【子类型】分组框中选取【实体】选项，在【名称】文本框中输入零件名称"Tak_top"。

（2）取消对【使用缺省模板】复选项的选取后，单击 确定 按钮，关闭【新建】对话框。系统打开【新文件选项】对话框，选取其中的【mmns_part_solid】选项后，单击 确定 按钮，进入设计环境。

2. 创建拉伸实体特征。

3. 单击右工具箱上的□按钮，打开拉伸设计图标板，在图标板上单击 放置 按钮，打开参照面板，单击其中的 定义... 按钮，打开【草绘】对话框，选择基准平面 FRONT 作为草绘平面，接受系统的默认参照设置后，单击 草绘 按钮，进入二维草绘模式。

4. 在草绘平面内绘制如图 6-47 所示的拉伸剖面图，完成后在右工具箱上单击 ✔ 按钮，退出二维草绘模式。在拉伸图标板上输入拉伸深度"130"，最后创建的拉伸实体特征如图 6-48 所示。

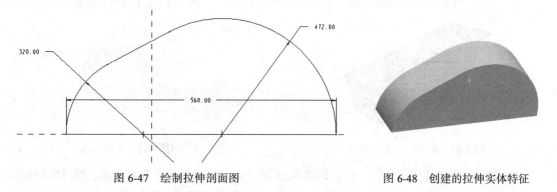

图 6-47　绘制拉伸剖面图　　　　　　　图 6-48　创建的拉伸实体特征

5. 创建壳体特征。

（1）单击右工具箱上的□按钮，打开壳体设计图标板，单击 参照 按钮，打开参照面板，激活其中的【移除的曲面】分组框，然后选取如图 6-49 所示的平面作为要移除的平面。

（2）接着在图标板上输入壳体厚度"15"，最后创建的壳体特征如图 6-50 所示。

6. 创建拉伸实体特征。

（1）单击右工具箱上的□按钮，打开拉伸设计图标板，在图标板上单击 放置 按钮，打开参照面板，单击其中的 定义... 按钮，打开【草绘】对话框，选择如图 6-51 所示的基准平面作为草绘平面，接受其他默认参照设置后单击 草绘 按钮，进入二维草绘模式。

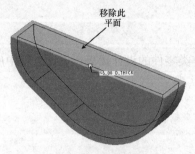

图 6-49　选取移除平面

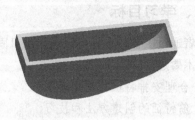

图 6-50　创建的壳体特征

（2）在草绘平面内绘制如图 6-52 所示的拉伸剖面图，完成后在右工具箱上单击 ✓ 按钮，退出二维草绘模式。在拉伸图标板上使用 ╱ 工具调节特征生成方向如图 6-53 所示，然后输入拉伸深度 "10"，最后创建的拉伸实体特征如图 6-54 所示。

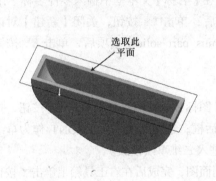

图 6-51　选取草绘平面

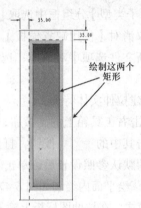

图 6-52　绘制拉伸剖面图

图 6-53　调节特征生成方向

图 6-54　创建的拉伸实体特征

（3）继续创建拉伸实体特征。选取如图 6-55 所示的实体表面作为草绘平面，然后绘制如图 6-56 所示的拉伸剖面图，调节特征生成方向如图 6-57 所示，输入拉伸深度 "30"，最后生成如图 6-58 所示的拉伸实体特征。

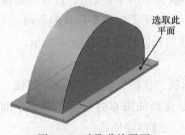

图 6-55　选取草绘平面

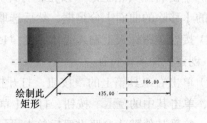

图 6-56　绘制拉伸剖面图

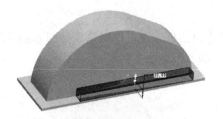

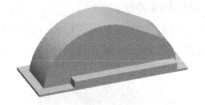

图 6-57 调节特征生成方向　　　　　　图 6-58 生成的拉伸实体特征

（4）继续创建拉伸实体特征。单击右工具箱上的 按钮，打开拉伸设计图标板，在图标板上单击 放置 按钮，打开参照面板，单击其中的 定义... 按钮，打开【草绘】对话框，临时创建新的基准平面作为草绘平面。单击右工具箱上的 按钮，打开【基准平面】对话框，选取如图 6-59 所示的平面作为参照平面，输入偏移距离 "40"，新建的基准平面 DTM1 如图 6-60 所示。

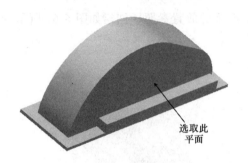

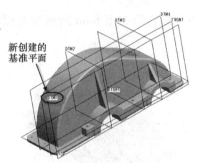

图 6-59 选取参照平面　　　　　　图 6-60 新建基准平面 DTM1

（5）系统自动选中新建基准平面作为草绘平面，接受系统默认参照放置草绘平面后，进入二维草绘模式。在草绘平面内绘制如图 6-61 所示的拉伸剖面图，调节拉伸生成方向如图 6-62 所示，设置特征深度为 ，最后生成如图 6-63 所示的拉伸实体特征。

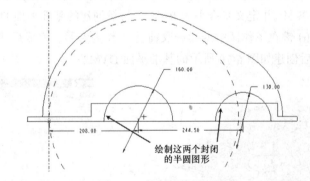

图 6-61 绘制拉伸剖面图

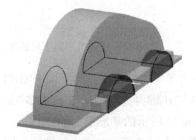

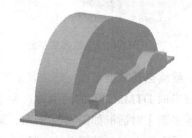

图 6-62 调节特征生成方向　　　　　　图 6-63 生成的拉伸实体特征

7. 创建基准特征。

（1）单击右工具箱上的 / 按钮，打开【基准轴】对话框，在工作区选取如图 6-64 所示的曲面作为基准轴的放置参照，最后创建如图 6-65 所示的基准轴 A_1。

图 6-64　选取参照　　　　　　　　　　　　　　　图 6-65　创建基准轴 A_1

（2）继续选取如图 6-66 所示的曲面作为基准轴的放置参照，创建如图 6-67 所示的基准轴 A_2。

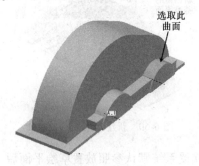

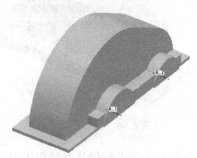

图 6-66　选取参照　　　　　　　　　　　　　　　图 6-67　创建基准轴 A_2

（3）单击右工具箱上的 □ 按钮，打开【基准平面】对话框，在工作区选取如图 6-68 所示的基准平面 RIGHT 作为参照，并定义基准平面 RIGHT 与新创建的基准平面 DTM1 之间的约束方式为【平行】。按住 Ctrl 键在工作区中继续选取轴 A_1 作为参照，完成后的【基准平面】对话框如图 6-69 所示，最后创建如图 6-70 所示的基准平面 DTM2。

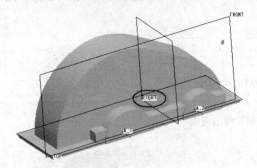

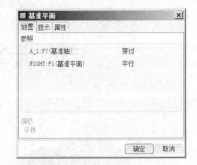

图 6-68　选取参照平面　　　　　　　　　　　　　图 6-69　【基准平面】对话框

（4）继续创建基准平面。选取基准平面 RIGHT 作为参照，并定义基准平面 RIGHT 与新创建的基准平面 DTM2 之间的约束方式为【平行】。按住 Ctrl 键再选取轴 A_2 作为参照，完成后的【基准平面】对话框如图 6-71 所示，最后创建如图 6-72 所示的基准平面 DTM3。

（5）再次单击右工具箱上的 □ 按钮，打开【基准平面】对话框，在工作区选取如图 6-73 所示的基准平面 FRONT 作为参照，并定义基准平面 FRONT 和新创建的基准平面 DTM3 之间的约束方式为【偏移】，输入偏移距离"65"，完成后的【基准平面】对话框如图 6-74 所示，最后创建如图 6-75 所示的基准平面 DTM4。

图 6-70　创建基准平面 DTM2

图 6-71　【基准平面】对话框

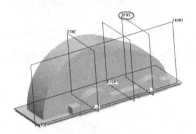

图 6-72　创建基准平面 DTM3

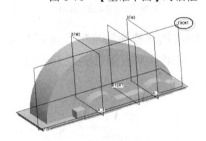

图 6-73　选取参照平面

图 6-74　【基准平面】对话框

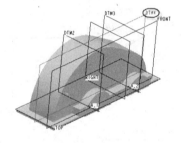

图 6-75　创建基准平面 DTM4

8. 创建筋特征。

（1）在右工具箱上单击 按钮，打开轮廓筋特征设计图标板。

（2）在图标板上单击 参照 按钮，打开参照面板，在参照列表中单击 定义... 按钮，打开【草绘】对话框，然后选择基准平面 DTM2 作为草绘平面。

（3）接着选取如图 6-76 所示的平面作为草绘平面的放置参照，在【方向】下拉列表中选取【底部】选项，如图 6-77 所示，完成后进入草绘模式。

图 6-76　选取放置参照

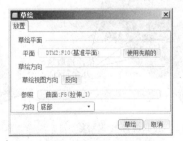

图 6-77　【草绘】对话框

（4）在草绘平面内绘制如图 6-78 所示的筋剖面图，完成后退出草绘模式，输入筋的厚度"12"，最后创建如图 6-79 所示的筋特征。

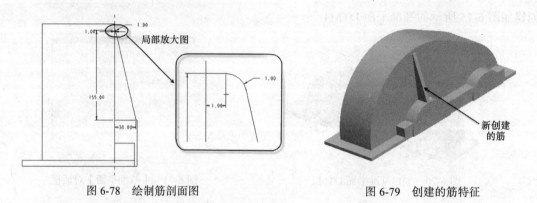

图 6-78　绘制筋剖面图　　　　　　　　　　图 6-79　创建的筋特征

（5）继续创建轮廓筋特征。选择基准平面 DTM3 作为草绘平面，在草绘平面内绘制如图 6-80 所示的筋剖面图，完成后退出草绘模式，输入筋的厚度"12"，最后创建如图 6-81 所示的筋特征。

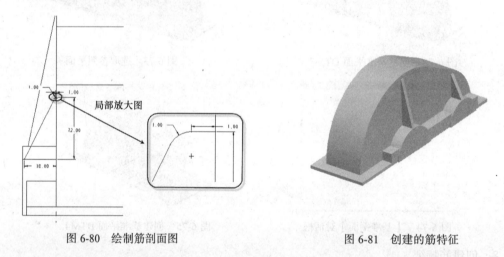

图 6-80　绘制筋剖面图　　　　　　　　　　图 6-81　创建的筋特征

（6）镜像复制特征。按照图 6-82 所示选取复制对象，然后选取菜单命令【编辑】/【镜像】，打开镜像设计图标板，选取如图 6-83 所示的基准平面作为镜像参照，最后创建的镜像复制特征如图 6-84 所示。

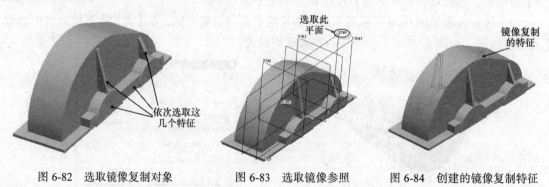

图 6-82　选取镜像复制对象　　　图 6-83　选取镜像参照　　　图 6-84　创建的镜像复制特征

9. 创建拉伸实体特征。

（1）单击右工具箱上的 <kbd>□</kbd> 按钮，打开拉伸设计图标板，在图标板上单击 <kbd>放置</kbd> 按钮，打开参照面板，单击其中的 <kbd>定义…</kbd> 按钮，打开【草绘】对话框，选择如图 6-85 所示的基准平面作为草绘平面，接受其他默认参照设置后，单击 <kbd>草绘</kbd> 按钮，进入二维草绘模式。

（2）在草绘平面内绘制如图 6-86 所示的拉伸剖面图，完成后在右工具箱上单击 <kbd>✔</kbd> 按钮，退出二维草绘模式。

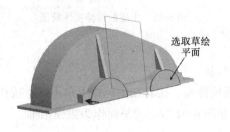

图 6-85　选取草绘平面

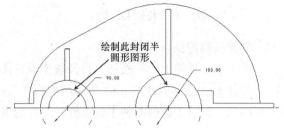

图 6-86　绘制拉伸剖面图

（3）在图标板上按下 <kbd>□</kbd> 按钮，创建减材料特征，设置拉伸深度为 <kbd>非</kbd>，使用 <kbd>✗</kbd> 工具调节特征生成方向如图 6-87 所示，最后生成如图 6-88 所示的拉伸实体特征。

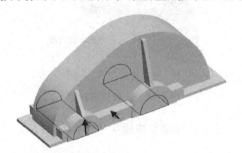

图 6-87　调节特征生成方向

图 6-88　生成的拉伸实体特征

（4）继续创建拉伸实体特征。选取如图 6-89 所示的基准平面作为草绘平面。在草绘平面内绘制如图 6-90 所示的拉伸剖面图。单击 <kbd>□</kbd> 按钮，创建减材料特征，设置拉伸深度为 <kbd>非</kbd>，单击 <kbd>✗</kbd> 按钮，调节特征生成方向如图 6-91 所示，最后生成如图 6-92 所示的拉伸实体特征。

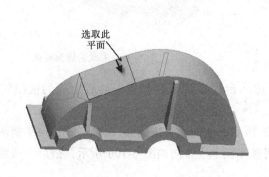

图 6-89　选取草绘平面

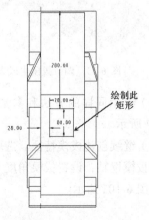

图 6-90　绘制拉伸剖面图

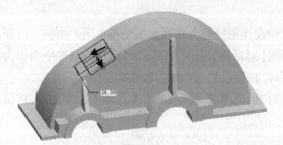

图 6-91　调节特征生成方向

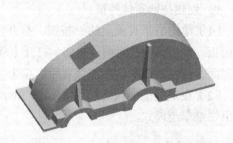

图 6-92　生成的拉伸实体特征

10.　创建拔模特征。

（1）单击右工具箱上的 按钮，打开拔模设计图标板。

（2）按住 Ctrl 键选取如图 6-93 所示的曲面作为拔模曲面，接着在图标板上单击 参照 按钮，打开参照面板，激活【拔模曲轴】分组框，然后选取如图 6-94 所示的平面作为拔模枢轴。

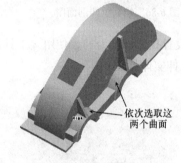

依次选取这
两个曲面

图 6-93　选取拔模曲面

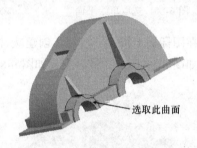

选取此曲面

图 6-94　选取拔模枢轴

（3）在拔模图标板上输入拔模角度"5"，接着使用 工具调节拔模生成方向如图 6-95 所示，最后生成的拔模特征如图 6-96 所示。

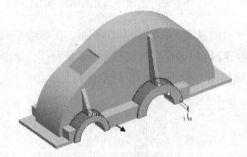

图 6-95　调节拔模生成方向

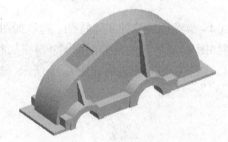

图 6-96　生成的拔模特征

（4）使用同样的方法和参数进行另一边凸台拔模特征的创建，最后生成的拔模特征如图 6-97 所示。

（5）继续创建拔模特征。选取如图 6-98 所示的曲面作为拔模面，选取如图 6-99 所示的平面作为拔模枢轴，设置拔模角度为"5"，调整特征生成方向如图 6-100 所示，最后生成的拔模特征如图 6-101 所示。

图 6-97　生成的拔模特征

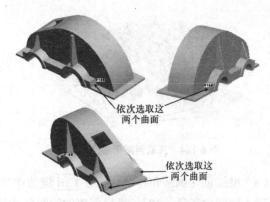

依次选取这
两个曲面

依次选取这
两个曲面

图 6-98　选取拔模面

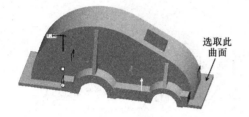

选取此
曲面

图 6-99　选取拔模枢轴

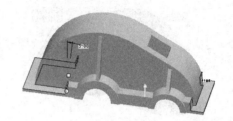

图 6-100　调整特征生成方向

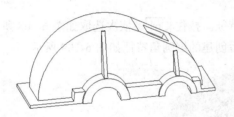

图 6-101　生成的拔模特征

11. 创建倒圆角特征。

（1）在右工具箱上单击 按钮，打开倒圆角设计图标板，按住 Ctrl 键依次选取如图 6-102 所示的实体边线作为倒圆角参照，输入倒圆角半径"10"，最后创建的倒圆角特征如图 6-103 所示。

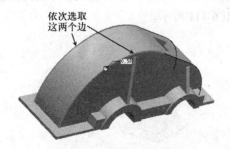

依次选取
这两个边

图 6-102　选取倒圆角参照

图 6-103　创建的倒圆角特征

（2）继续创建倒圆角特征。按住 Ctrl 键依次选取如图 6-104 所示的实体边线作为倒圆角参照，输入倒圆角半径"30"，最后创建的倒圆角特征如图 6-105 所示。

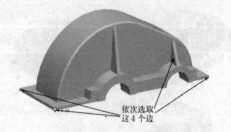

图 6-104　选取倒圆角参照　　　　　　　　图 6-105　创建的倒圆角特征

（3）继续创建倒圆角特征。按住 Ctrl 键依次选取如图 6-106 所示的实体边线作为倒圆角参照，输入倒圆角半径"10"，最后创建的倒圆角特征如图 6-107 所示。

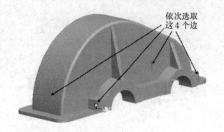

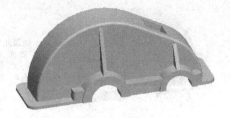

图 6-106　选取倒圆角参照　　　　　　　　图 6-107　创建的倒圆角特征

（4）继续创建倒圆角特征。按住 Ctrl 键依次选取如图 6-108 所示的边线作为倒圆角参照，输入倒圆角半径"2"，最后创建的倒圆角特征如图 6-109 所示。

图 6-108　选取倒圆角参照　　　　　　　　图 6-109　创建的倒圆角特征

（5）继续创建倒圆角特征。按住 Ctrl 键依次选取如图 6-110 所示的边线作为倒圆角参照，输入倒圆角半径"3"，最后创建的倒圆角特征如图 6-111 所示。

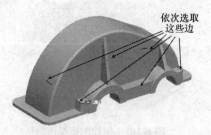

图 6-110　选取倒圆角参照　　　　　　　　图 6-111　创建的倒圆角特征

（6）继续创建倒圆角特征。按住 Ctrl 键依次选取如图 6-112 所示的边线作为倒圆角参照，输入倒圆角半径"2"，最终完成的减速器上箱盖如图 6-45 所示。

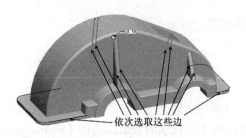

图 6-112　选取倒圆角参照

6.3 工程实例3——风扇叶片设计

本例将主要使用曲面建模的方法来创建风扇叶片，设计结果如图 6-113 所示。

一、设计思路

本例将继续介绍曲面建模的基本方法和技巧，设计中将综合使用多种曲面设计方法及曲面合并、曲面实体化等工具，其基本设计过程如图 6-114 所示。

图 6-113　风扇叶片设计结果

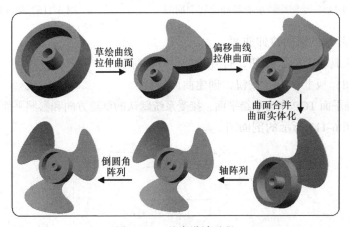

图 6-114　基本设计过程

二、学习目标

读者要通过对本例的学习全面掌握曲面建模的方法和技巧，设计过程中应该注意以下要点。

- 理解曲面建模的基本原理。
- 理解曲面模型和实体模型之间的转换方法。
- 熟练掌握常用曲面的创建方法和编辑方法。

- 总结曲面建模的基本规律。

三、设计过程

1. 新建零件文件。

（1）新建名为 "Vane" 的零件文件。

（2）取消对【使用缺省模板】复选项的选取，选用【mmns_part_solid】单位制。

2. 创建旋转实体特征。

（1）单击右工具箱上的 ⊕ 按钮，打开旋转设计图标板。

（2）选取基准平面 FRONT 作为草绘平面，接受系统的默认参照设置，进入草绘模式。

（3）在草绘平面内绘制如图 6-115 所示的旋转中心轴和旋转剖面图。设置旋转角度为 "360"，最后生成如图 6-116 所示的旋转实体特征。

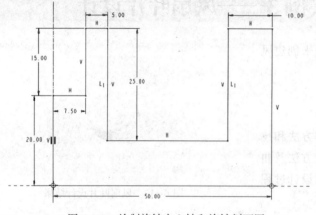

图 6-115　绘制旋转中心轴和旋转剖面图　　　　　图 6-116　生成的旋转实体特征

3. 创建风扇叶片的纵向拉伸曲面。

（1）单击右工具箱上的 按钮，打开拉伸设计图标板。

（2）在设计图标板上单击 按钮，创建曲面特征。

（3）选取基准平面 TOP 作为草绘平面，接受系统默认的草绘方向和参照平面，进入草绘模式。

（4）绘制如图 6-117 所示的剖面图。

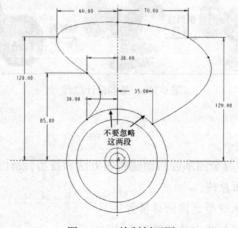

图 6-117　绘制剖面图

本例的草绘曲线由 3 段样条曲线和模型上的两段边线组成，读者在绘制时务必要耐心。曲线上标有坐标的控制点用于确定图形的准确形状，拖动没有标注坐标的控制点可以微调曲线形状。在曲线连接点处可以加入相切约束条件，使 3 段曲线光滑连接。

（5）在设计图标板上单击 选项 按钮，选取【封闭端】复选项，接着单击图标板上的 按钮，选取 选项，设置特征深度，再选取如图 6-118 所示的平面作为深度参照，最后生成如图 6-119 所示的拉伸曲面。

图 6-118　设置特征参照

图 6-119　生成的拉伸曲面特征

4. 创建风扇叶片的横向拉伸曲面。

（1）单击右工具箱上的 按钮，打开草绘曲线工具，选取基准平面 RIGHT 作为草绘平面，接受系统默认参照设置，进入草绘模式，绘制如图 6-120 所示的草绘曲线，创建如图 6-121 所示的基准曲线。

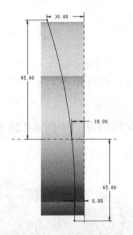

图 6-120　绘制草绘曲线

图 6-121　创建的基准曲线

（2）单击右工具箱上的 按钮，打开拉伸设计图标板。在设计图标板上单击 按钮，创建曲面特征，选取基准平面 RIGHT 作为草绘平面，接受系统默认的参照设置后，进入草绘模式。

（3）单击右工具箱上的 按钮，以【单个】的形式选取要偏移复制的线段，系统将在所选取的线段上显示偏移方向，如图 6-122 所示，接着输入偏移距离"3"，复制偏移的结果如图 6-123 所示。

（4）使用右工具箱上的 工具将断面的上端和下端封闭，如图 6-124 所示，接着使用 工具选取如图 6-122 所示的草绘曲线，最后得到闭合剖面，如图 6-125 所示。

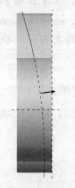
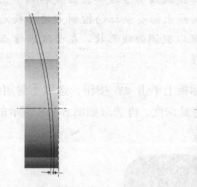

图 6-122　选取要偏移复制的线段　　　图 6-123　偏移复制的结果　　　图 6-124　封闭断面的上下端

（5）在设计图标板上单击 ✗ 按钮，确保特征生成方向指向模型内侧，如图 6-126 所示，输入曲面深度值 "150"，最后生成如图 6-127 所示的拉伸曲面。

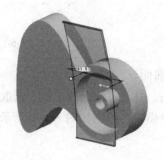

图 6-125　得到的闭合剖面　　　图 6-126　调整特征生成方向　　　图 6-127　生成的拉伸曲面

5. 合并曲面特征。

（1）按住 Ctrl 键依次选取如图 6-128 所示的两个曲面，然后单击右工具箱上的 按钮，合并曲面。

（2）在设计图标板上单击 ✗ 按钮，确定合并曲面要保留的方向如图 6-129 所示，合并后的曲面特征如图 6-130 所示。

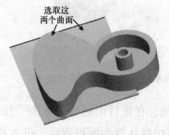
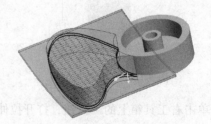

图 6-128　选取合并对象　　　　　　图 6-129　确定保留曲面侧

6. 曲面实体化。

（1）选中上一步合并的封闭曲面后，选取菜单命令【编辑】/【实体化】，打开实体化工具。

（2）接受默认设置，对曲面进行实体化操作，结果如图 6-131 所示。

图 6-130　合并后的曲面特征

图 6-131　曲面实体化后的结果

虽然实体化后的模型在外形上和曲面模型没有太大的区别，但是其实质是不同的。曲面只是一个面特征，一个封闭的曲面内部是空心的，而实体是一个体特征。读者可以把一个封闭曲面剖开来验证这一结论。

7．创建局部组。

在模型树窗口中按住 Ctrl 键依次选取前面创建的"拉伸 1"、"草绘 1"、"拉伸 2"、"合并"和"实体化"，然后在其上单击鼠标右键，在弹出的快捷菜单中选取【组】选项，创建组，如图 6-132 所示。

选择这 5 个特征创建局部组时，必须在模型树窗口中选取，因为工作区中的特征重叠，无法选中希望的特征。这里创建局部组是十分必要的，用一组特征创建局部组后，就可以将它们作为一个整体进行操作，比如接下来的阵列操作。

8．阵列特征。

（1）确保模型树窗口中的局部组被选中，在右工具箱上单击 按钮，打开阵列工具。

（2）设置阵列类型为【轴】，然后选取模型轴线作为阵列参照，如图 6-133 所示。

图 6-132　创建组

图 6-133　选取参照轴线

（3）按照图 6-134 所示设置其他参数，阵列结果如图 6-135 所示。

图 6-134　设置阵列参数

9．创建倒圆角特征。

（1）在模型树窗口中展开阵列特征，其下第一个为原始特征，如图 6-136 所示。

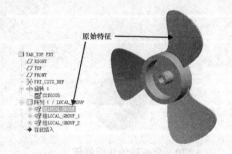

原始特征

图 6-135　阵列结果　　　　　　　　图 6-136　原始特征

（2）单击右工具箱上的 按钮，打开圆角工具。

（3）按下 Ctrl 键在原始特征上选取如图 6-137 所示的曲线 1 和曲线 2 作为圆角放置参照，设置圆角半径为"1"，创建圆角，结果如图 6-138 所示。

（4）在模型树中选中刚创建的倒圆角特征标识，然后单击鼠标右键，在弹出的快捷菜单中选取【阵列】选项，接受图标板上默认的参照阵列方式，在其他叶片上添加圆角特征，结果如图 6-139 所示。

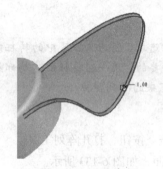

图 6-137　选取参照　　　　　　图 6-138　圆角结果　　　　　图 6-139　阵列圆角特征

（5）读者根据设计需要可以在模型上添加其他圆角结构。

> 要点提示　此处倒圆角时，必须首先找到阵列原始特征，然后在其上创建圆角，此后才能使用参照阵列的方法在其他叶片上创建圆角。

10．隐藏基准曲线。

（1）单击模型树窗口顶部的 按钮，在下拉菜单中选取【层树】选项。

（2）在图层中选中【03_PRT_ALL_CURVES】图层，在其上单击鼠标右键，然后在弹出的快捷菜单中选取【隐藏】选项，如图 6-140 所示。

（3）最后在层树窗口的菜单栏中选取菜单命令【编辑】/【保存状态】，保存设置，最终设计结果如图 6-113 所示。

图 6-140　隐藏曲线

习题

1. 简要总结创建复杂模型的基本手段和技巧。
2. 结合图 6-141 所示的提示创建壳体模型。

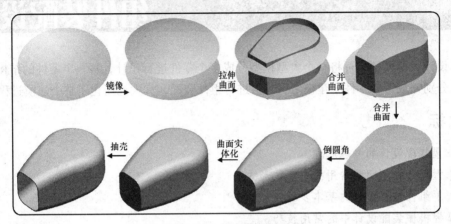

图 6-141　创建壳体模型

第7章

组件装配设计

为了设计大型模型，可将一个大型模型分成多个零件进行设计，每一个零件的结构尽可能的简单，分别完成每个零件的建模之后，再进行组件装配，大大地简化了整个建模过程。

学习目标

- 掌握装配设计的一般原理。
- 掌握零件在空间的常用约束定位形式。
- 理解组件装配设计的基本步骤。
- 掌握机械装配设计中的常用技巧。

7.1 零件在空间的约束和定位

组件装配的过程就是依照一定的顺序将各零件组装成模型的过程。零件组装过程中最基本的要求就是各零件之间必须满足特定的位置关系，例如某些零件的表面之间应该对齐，某些轴类零件应该同轴，某些零件之间应该保持适当的距离，这都是通过组件装配时在两个零件之间施加不同的约束条件来实现的。

7.1.1　设计环境介绍

选取菜单命令【文件】/【新建】，打开【新建】对话框，在【类型】分组框中选取【组件】单选项，在【子类型】分组框中选取【设计】单选项，如图 7-1 所示。确认后进入组建装配设计环境，该环境与三维建模环境的布局类似，只是右工具箱上的工具有所不同。

一、装配设计界面

在右工具箱上单击 按钮，打开【打开】对话框，使用浏览方式导入第一个模型后，打开装配设计图标板，此时的界面如图 7-2 所示。

手动放置　连接约束　固定约束　偏距参数　　　约束状态

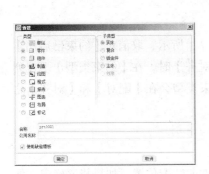

图 7-1　【新建】对话框

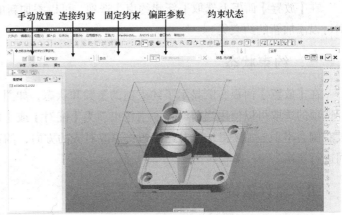

图 7-2　装配设计环境

二、约束及约束参照

要将两个零件正确地装配在一起，必须选用适当的约束类型及约束参照。所谓约束就是施加在两个零件上的位置限制条件，例如同轴、共点及平行等。在 Pro/E 中，可用的约束种类比较丰富，稍后将具体介绍。约束参照是指在零件上选取的点、线、面，它们是执行约束条件的载体。

在图标板的左上角单击 放置 按钮，打开如图 7-3 所示的上滑参数面板，用于设置约束的类型和参照条件，并显示当前的约束状态和装配状态，元件装配的主要操作都将在这里进行。设置好一个约束后，系统在其中显示相应的约束和参照，如图 7-4 所示。

图 7-3　上滑参数面板

如果设置好的约束项不适合当前的情况或者需要修改设计时，可以在约束项上单击鼠标右键，在弹出的快捷菜单中选取【删除】或【禁用】选项，如图 7-5 所示。当需要更换约束参照时，可以在选定的参照上单击鼠标右键，在弹出的快捷菜单中选取【移除】选项，如图 7-6 所示，然后重新添加新的参照条件。

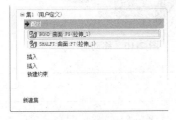

图 7-4　约束和参照

图 7-5　删除约束

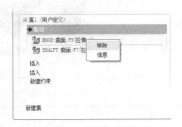

图 7-6　移除参照

在【放置】面板上选取【新建约束】选项，可以添加新的约束。如果选取【新建集】选项，则可以添加新的约束集。

三、约束状态

在【放置】面板右侧显示了约束项的参数和状态，如图 7-3 所示，取消对【约束已启用】复选项的选取可以禁用当前约束。当约束项为【配对】或【对齐】时，在【约束类型】下拉列表右侧会出现 反向 按钮，单击此按钮将更改对齐的方向，约束类型会在【配对】和【对齐】之间进行切换。

四、允许假设

在装配过程中，系统会根据先前的约束条件自动推断元件的装配位置，如果能够确定，便会在【状态】栏下显示【允许假设】复选项，并提示元件已完全约束，如图 7-7 所示。如果当前的装配位置不符合设计要求，则可以取消对该复选项的选取并继续添加合适的约束项。

 在元件装配过程中，要注意观察【放置】面板中【状态】栏的提示，以确定约束是否有效或约束是否完全。

五、移动元件

在装配过程中，有时需要对导入的元件进行相应的移动，以方便用户进行装配操作，尤其是在模型的大小相差很大或者进行大的组件设计时。

在图标板的左上角单击 移动 按钮，打开如图 7-8 所示的上滑参数面板，系统提供了【定向模式】、【平移】、【旋转】及【调整】4 种运动类型，选取相应的运动类型并结合移动参照就可以将元件按照预先设置的参数进行位置变换，如图 7-9 和图 7-10 所示。

图 7-7　允许假设　　　　　　　　　图 7-8　上滑参数面板

图 7-9　移动前　　　　　　　　　图 7-10　移动后

7.1.2　约束的种类

Pro/E Wildfire 5.0 提供了丰富的约束方式来进行装配设计。在零件之间添加约束条件之前，首先选取零件上的顶点、边线、轴线或平面作为约束的实施对象，确定约束参照。下面介绍组件装配中常用的约束类型及其用法。

一、配对约束

配对约束通常用来约束两个平面的相对位置。施加了配对约束条件的两个平面将会面对面贴合在同一个平面上，即两平面的法向方向相反，如图 7-11 所示，图中分别在两个零件上选取图示平面作为配对约束的参照。

配对约束又包含【重合】、【偏移】和【定向】3 种方式，其中各选项的含义如下。

- 【偏移】: 相互配对的两个平面之间存在一定的距离，如图 7-12 所示，当距离为 0 时，两平面重合。
- 【重合】: 相互配对的两个平面彼此贴合，不存在间隙。

图 7-11　配对约束　　　　　　　　　　图 7-12　偏移配对约束

- 【定向】: 相互配对的两个平面之间只有方向约束，没有位置约束，即只确定了元件相对于参照组件的方向，而位置不确定。

配对约束也适用于两曲面之间，如图 7-13 所示，图中选取球体表面和立方体上的曲面作为约束参照，配对约束后的结果如图 7-14 所示。

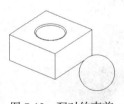

图 7-13　配对约束前　　　　　　　　　　图 7-14　配对约束后

二、对齐约束

对齐约束和配对约束用法相近，用于将两平面对齐，但是与配对约束不同的是，对齐约束的两个平面的法向相同，如图 7-15 所示。与偏移配对类似，也可以使用偏移对齐来约束两平面，如图 7-16 所示。

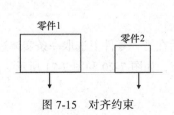
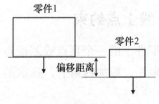

图 7-15　对齐约束　　　　　　　　　　图 7-16　偏移对齐约束

三、插入约束

插入约束用于将两个旋转体特征的轴线对齐，因此在用法上和使用轴线作为参照的对齐约束类似。但是插入约束的使用更加方便，只需选中需要对齐的两个旋转体作为对齐参照，系统就会自动将它们的轴线对齐，如图 7-17 所示。

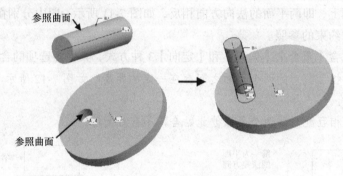

图 7-17　插入约束

四、坐标系约束

选取两个模型上的坐标系作为约束参照，施加约束条件后，两坐标系重合，即相应的坐标轴重合，如图 7-18 所示。

五、相切约束

相切约束是选取两个实体表面作为约束参照，施加约束后，两表面自动调整到相切状态。在图 7-19 中，选取实体上的平面和圆柱体的表面作为约束参照。

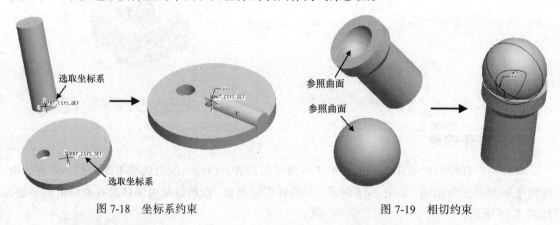

图 7-18　坐标系约束　　　　　　　　　　　图 7-19　相切约束

六、线上点约束

选取零件上的一个顶点或基准点作为约束参照，然后在另一零件上选取一条实体边线作为另一约束参照，施加约束后，选取的点参照位于线参照上，如图 7-20 和图 7-21 所示。

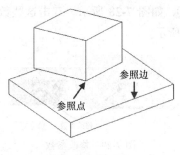

图 7-20　约束前

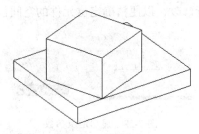

图 7-21　约束后

七、曲面上的点约束

与"线上点"约束条件相似，使用"曲面上的点"约束条件时，首先在一个零件上选取一个点，然后在另一个零件上选取一个曲面或平面，施加约束后，选取的点位于该曲面上，如图 7-22 和图 7-23 所示。

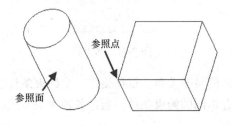

图 7-22　约束前

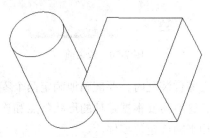

图 7-23　约束后

八、曲面上的边约束

首先在一个零件上选取一条边线，然后在另一个零件上选取一个曲面或平面，施加约束后，选取的边参照位于该曲面上，如图 7-24 和图 7-25 所示。

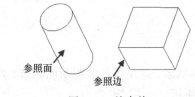

图 7-24　约束前

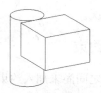

图 7-25　约束后

九、固定约束

固定约束是将模型完全固定在当前位置，如图 7-26 和图 7-27 所示。

图 7-26　约束前

图 7-27　约束后

采用固定约束方式时，系统会记录元件相对于组件坐标系的空间位置，当用户双击装配后的元件时，系统显示这些数值（包括距离和旋转角度等），如图 7-28 所示。双击这些数值便可以进行修改，以便精确定位元件的空间位置，如图 7-29 所示。

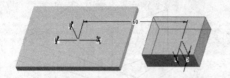

60

图 7-28　显示定位参数

60
修改参数

图 7-29　修改参数

十、缺省约束

将元件的默认坐标系与组件的默认坐标系对齐，在某种程度上相当于坐标系约束，如图 7-30 和图 7-31 所示。

PRT_CSYS_DEF
PRT_CSYS_DEF

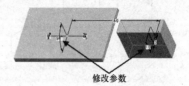

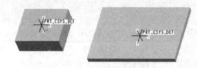

图 7-30　约束前

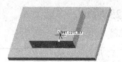

图 7-31　约束后

在零件装配时，要准确地确定两个零件相互之间的装配关系，仅仅使用一个约束条件往往不够，这时需要根据零件的形状特点和连接方式设置不同的约束条件，通过各种约束方式的配合使用来精确定位零件。

7.1.3　零件的约束状态

在两个装配零件之间加入一个或多个约束条件以后，零件之间的相对位置就相对确定了。根据约束的类型和数量的不同，两个装配零件之间相对位置关系的确定度也不完全相同，主要有以下几种情况。

一、无约束

两个零件之间尚未加入约束条件，每个零件处于自由状态，这是零件装配前的状态。此时，在模型树中，元件的左侧会显示一个小矩形，如图 7-32 所示。

二、部分约束

在两个零件之间每加入一种约束条件，就会限制一个方向上的相对运动，因此该方向上两零件的相对位置确定。但是要使两个零件的空间位置全部确定，根据装配工艺原理，必须限制零件在 x、y、z 轴这 3 个方向上的相对移动和转动。如果两零件还有某方向上的运动尚未被限定，这种零件约束状态称为部分约束状态。同样，在模型树中元件的左侧会显示如图 7-32 所示的小矩形。

SAMPLE.ASM
A.PRT
B.PRT

图 7-32　约束

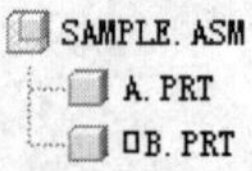

三、完全约束

当两个零件 3 个方向上的相对移动和转动全部被限制后，其空间位置关系就完全确定了，这种零件约束状态称为完全约束状态。此时，元件左侧的小矩形消失。

7.1.4　工程实例——初识装配

下面介绍一个油泵装配的实例，如图 7-33 所示，初步认识机械仿真的基本原理，为后续深入学习奠定基础。

图 7-33　最终装配结果

1. 新建组件文件。

（1）在上工具箱中单击 按钮，系统打开如图 7-34 所示的【新建】对话框，选取文件类型为【组件】子类型为【设计】。

（2）取消【使用默认模板】的选项的使用，然后单击 确定 按钮确定。

（3）在如图 7-35 所示的【新文件选项】对话框中输入文件名称："PUMP_ASSAMBLY"，使用 "mmns_asm_design" 作为模板。

图 7-34　【新建】对话框

图 7-35　【新文件选项】对话框

2. 装配泵体。

在右工具箱中单击 按钮，打开【打开】对话框，使用浏览方式打开素材文件 "\第 7 章\素材\pump\pump_body.prt"，该零件为一齿轮泵主体模型，如图 7-36 所示。

● 在设计界面空白处单击鼠标右键，在弹出的快捷菜单中选取【缺省】选项。

- 完全约束后的模型位置如图 7-37 所示。

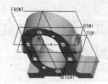

图 7-36　素材文件

图 7-37　装配泵体

3. 装配驱动齿轮。

在右工具箱中单击 按钮，打开素材文件"\第 7 章\素材\pump\master_gear.prt"，该零件为一齿轮模型，如图 7-38 所示。

- 分别选取图 7-39 所示的曲面作为约束参照，创建【插入】约束。

图 7-38　素材文件

参照曲面

图 7-39　选取约束参照

- 继续选取图 7-40 所示的表面作为约束参照，创建【对齐】约束。
- 单击鼠标中键退出，结果如图 7-41 所示。

参照平面

图 7-40　选取参照

图 7-41　装配驱动齿轮

4. 装配从动齿轮。

在右工具箱中单击 按钮，打开素材文件"\第 7 章\素材\pump\slaver_gear.prt"，该零件为一齿轮模型，如图 7-42 所示。

- 分别选取图 7-43 所示的曲面作为约束参照，创建【插入】约束。

图 7-42　从动轮

参照曲面

图 7-43　参照曲面

- 继续选取图 7-44 所示的表面作为约束参照，创建【对齐】约束。
- 单击鼠标中键退出，结果如图 7-45 所示。

图 7-44　参照平面

图 7-45　装配从动轮

5. 装配前端盖。

在右工具箱中单击 按钮，打开素材文件 "\第 7 章\素材\pump\front_cover.prt"，该零件为一端盖模型，如图 7-46 所示。

● 分别选取图 7-47 所示的曲面作为约束参照，创建【插入】约束。
● 继续选取图 7-48 所示的表面作为约束参照，创建【匹配】约束。

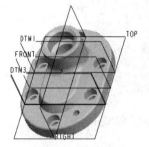

图 7-46　前端盖

图 7-47　参照曲面

图 7-48　匹配约束

● 继续选取图 7-49 所示的基准平面作为参照创建【对齐】约束，设置子类型为【定向】。设置完毕后单击鼠标中键退出，结果如图 7-50 所示。

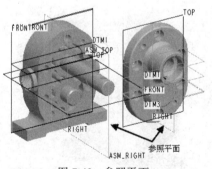

图 7-49　参照平面

图 7-50　装配前端盖

6. 装配后端盖。

在右工具箱中单击 按钮，打开素材文件 "\第 7 章\素材\pump\back_cover.prt"，该零件为一端盖模型，如图 7-51 所示。

● 分别选取图 7-52 所示的曲面作为约束参照，创建【插入】约束。

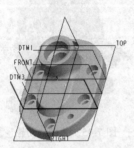

图 7-51　后端盖

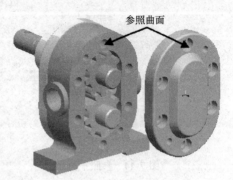

图 7-52　参照曲面

- 继续选取图 7-53 所示的表面作为约束参照，创建【匹配】约束。
- 单击鼠标中键退出，结果如图 7-54 所示。

图 7-53　匹配约束

图 7-54　装配后端盖

7. 装配密封盖。

在右工具箱中单击 按钮，打开素材文件 "\第 7 章\素材\pump\screw_cap.prt"，该零件为一密封盖模型，如图 7-55 所示。

- 分别选取图 7-56 所示的曲面作为约束参照，创建【插入】约束。

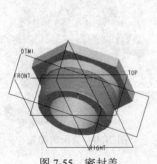

图 7-55　密封盖

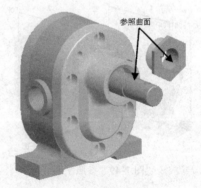

图 7-56　参照曲面

- 继续选取图 7-57 所示的表面作为约束参照，创建【匹配】约束。
- 单击鼠标中键退出，结果如图 7-58 所示。

参照平面

图 7-57 选取约束参照

图 7-58 最终结果

7.2 零件装配过程

使用零件创建组件的核心工作是确定合理的装配顺序并选取合理的约束类型和参照，依次将新元件装配到已经完成的组件上。为了提高设计效率，读者要灵活使用重复装配等工具。

7.2.1 装配的一般过程

新建组件文件后，系统打开的设计界面和三维实体建模时的类似，不过在右工具箱上新增了以下两个图形工具按钮。

- ：将零件作为组件元件依次加入到组件中，完成模型的装配，这是组件装配设计中最主要的工具。用户也可以通过选取菜单命令【插入】/【元件】/【装配】来选取该工具。
- ：用于在装配过程中临时创建新的零件。用户也可以通过选取菜单命令【插入】/【元件】/【创建】来选取该工具。

单击 按钮，弹出【打开】对话框，从该对话框中选取零件，将其打开后作为装配元件进行装配设计。当零件数量较多时，可以单击对话框中的 预览 ▲ 按钮，在对话框的右侧打开模型预览窗口，以方便零件的选取，如图 7-59 所示。

图 7-59 打开模型预览结果

7.2.2   特殊装配方法

为了实现特殊的装配功能和提高设计效率，系统还提供了以下几种特殊的装配方法。

一、封装

向组件添加元件时，有时可能不知道将该元件放置在什么位置较好，或者没有可以参考的元件来定位，此时可以采用封装的方法使元件处于部分约束或无约束状态。

二、包括

当向组件中添加未装配或未封装的元件时，元件会出现在模型树中并以 标识，但不会出现在设计界面中，因为未通过几何方式将其约束放置在组件中，创建此类未放置的元件即称为包括。在创建材料清单时可包括或排除未放置元件，但不计算其质量属性。

选取菜单命令【插入】/【元件】/【包括】，打开【打开】对话框，选取要包括的元件后，单击 打开 按钮，即可将其纳入组件，但在设计界面中并不显示该元件，用户可以打开模型树进行查看。如果要显示包括的元件，则需要对其进行装配约束或封装操作。

三、阵列元件

使用阵列方式可以快速装配多个相同的元件。选取要阵列的元件后，在右工具箱上单击 按钮，打开阵列操作图标板，其中各选项的使用方法与基础建模中的阵列操作相同，如图 7-60 所示。

四、重复装配

当组件中需要多次放置一个元件（例如螺栓、螺母及垫圈等零件）时，可以使用重复方式连续选取参照，以定义元件的位置。

选取要放置的零件后，选取菜单命令【编辑】/【重复】，打开【重复元件】对话框，如图 7-61 所示。在【可变组件参照】分组框中选取需要改变的约束条件，单击 添加 按钮以添加新的元件，选取相应的参照后，系统根据约束类型自动在组件中放置元件，同时在【放置元件】分组框中也将显示元件的参照。完成后单击 确认 按钮，结束放置。

图 7-60   阵列元件

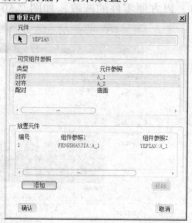

图 7-61   【重复元件】对话框

五、替换

在设计过程中，有时需要替换组件中的某个元件，此时可以直接使用【替换】选项，而不必将先前的元件删除后再添加新的元件。当某个组件元件被另一个元件替换后，系统会将新元件置于模型树中的相同位置。如果替换模型与原始模型具有相同的约束和参照，则会自动执行放置。如果参照丢失，系统会进入装配界面要求用户重定义约束条件。

选取菜单命令【编辑】/【替换】，或者选中要替换的元件后单击鼠标右键，在弹出的快捷菜单中选取【替换】选项，都可以打开替换工具。

7.2.3　在装配模式下创建元件

在组件设计过程中，有时需要添加一些细部元件，有时需要创建一些大型的组件。这时如果采用传统的自顶向下的设计方法，则对模型的一些局部尺寸难以把握，造成最后装配时各个元件间有干涉的情况发生。而如果采用自底向上的设计方法，则可以在组件模式中针对各个元件间的连接情况和尺寸设计其余元件，避免尺寸不协调的情况发生。

一、基本工具

在右工具箱上单击 按钮，打开【元件创建】对话框，在其中设置元件的类型和子类型后，便可以进入相应的建模环境进行元件设计。通常选取【零件】选项来创建零件，此时可以使用基础建模环境中的基本方法，如拉伸、旋转、扫描、混合及孔等来建模。

二、新建零件的方法

在【元件创建】对话框中选取【零件】类型后，将打开【创建选项】对话框，选取【创建特征】选项后，进入三维建模界面，用户可以用各种三维建模工具创建特征，使用特征构建模型。

创建零件后，在模型树中的组件标识上单击鼠标右键，在弹出的快捷菜单中选取【激活】选项，即可重新回到装配设计界面进行装配设计。

7.2.4　工程实例——装配减速器

减速器是日常生活中最常见的机械设备，在完成各个零件的建模工作后，下面将使用组件装配的方法完成整机的装配工作，装配结果如图 7-62 所示。

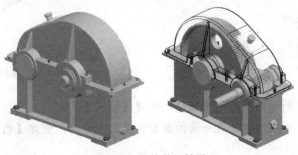

图 7-62　最终装配结果

1. 新建组件文件。

（1）在上工具箱上单击 ▢ 按钮，打开【新建】对话框，选取文件类型为【组件】，子类型为【设计】。

（2）输入文件名称"SHAFT_ASSAMBLY1"，使用【mmns_asm_design】作为模板。

2. 装配轴。

在右工具箱上单击 ⛭ 按钮，打开【打开】对话框。

● 使用浏览方式打开素材文件"\第 7 章\素材\shaft_assembly\shaft.prt"，该零件为一机械传动轴模型，如图 7-63 所示。

图 7-63　传动轴

● 在界面空白处长按鼠标右键，在弹出的快捷菜单中选取【缺省约束】选项，使用默认的坐标系对齐方式装配模型。

单击鼠标中键退出，装配结果如图 7-64 所示。

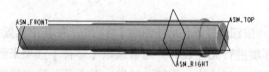

图 7-64　装配结果

3. 装配平键。

在右工具箱上单击 ⛭ 按钮，打开【打开】对话框。

● 使用浏览方式打开素材文件"\第 7 章\素材\shaft_assembly\bond.prt"，该零件为一 A 型平键，如图 7-65 所示。

● 按照图 7-66 所示选取约束参照，创建【配对】约束，间距为"0"。

图 7-65　A 型平键　　　　　　　　　　　　　　图 7-66　参照设置（1）

● 按照如图 7-67 所示的选取约束参照，创建【插入】约束。

● 继续选取如图 7-68 所示的另一端的曲面作为约束参照，创建【插入】约束。

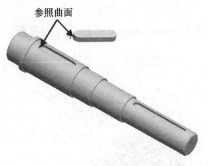

图 7-67　参照设置（2）

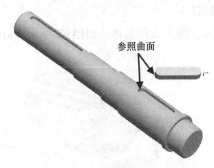

图 7-68　参照设置（3）

单击鼠标中键退出，装配结果如图 7-69 所示。

4. 装配齿轮。

在右工具箱上单击 🔲 按钮，打开【打开】对话框。

● 使用浏览方式打开素材文件 "\第 7 章\素材\shaft_assembly\gear2.prt"，该零件为一圆柱
　齿轮，如图 7-70 所示。

图 7-69　装配结果

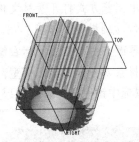

图 7-70　圆柱齿轮

● 按照如图 7-71 所示的选取约束参照，创建【插入】约束。

● 按照图 7-72 所示选取约束参照，创建【配对】约束，旋转角度为 "0"。

图 7-71　参照设置（1）

图 7-72　参照设置（2）

● 按照如图 7-73 所示的选取约束参照，创建【配对】约束，间距为 "0"。

单击鼠标中键退出，装配结果如图 7-74 所示。

至此轴 1 上的零件已基本装配完毕，选取菜单命令【文件】/【保存】，保存文件，然后单
击上工具箱上的 🔲 按钮，关闭窗口。

5. 新建组件文件。

（1）在上工具箱上单击 🔲 按钮，打开【新建】对话框，选取文件类型为【组件】，子类型

为【设计】。

（2）输入文件名称"SHAFT_ASSAMBLY2"，使用【mmns_asm_design】作为模板。

参照曲面

图 7-73　参照设置（3）

图 7-74　装配结果

6. 装配轴。

在右工具箱上单击 按钮，打开【打开】对话框。

- 使用浏览方式打开素材文件"\第 7 章\素材\shaft_assembly\shaft_m.prt"，该零件为一机械传动轴模型，如图 7-75 所示。
- 在界面空白处长按鼠标右键，在弹出的快捷菜单中选取【缺省约束】选项，使用默认的坐标系对齐方式装配模型。

单击鼠标中键退出，装配结果如图 7-76 所示。

图 7-75　传动轴

图 7-76　装配结果

7. 装配平键。

在右工具箱上单击 按钮，打开【打开】对话框。

- 使用浏览方式打开素材文件"\第 7 章\素材\shaft_assembly\bond_m.prt"，该零件为一个 A 型平键，如图 7-77 所示。
- 按照图 7-78 所示选取约束参照，创建【配对】约束，间距为"0"。

图 7-77　A 型平键

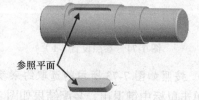
参照平面

图 7-78　参照设置（1）

- 按照图 7-79 所示选取约束参照，创建【插入】约束。
- 继续选取图 7-80 所示的另一端的曲面作为约束参照，创建【插入】约束。

图 7-79 参照设置（2）

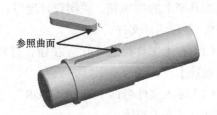

图 7-80 参照设置（3）

单击鼠标中键退出，装配结果如图 7-81 所示。

8. 装配齿轮。

在右工具箱上单击 按钮，打开【打开】对话框。

● 使用浏览方式打开素材文件 "\第 7 章\素材\ shaft_assembly\gear1.prt"，该零件为一圆柱
　齿轮，如图 7-82 所示。

图 7-81 装配结果

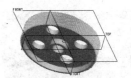

图 7-82 圆柱齿轮

● 按照图 7-83 所示选取约束参照，创建【插入】约束。

● 按照图 7-84 所示选取约束参照，创建【配对】约束，旋转角度为 "0"。

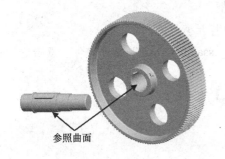

图 7-83 参照设置（1）

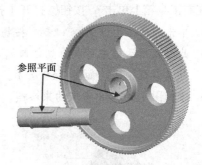

图 7-84 参照设置（2）

● 按照图 7-85 所示选取约束参照，创建【配对】约束，间距为 "0"。

单击鼠标中键退出，装配结果如图 7-86 所示。

图 7-85 参照设置（3）

图 7-86 装配结果

至此轴 2 上的零件已基本装配完毕，选取菜单命令【文件】/【保存】，保存文件，然后单

击上工具箱上的⊠按钮，关闭设计窗口。

9. 新建组件文件。

（1）在上工具箱上单击 按钮，打开【新建】对话框，选取文件类型为【组件】，子类型为【设计】。

（2）输入文件名称"REDUCTOR"，使用【mmns_asm_design】作为模板。

10. 装配下箱体。

在右工具箱上单击 按钮，打开【打开】对话框。

● 使用浏览方式打开素材文件"\第 7 章\素材\shaft_assembly\tak_bottom.prt"，该零件为减速器的下箱体模型，如图 7-87 所示。

● 在界面空白处长按鼠标右键，在弹出的快捷菜单中选取【缺省约束】选项，使用默认的坐标系对齐方式装配模型。

单击鼠标中键退出，装配结果如图 7-88 所示。

图 7-87　下箱体

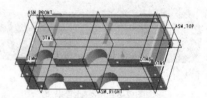
图 7-88　装配结果

11. 装配轴系 1。

在右工具箱上单击 按钮，打开【打开】对话框。

● 单击对话框上部的 按钮，从进程中打开模型。

● 此时在对话框中可以看到之前创建的"shaft_assambly2.asm"组件文件，双击它，将其导入装配模式，如图 7-89 所示。

● 按照图 7-90 所示选取约束参照，创建【插入】约束。

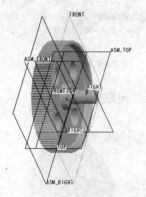
图 7-89　导入组件

参照曲面
图 7-90　参照设置（1）

● 按照图 7-91 所示选取约束参照，创建【配对】约束。

单击鼠标中键退出，装配结果如图 7-92 所示。

图 7-91　参照设置（2）　　　　　　　　图 7-92　装配结果

12. 装配轴系 2。

在右工具箱上单击 按钮，打开【打开】对话框。

● 单击对话框上部的 在会话中 按钮，从进程中打开模型。

● 找到 "shaft_assambly1.asm" 组件文件后双击，将其导入装配模式，如图 7-93 所示。

● 按照图 7-94 所示选取约束参照，创建【插入】约束。

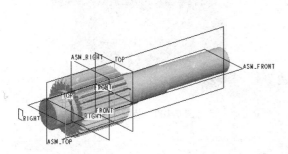

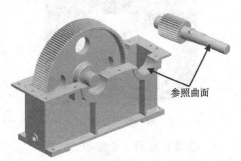

图 7-93　轴系 2　　　　　　　　　　　图 7-94　参照曲面

● 按照图 7-95 所示选取约束参照，创建【配对】约束，偏移为 "3"。

单击鼠标中键退出，装配结果如图 7-96 所示。

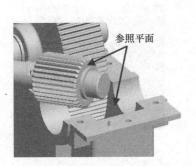

图 7-95　参照设置（2）　　　　　　　　图 7-96　装配结果

13. 装配轴端端盖。

在右工具箱上单击 按钮，打开【打开】对话框。

● 使用浏览方式打开素材文件 "\第 7 章\素材\shaft_assembly\bearing_cover1.prt"，该零件
为输入轴一端的端盖，如图 7-97 所示。

● 按照图 7-98 所示选取约束参照，创建【插入】约束。

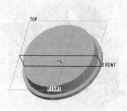

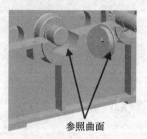

图 7-97　端盖　　　　　　　　图 7-98　参照设置（1）

- 按照图 7-99 所示选取约束参照，创建【配对】约束，间距为 "0"。

单击鼠标中键退出，装配结果如图 7-100 所示。

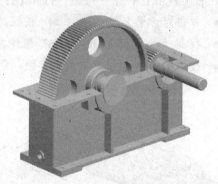

图 7-99　参照设置（2）　　　　　　　　图 7-100　装配结果

14. 继续装配另一个端盖。

在右工具箱上单击■按钮，打开【打开】对话框。

- 使用浏览方式打开素材文件 "\第 7 章\素材\shaft_assembly\bearing_cover3.prt"，该零件为输出轴一端的端盖，如图 7-101 所示。
- 按照图 7-102 所示选取约束参照，创建【插入】约束。

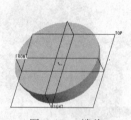

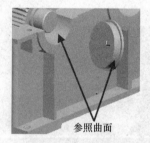

图 7-101　端盖　　　　　　　　图 7-102　参照设置（1）

- 按照图 7-103 所示选取约束参照，创建【配对】约束，间距为 "0"。

单击鼠标中键退出，装配结果如图 7-104 所示。

15. 装配轴端通盖。

在右工具箱上单击■按钮，打开【打开】对话框。

- 使用浏览方式打开素材文件 "\第 7 章\素材\shaft_assembly\bearing_cover2.prt"，该零件为输入轴一端的通盖，如图 7-105 所示。
- 按照图 7-106 所示选取约束参照，创建【插入】约束。

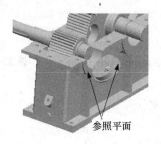

图 7-103　参照设置（2）

图 7-104　装配结果

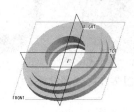

图 7-105　通盖

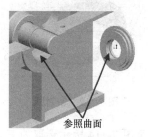

图 7-106　参照设置（1）

● 按照图 7-107 所示选取约束参照，创建【配对】约束，间距为"0"。

单击鼠标中键退出，装配结果如图 7-108 所示。

图 7-107　参照设置（2）

图 7-108　装配结果

16. 继续装配另一个通盖。

在右工具箱上单击 按钮，打开【打开】对话框。

● 使用浏览方式打开素材文件 "\第 7 章\素材\shaft_assembly\bearing_cover4.prt"，该零件
为输出轴一端的通盖。

● 按照图 7-109 所示选取约束参照，创建【插入】约束。

● 按照图 7-110 所示选取约束参照，创建【配对】约束，间距为 "0"。

单击鼠标中键退出，装配结果如图 7-111 所示。

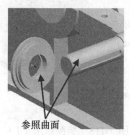

图 7-109　参照设置（1）

图 7-110　参照设置（2）

图 7-111　装配结果

17. 装配密封圈。

在右工具箱上单击 按钮，打开【打开】对话框。

● 使用浏览方式打开素材文件 "\第 7 章\素材\shaft_assembly\airproof.prt"，该零件为轴端密封圈，如图 7-112 所示。

● 按照图 7-113 所示选取约束参照，创建【插入】约束。

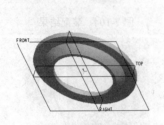

图 7-112　密封圈

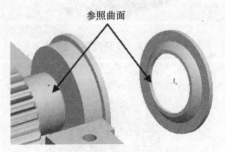

图 7-113　参照设置（1）

● 按照图 7-114 所示选取约束参照，创建【配对】约束，间距为 "0"。

单击鼠标中键退出，装配结果如图 7-115 所示。

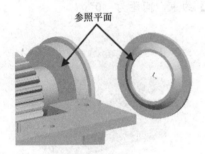

图 7-114　参照设置（2）

图 7-115　装配结果

18. 选中装配的密封圈，选取菜单命令【编辑】/【重复】，打开【重复元件】对话框。

● 选中【可变组件参照】选项栏中的两个约束条件:【插入】和【配对】，单击　添加　按钮添加新的元件。

● 根据提示分别选取图 7-116 和图 7-117 所示的曲面和平面作为约束参照，系统自动添加装配模型，结果如图 7-118 所示。

图 7-116　参照设置（1）

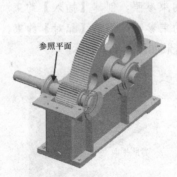

图 7-117　参照设置（2）

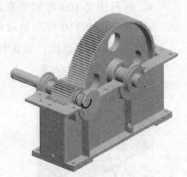

图 7-118　装配结果（1）

● 重复上一步的操作选取图 7-119 和图 7-120 所示的曲面和平面作为约束参照，装配结果如图 7-121 所示。

参照曲面

图 7-119　参照设置（1）

参照平面

图 7-120　参照设置（2）

图 7-121　装配结果（2）

● 继续选取图 7-123 和图 7-124 所示的曲面和平面作为约束参照完成装配操作。

参照曲面

图 7-122　参照设置（1）

参照平面

图 7-123　参照设置（2）

● 新加入的元件将被显示在【重复元件】对话框的【放置元件】分组框中，如图 7-124 所示。单击对话框中的 确认 按钮，结束设置，装配结果如图 7-125 所示。

图 7-124　【重复元件】对话框

图 7-125　装配结果

19. 装配轴承。

（1）在右工具箱上单击 按钮，打开【打开】对话框。

- 使用浏览方式打开素材文件 "\第 7 章\素材\shaft_assembly\210.prt"，该零件为深沟球轴承，如图 7-126 所示。
- 按照图 7-127 所示选取约束参照，创建【插入】约束。

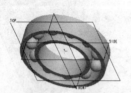

图 7-126 深沟球轴承　　　　　　　　图 7-127 参照设置（1）

- 按照图 7-128 所示选取约束参照，创建【配对】约束，间距为 "0"。
单击鼠标中键退出，装配结果如图 7-129 所示。

图 7-128 参照设置（2）　　　　　　　　图 7-129 装配结果

（2）选中装配的轴承元件后，选取菜单命令【编辑】/【重复】，打开【重复元件】对话框。

- 单击选中【可变组件参照】选项栏中的约束条件【配对】，然后单击 [添加] 按钮，添加新的元件。
- 根据系统提示选取图 7-130 所示的平面作为约束参照，系统自动添加装配模型，如图 7-131 所示，单击 [确认] 按钮退出。

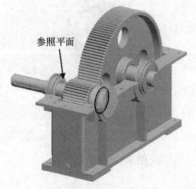

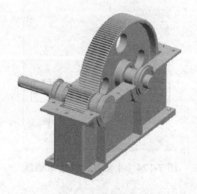

图 7-130 参照设置　　　　　　　　图 7-131 装配结果

20. 装配另一轴承。

在右工具箱上单击 按钮，打开【打开】对话框。

● 使用浏览方式打开素材文件 "\第 7 章\素材\shaft_assembly\211.prt"，该零件为深沟球轴承，如图 7-132 所示。

● 按照图 7-133 所示选取约束参照，创建【插入】约束。

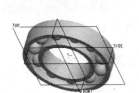

图 7-132 深沟球轴承   图 7-133 参照设置（1）

● 按照图 7-134 所示选取约束参照，创建【配对】约束，间距为 "0"。

单击鼠标中键退出，装配结果如图 7-135 所示。

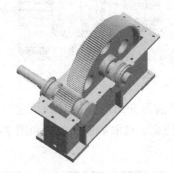

图 7-134 参照设置（2）   图 7-135 装配结果

仿照前面介绍的方法对轴承进行重复装配，在【重复元件】对话框中选中【配对】约束，选取如图 7-136 所示的平面作为参照，装配结果如图 7-137 所示。

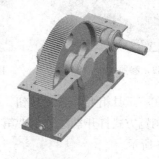

图 7-136 参照设置   图 7-137 装配结果

21. 装配套筒。

（1）在右工具箱上单击 按钮，打开【打开】对话框。

- 使用浏览方式打开素材文件 "\第 7 章\素材\shaft_assembly\sleeve_m.prt"，该零件为一套筒，如图 7-138 所示。
- 按照图 7-139 所示选取约束参照，创建【插入】约束。

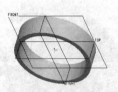

图 7-138　套筒

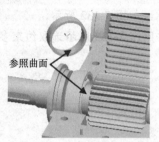

图 7-139　参照设置（1）

- 按照图 7-140 所示选取约束参照，创建【配对】约束，间距为 "0"。

单击鼠标中键退出，装配结果如图 7-141 所示。

图 7-140　参照设置（2）

图 7-141　装配结果

仿照前面介绍的方法对轴承进行重复装配，在【重复元件】对话框中选中【插入】和【配对】约束，选取如图 7-142 和图 7-143 所示的曲面和平面作为参照，装配结果如图 7-144所示。

图 7-142　参照设置（1）

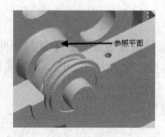

图 7-143　参照设置（2）

图 7-144　装配结果

（2）在右工具箱上单击 按钮，打开【打开】对话框。

使用浏览方式打开素材文件 "\第 7 章\素材\shaft_assembly\sleeve.prt"，该零件为一套筒，如图 7-145 所示。

请读者仿照前面介绍的方法完成零件的装配过程，选取的参照如图 7-146 和图 7-147 所示，装配结果如图 7-148 所示。

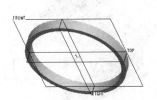

图 7-145　套筒

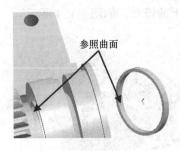

图 7-146　参照设置（1）

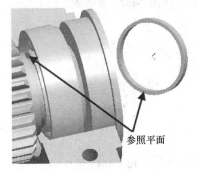

图 7-147　参照设置（2）

图 7-148　装配结果

22．装配上盖。

在右工具箱上单击![]按钮，打开【打开】对话框。

● 使用浏览方式打开素材文件 "\第 7 章\素材\shaft_assembly\tak_top.prt"，该零件为减速
器上盖，如图 7-149 所示。

● 按照图 7-150 所示选取约束参照，创建【配对】约束，间距为 "0"。

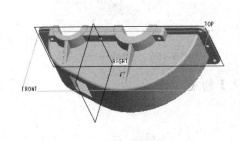

图 7-149　减速器上盖

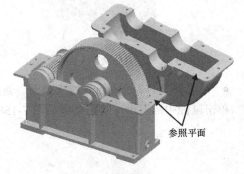

图 7-150　参照设置（1）

● 按照图 7-151 所示选取约束参照，创建【对齐】约束，间距为 "0"。

● 按照图 7-152 所示选取约束参照，创建【对齐】约束，间距为 "0"。

单击鼠标中键退出，装配结果如图 7-153 所示。

23．装配观察镜。

在右工具箱上单击![]按钮，打开【打开】对话框。

● 使用浏览方式打开素材文件 "\第 7 章\素材\shaft_assembly\viewfinder.prt"，该零件为

观察孔上的镜片，如图 7-154 所示。

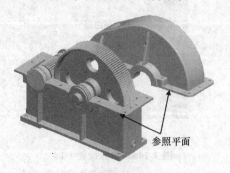

图 7-151　参照设置（2）

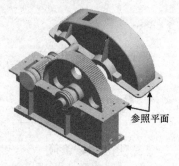

图 7-152　参照设置（3）

图 7-153　装配结果

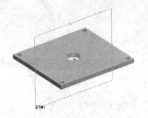

图 7-154　镜片

- 按照图 7-155 所示选取约束参照，创建【配对】约束，间距为 "0"。
- 按照图 7-156 所示选取约束参照，创建【插入】约束。

图 7-155　参照设置（1）

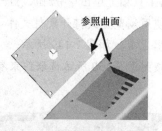

图 7-156　参照设置（2）

- 按照图 7-157 所示选取约束参照，创建【插入】约束。

单击鼠标中键退出，装配结果如图 7-158 所示。

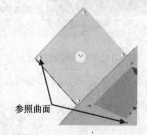

图 7-157　参照设置（3）

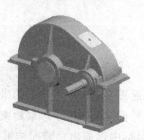

图 7-158　装配结果

24．装配通气器。

在右工具箱上单击　按钮，打开【打开】对话框。

- 使用浏览方式打开素材文件 "\第 7 章\素材\shaft_assembly\breathe.prt"，该零件为通气器，如图 7-159 所示。
- 按照图 7-160 所示选取约束参照，创建【插入】约束。

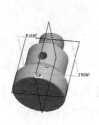

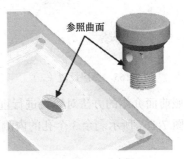

参照曲面

图 7-159　通气器　　　　　　　　　　　　　图 7-160　参照设置（1）

- 按照图 7-161 所示选取约束参照，创建【配对】约束，间距为 "0"。

单击鼠标中键退出，装配结果如图 7-162 所示。

参照平面

图 7-161　参照设置（2）　　　　　　　　　　　图 7-162　装配结果

25．装配螺钉 1。

在右工具箱上单击 按钮，打开【打开】对话框。

- 使用浏览方式打开素材文件 "\第 7 章\素材\shaft_assembly\screw4.prt"，该零件为一六角螺钉，如图 7-163 所示。
- 按照图 7-164 所示选取约束参照，创建【插入】约束。

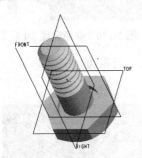

参照曲面

图 7-163　六角螺钉　　　　　　　　　　　　图 7-164　参照设置（1）

- 按照图 7-165 所示选取约束参照，创建【配对】约束，间距为 "0"。

单击鼠标中键退出，装配结果如图 7-166 所示。

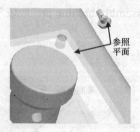

图 7-165　参照设置（2）

图 7-166　装配结果

仿照前面介绍的方法对螺钉进行重复装配，在【重复元件】对话框中选中【插入】约束，选取如图 7-167 所示剩余 3 个孔的内侧面作为参照，装配结果如图 7-168 所示。

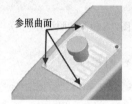

图 7-167　参照设置

图 7-168　装配结果

26. 装配螺钉 2。

在右工具箱上单击 按钮，打开【打开】对话框。

● 使用浏览方式打开素材文件 "\第 7 章\素材\shaft_assembly\screw.prt"，该零件为一六角螺钉，如图 7-169 所示。

● 按照图 7-170 所示选取约束参照，创建【插入】约束。

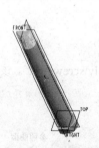

图 7-169　六角螺钉

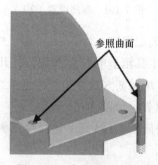

图 7-170　参照设置（1）

● 按照图 7-171 所示选取约束参照，创建【配对】约束，间距为 "0"。

单击鼠标中键退出，装配结果如图 7-172 所示。

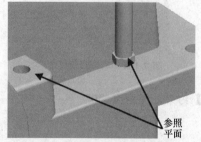

图 7-171　参照设置（2）

图 7-172　装配结果

仿照前面介绍的方法对螺钉进行重复装配，在【重复元件】对话框中选中【插入】约束，选取如图 7-173 所示孔的内侧面作为参照，装配结果如图 7-174 所示。

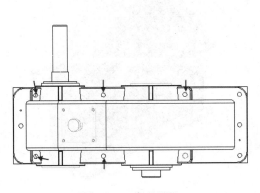

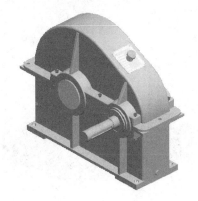

图 7-173　参照设置　　　　　　　　　图 7-174　装配结果

27. 装配螺钉 3。

在右工具箱上单击 按钮，打开【打开】对话框。

- 使用浏览方式打开素材文件 "\第 7 章\素材\shaft_assembly\screw1.prt"，该零件为一六角螺钉，如图 7-175 所示。

- 按照图 7-176 所示选取约束参照，创建【插入】约束。

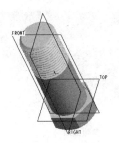

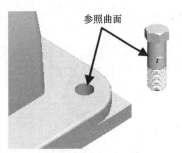

图 7-175　六角螺钉　　　　　　　　　图 7-176　参照设置（1）

- 按照图 7-177 所示选取约束参照，创建【配对】约束，间距为 "0"。

单击鼠标中键退出，装配结果如图 7-178 所示。

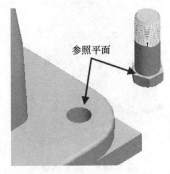

图 7-177　参照设置（2）　　　　　　　图 7-178　装配结果

仿照前面介绍的方法对螺钉进行重复装配，在【重复元件】对话框中选中【插入】约束，选取如图 7-179 所示孔的内侧面作为参照，装配结果如图 7-180 所示。

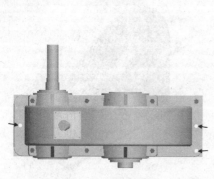

图 7-179　参照设置

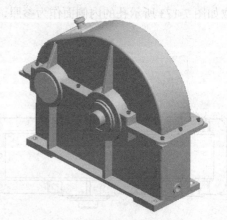

图 7-180　装配结果

28. 装配螺钉 4。

在右工具箱上单击 按钮，打开【打开】对话框。

● 使用浏览方式打开素材文件 "\第 7 章\素材\shaft_assembly\screw2.prt"，该零件为一六角螺钉，如图 7-181 所示。

● 按照图 7-182 所示选取约束参照，创建【插入】约束。

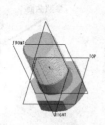

图 7-181　六角螺钉

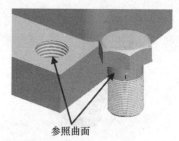

参照曲面

图 7-182　参照设置（1）

● 按照图 7-183 所示选取约束参照，创建【配对】约束，间距为 "0"。

单击鼠标中键退出，装配结果如图 7-184 所示。

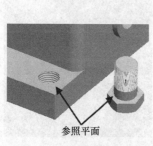

参照平面

图 7-183　参照设置（2）

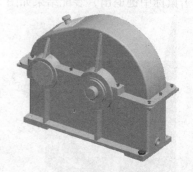

图 7-184　装配结果

仿照前面介绍的方法对螺钉进行重复装配，在【重复元件】对话框中选中【插入】约束，选取如图 7-185 所示孔的内侧面作为参照，装配结果如图 7-186 所示。

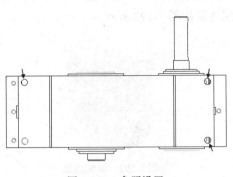

图 7-185　参照设置

图 7-186　装配结果

29. 装配螺帽 1。

在右工具箱上单击 按钮，打开【打开】对话框。

● 使用浏览方式打开素材文件 "\第 7 章\素材\shaft_assembly\nut_1.prt"，该零件为一六角
螺母，如图 7-187 所示。

● 按照图 7-188 所示选取约束参照，创建【插入】约束。

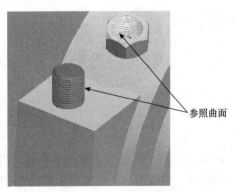

参照曲面

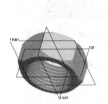

图 7-187　六角螺母

图 7-188　参照设置（1）

● 按照图 7-189 所示选取约束参照，创建【配对】约束，间距为 "0"。

单击鼠标中键退出，装配结果如图 7-190 所示。

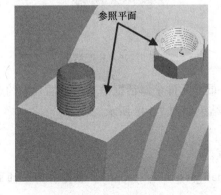

参照平面

图 7-189　参照设置（2）

图 7-190　装配结果

仿照前面介绍的方法对螺钉进行重复装配，在【重复元件】对话框中选中【插入】约束，选取如图 7-191 所示剩余的相同螺钉作为参照，装配结果如图 7-192 所示。

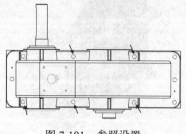

图 7-191　参照设置

图 7-192　装配结果

30. 装配螺帽 2。

在右工具箱上单击 按钮，打开【打开】对话框。

- 使用浏览方式打开素材文件"\第 7 章\素材\shaft_assembly\nut.prt"，该零件为一六角螺母，如图 7-193 所示。

- 按照图 7-194 所示选取约束参照，创建【插入】约束。

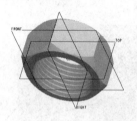

图 7-193　六角螺母

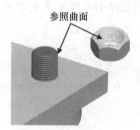

图 7-194　参照设置（1）

- 按照图 7-195 所示选取约束参照，创建【配对】约束，间距为"0"。

单击鼠标中键退出，装配结果如图 7-196 所示。

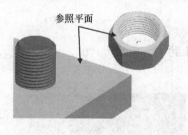

图 7-195　参照设置（2）

图 7-196　装配结果

仿照前面介绍的方法对螺钉进行重复装配，在【重复元件】对话框中选中【插入】约束，选取如图 7-197 所示剩余的相同螺钉作为参照，装配结果如图 7-198 所示。

31. 装配油标。

在右工具箱上单击 按钮，打开【打开】对话框。

- 使用浏览方式打开素材文件"\第 7 章\素材\shaft_assembly\test.prt"，该零件为一油面批示器，如图 7-199 所示。

- 按照图 7-200 所示选取约束参照，创建【插入】约束。

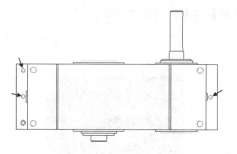

图 7-197　参照设置

图 7-198　装配结果

图 7-199　油面批示器

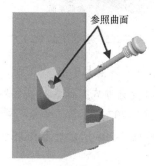

图 7-200　参照设置（1）

● 按照图 7-201 所示选取约束参照，创建【配对】约束，间距为 "0"。
单击鼠标中键退出，装配结果如图 7-202 所示。

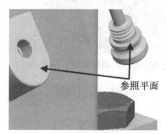

图 7-201　参照设置（2）

图 7-202　装配结果

32. 装配垫片和油塞。

（1）在右工具箱上单击 按钮，打开【打开】对话框。

● 使用浏览方式打开素材文件 "\第 7 章\素材\shaft_assembly\washer.prt"，该零件为一垫片，
如图 7-203 所示。

● 按照图 7-204 所示选取约束参照，创建【插入】约束。

图 7-203　垫片

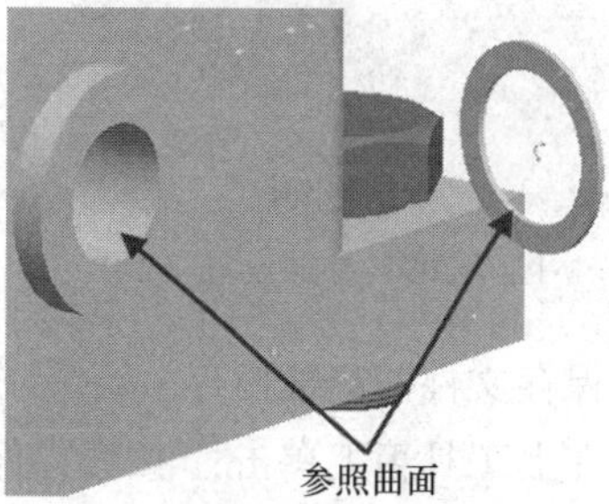

图 7-204　参照设置（1）

- 按照图 7-205 所示选取约束参照，创建【配对】约束，间距为 "0"。

单击鼠标中键退出，装配结果如图 7-206 所示。

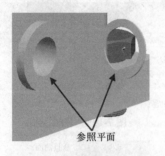

图 7-205　参照设置（2）

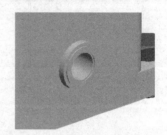

图 7-206　装配结果

（2）在右工具箱上单击 按钮，打开【打开】对话框。

- 使用浏览方式打开素材文件 "\第 7 章\素材\shaft_assembly\screw5.prt"，该零件为一油塞，如图 7-207 所示。
- 按照图 7-208 所示选取约束参照，创建【插入】约束。

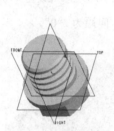

图 7-207　油塞

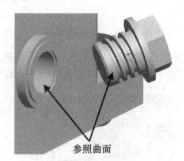

图 7-208　参照设置（1）

- 按照图 7-209 所示选取约束参照，创建【配对】约束，间距为 "0"。

单击鼠标中键退出，装配结果如图 7-210 所示。

组件的最终设计结果如图 7-62 所示。

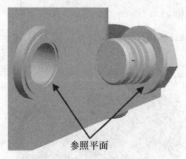

图 7-209　参照设置（2）

图 7-210　装配结果

33. 保存文件并释放内存。

（1）在上工具箱上单击 按钮，保存组件文件。

（2）选取菜单命令【文件】/【拭除】/【当前】，在打开的如图 7-211 所示的【拭除】对话

框中单击 确认 按钮，以拭除所有的元件。

（3）选取菜单命令【文件】/【拭除】/【不显示】，在打开的如图 7-212 所示的【拭除未显示的】对话框中单击 确认 按钮，以拭除内存中的元件。

图 7-211　【拭除】对话框

图 7-212　【拭除未显示的】对话框

7.3 习题

1. 简要装配的含义和用途。

2. 简要说明组件装配时使用到的约束种类及其用途。

3. 依次打开素材文件"\第 7 章\素材\Fan\base.prt"、"\第 7 章\素材\Fan\fan.prt"和"\第 7 章\素材\Fan\shield.prt"，按照图 7-213 至图 7-215 所示将其装配为风扇组件。

图 7-213　风扇支架

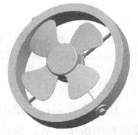

图 7-214　装配叶片后

图 7-215　装配前盖后

第8章

工程图

表达复杂零件时最常用的方法是使用空间三维模型，这样简单而且直观。但是在工程中，有时需要使用一组二维图形来表达一个复杂零件或装配组件，也就是使用工程图，例如在机械生产第一线常用工程图来指导生产过程。Pro/E Wildfire 5.0 具有强大的工程图设计功能，在完成零件的三维建模后，使用工程图模块可以快速方便地创建出零件的工程图。

学习目标

- 掌握工程图的组成和用途。
- 掌握各种视图的用途和创建方法。
- 掌握图样上的尺寸标注方法。
- 掌握视图的修改方法。

8.1 设计综述

选取菜单命令【文件】/【新建】或在上工具箱上单击□按钮，在打开的【新建】对话框中选取【绘图】类型，如图 8-1 所示。输入文件名称后单击 确定 按钮，系统弹出如图 8-2 所示的【新建绘图】对话框，选取参照模型和图纸格式后，即可创建一个工程图文件。

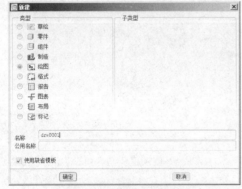

图 8-1 【新建】对话框   图 8-2 【新建绘图】对话框

8.1.1 图纸的设置

在创建工程图之前，首先应该设置图纸的格式，内容包括图纸的大小、图纸的摆放方向、有无边框及有无标题栏等。

一、使用模板设置图纸

模板是系统经过格式优化后的设计样板。当新建一个绘图文件时，系统在【新建绘图】对话框的【指定模板】分组框中选中【使用模板】单选项，用户可以从提供的模板列表中选取某一模板进行设计。

此时的【新建绘图】对话框包括以下 3 个分组框，如图 8-3 所示。

（1）【缺省模型】分组框

在创建工程图时，必须指定至少一个三维零件或组件作为设计原型。单击该分组框中的 浏览… 按钮，打开【打开】对话框，找到欲创建工程图的模型文件后双击，将其导入系统。

（2）【指定模板】分组框

在【指定模板】分组框中选取模板创建工程图，其中包含以下 3 个单选项。

● 【使用模板】：使用系统提供的模板创建工程图，如图 8-4 所示。

图 8-3 【新建绘图】对话框（1）   图 8-4 【新建绘图】对话框（2）

● 【格式为空】：使用系统自带的或用户自己创建的图纸格式创建工程图，如图 8-4 所示。单击其中的 浏览… 按钮，打开如图 8-5 所示的【打开】对话框，系统自动进入系统格式的保存目录，当然，用户也可以找到自己创建的格式文件保存地址，然后双击将其加入。

图 8-5 【打开】对话框

- 【空】：如图 8-6 所示，图纸不含任何格式，设置好图纸的摆放方向和大小后即可创建一个空的工程图文件。当单击 按钮时，用户可以根据实际情况自定义图纸的大小，如图 8-7 所示。

图 8-6 【新建绘图】对话框（1）

图 8-7 【新建绘图】对话框（2）

（3）【模板】分组框

在【模板】分组框中以列表的形式显示系统所有的默认模板名称，在其中选取适当的模板即可。另外，单击 按钮还可以导入自己的模板文件，创建工程图。使用模板创建工程图时，系统会自动创建模型的一组正交视图，从而简化了设计过程。

二、使用系统预先定义格式的图纸

在【新建绘图】对话框的【指定模板】分组框中选取【格式为空】单选项后，用户可以使用系统已经定义好格式的图纸创建工程图，单击对话框中的 按钮后，弹出【打开】对话框，从该对话框中的图纸格式列表中选取一种图纸格式进行设计。

图 8-8 所示是 "a.frm" 图纸格式的示例，图 8-9 所示是 "e.frm" 图纸格式的示例。

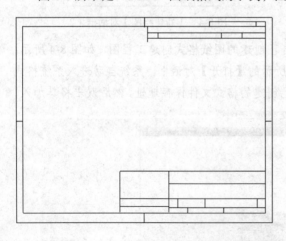
图 8-8 "a.frm" 图纸格式示例

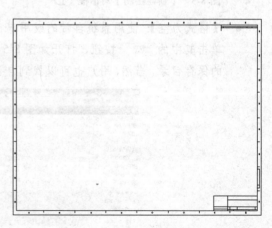
图 8-9 "e.frm" 图纸格式示例

三、自定义图纸格式

在【新建绘图】对话框的【指定模板】分组框中选取【空】单选项后，用户可以自定义图纸格式进行设计。

（1）在【方向】分组框中指定图纸的布置方向。

- ![纵向]：纵向布置图纸，图纸的高度大于宽度。
- ![横向]：横向布置图纸，图纸的宽度大于高度。
- ![可变]：用户自定义图纸的宽度和高度。

（2）单击![纵向]（或![横向]）按钮，选中【纵向】（或【横向】）图纸布置格式后，用户可以在【大小】分组框中的【标准大小】下拉列表中选取图幅的大小。

（3）如果单击![可变]按钮选中【可变】图纸布置格式，则在【大小】分组框中的【标准大小】下拉列表不可用，这时要首先指定一种图纸度量单位【英寸】或【毫米】，然后在【宽度】和【高度】文本框中输入图纸的尺寸。

8.1.2　工程图的结构

工程图使用一组二维平面图形来表达一个三维模型。根据零件复杂程度的不同，可以使用不同数量和类型的平面图形，其中的每一个平面图形被称为一个视图。表达零件时，在确保把零件表达清楚的前提下，要尽可能地减少视图数量，因此视图类型的选择是关键。

一、视图的基本类型

Pro/E 中的视图类型丰富，根据视图使用目的和创建原理的不同，可以分为以下几类。

（1）一般视图

一般视图是系统默认的视图类型，是为零件创建的第一个视图，在工程图中具有基础的地位。一般视图是按照一定投影关系创建的一个独立正交视图，如图 8-10 所示。

通常地，用一般视图来表达零件最主要的结构，通过一般视图可以最直观地看出模型的形状和组成。因此，常常将系统创建的第一个一般视图称为主视图，并将其作为创建其他视图的基础和根据。

（2）投影视图

对于同一个三维模型，如果从不同的方向和角度进行观察，其结果也不一样。在创建一般视图后，用户还可以在正交坐标系中从其余角度观察模型，从而获得与一般视图符合投影关系的视图，这些视图被称为投影视图。

图 8-11 所示是在一般视图上添加投影视图的结果，这里添加了 4 个投影视图，但在实际设计中，仅添加设计需要的投影视图即可。

（3）辅助视图

辅助视图是对某一视图进行补充说明的视图，通常用于表达零件上的特殊结构。如图 8-12 所示，为了看清主视图在箭头指示方向上的结构，使用该辅助视图。

（4）详细视图

详细视图使用细节放大的方式表达零件上的重要结构。如图 8-13 所示，图中使用详细视图表达了齿轮齿廓的形状。

图 8-10　一般视图示例　　　　　　　　图 8-11　投影视图示例

（5）旋转视图

旋转视图是指定视图的一个剖面图，绕切割平面投影旋转90°。如图 8-14 所示的轴类零件，为了表达键槽的剖面形状，创建了旋转视图。

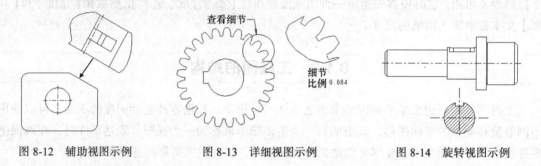

图 8-12　辅助视图示例　　　　图 8-13　详细视图示例　　　　图 8-14　旋转视图示例

二、全视图和部分视图

根据零件表达细节的方式和范围的不同，视图还可以进行以下分类。

（1）全视图

全视图以整个零件为表达对象，视图范围包括整个零件的轮廓。例如，对于如图 8-15 所示的模型，使用全视图表达的结果如图 8-16 所示。

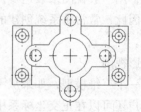

图 8-15　三维模型　　　　　　　　　图 8-16　全视图示例

（2）半视图

对于关于对称中心完全对称的模型，只需要使用半视图表达模型的一半即可，这样可以简化视图的结构。图 8-17 所示是使用半视图表达图 8-15 所示模型的结果。

（3）局部视图

如果一个模型的局部结构需要表达，可以为该结构专门创建局部视图。图 8-18 所示是模型上部凸台结构的局部视图。

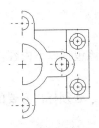

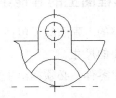

图 8-17　半视图示例

图 8-18　局部视图示例

（4）破断视图

对于结构单一且尺寸较长的零件,用户可以根据设计需要使用水平线或竖直线将零件剖断,然后舍弃零件的部分结构以简化视图,这种视图就是破断视图。如图 8-19 所示的长轴零件,其中部结构单一且很长,因此可以将轴的中部剖断,创建如图 8-20 所示的破断视图。

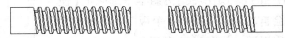

图 8-19　长轴零件

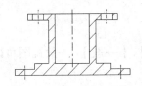

图 8-20　破断视图示例

三、剖视图

剖视图用于表达零件的内部结构。在创建剖视图时,首先沿指定剖截面将模型剖开,然后创建剖开后模型的投影视图,在剖面上用阴影线显示实体的材料部分。剖视图又分为全剖视图、半剖视图和局部剖视图等类型。

在实际设计中,常常将不同的视图类型进行结合来创建视图。例如,图 8-21 所示是将全视图和全剖视图结合的结果,图 8-22 所示是将全视图和半剖视图结合的结果,图 8-23 所示是将全视图和局部剖视图结合的结果。

另外,注意剖面图和剖视图的区别,剖面图仅表达使用剖截面剖切模型后剖面的形状,而不考虑投影关系,如图 8-24 所示。

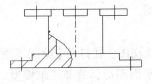

图 8-21　视图示例（1）

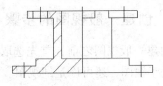

图 8-22　视图示例（2）

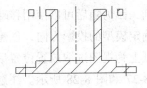

图 8-23　视图示例（3）

图 8-24　剖面图

四、工程图上的其他组成部分

一项完整的工程图除了包括一组适当数量的视图外，还应该包括以下内容。

（1）必要的尺寸

对于单个零件，必须标出主要的定形尺寸。对于装配组件，必须标出必要的定位尺寸和装配尺寸。

（2）必要的文字标注

视图上剖面的标注、元件的标识及装配的技术要求等。

（3）元件明细表

对于装配组件，还应该使用明细表列出组件上各元件的详细情况。

8.1.3 创建一般视图

一般视图是工程图上的第一个视图。在新建绘图文件时，如果在【新建绘图】对话框的【指定模板】分组框中选取了【使用模板】单选项，系统会自动创建模型的 3 个视图，其中包括一个一般视图和两个投影视图，如图 8-25 所示。

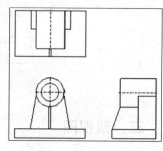

在新建绘图文件时，如果在【新建绘图】对话框的【指定模板】分组框中选取了【格式为空】或【空】单选项，系统不会自动创建任何视图。这时，需要用户自己创建第一个视图，而第一个视图就从一般视图开始。

图 8-25 一般视图示例

一、设计工具

打开工程图设计界面后，新添加的工具条如图 8-26 所示，其中包含了许多重要的设计工具。

图 8-26 工具条

二、创建一般视图的步骤

在创建一般视图之前，首先选取菜单命令【视图类型】/【一般】。一般视图可以是全视图也可以是半视图，还可以是剖视图。

（1）确定视图的放置位置

在图纸上创建一般视图时，系统会提示用户在图纸上选取一点来定位视图，该位置点不一定特别准确，因为随后可以使用移动工具来移动选定的视图。

（2）确定模型的投影方向，创建视图

在图纸上为视图选取放置位置后，系统将显示一个默认视图，并打开【绘图视图】对话框，分别如图 8-27 和图 8-28 所示。注意，此时的默认视图为平面图形，并非三维模型，用户只能移动和缩放视图，不能旋转视图。

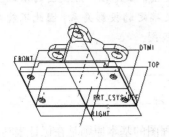

图 8-27　默认视图

图 8-28　【绘图视图】对话框

在【绘图视图】对话框的【类别】列表框中包含 8 种视图选项，选中一种类别后，在对话框右侧的区域中可以设置相关参数。这 8 种设计类别各自的用途如下。

- 【视图类型】：定义所创建视图的视图名称、视图类型（一般视图、投影视图等）和视图方向等内容。
- 【可见区域】：定义视图在图纸上的显示区域及其大小，主要有【全视图】、【半视图】、【局部视图】及【破断视图】4 种显示方式。
- 【比例】：定义视图的比例和透视图。
- 【截面】：定义视图中的剖面情况。
- 【视图状态】：定义组件在视图中的显示状态。
- 【视图显示】：定义视图图素在视图中的显示情况。
- 【原点】：定义视图中心在图纸中的放置位置。
- 【对齐】：定义新建视图与已建视图在图纸中的对齐关系。

（3）放置一般视图

下面以如图 8-27 所示的模型为例，说明放置一般视图的方法。选取视图名称为【TOP】，修改视图的显示类型为【消隐】，接受其他默认设置，单击 确定 按钮后，得到如图 8-29 所示的一般视图。

双击刚才创建的视图，再次打开【绘图视图】对话框，修改视图名称为【FRONT】，单击 确定 按钮后，得到如图 8-30 所示的结果。

三、移动视图

在图纸上放置视图后，有时需要移动视图，特别是在图纸上排列多个视图时，更需要适当调整各视图的间距，以获得最佳的视觉效果。使用鼠标左键单击需要移动的视图，此时该视图的周围将显示一个红色的虚线框，如图 8-31 所示，按住鼠标左键拖曳鼠标光标，即可将视图移动到需要的位置。

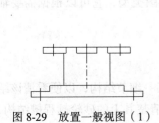

图 8-29　放置一般视图（1）

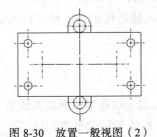

图 8-30　放置一般视图（2）

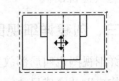

图 8-31　移动视图示例

8.1.4 创建其他视图

创建一般视图后，即可在此基础上创建其他视图。创建工程图的基本原则是在保证表达清楚模型结构的前提下，尽量减少视图数量，简化视图结构。下面分别介绍其他各类视图的创建方法和用途。

一、创建投影视图

投影视图和主视图之间符合严格的投影关系。创建投影视图的方法比较简单，在界面上单击鼠标右键，在弹出的快捷菜单中选取【插入投影视图】选项，在主视图周围的适当位置选取一点后，系统将在该位置自动创建与主视图符合投影关系的投影视图。图 8-32 和图 8-33 所示是创建投影视图的两个示例。

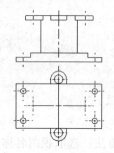
图 8-32 投影视图示例（1）

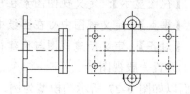
图 8-33 投影视图示例（2）

二、创建辅助视图

辅助视图也是一种投影视图，主要用来对某一选定的视图进行更为详细的表达，该选定的视图为辅助视图的父视图。辅助视图通常用于表达模型上在其他视图上不方便表达的特殊结构，例如一些倾斜的复杂结构。

创建辅助视图时，首先在父视图上选取一个垂直于屏幕的曲面或平行于屏幕的轴线作为参照，然后以垂直于选定曲面或平行于选定轴线的方向进行投影。在图 8-34 中，为了表达模型倾斜支架的侧面形状，选取图示与屏幕垂直的曲面作为投影参照，系统以垂直于该曲面的方向创建辅助视图。创建辅助视图时，可以创建全视图，也可以创建局部视图来表达零件的部分结构，如图 8-35 所示。总之，辅助视图是一种比较灵活的视图类型，它可以根据需要辅助表达其他视图。

三、创建详细视图

详细视图也叫局部放大视图，用于以适当比例放大模型上的某一细节结构，以便看清该结构的构成以及完成尺寸标注。如图 8-36 所示的轴类零件，为了表达清楚其上的砂轮越程槽结构，就使用了详细视图。

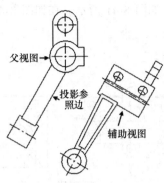

父视图→

投影参
照边

辅助视图

图 8-34　辅助视图示例（1）

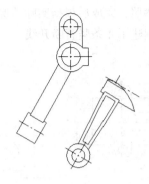

图 8-35　辅助视图示例（2）

 创建详细视图时不能创建剖视图，也不能创建半视图、破断视图或局部视图等。还要特别注意在输入比例参数时，应该输入相对模型的比例，而非相对父视图的比例。

四、创建旋转视图

旋转视图实际上是一种剖面图，用于表达零件的截面形状。在创建旋转视图时，可以选取三维模型中的已有剖截面作为切割平面，也可以在放置视图时临时创建一个切割平面。旋转视图创建完成后将绕切割平面旋转 90°。旋转视图和剖视图的不同之处在于它包括一条标记视图旋转轴的中心线。

如图 8-37 所示的支架零件，使用了旋转视图表达支架的截面形状。

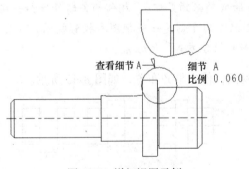

查看细节 A　　　细节 A
　　　　　　　比例 0.060

图 8-36　详细视图示例

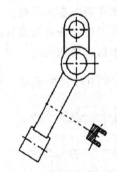

图 8-37　旋转实体示例

五、创建半视图

半视图常用于表达结构对称的零件。与创建全视图不同的是，创建半视图必须指定一个平面来确定其分割位置，然后还需要指定一个视图创建方向，如图 8-38 和图 8-39 所示。

六、创建破断视图

破断视图将切除零件上尺寸冗长且结构单一的部分，用于简化视图。

创建破断视图的方法如下。

（1）在图纸上选取适当的位置放置视图。

（2）在如图 8-40 所示的【绘图视图】对话框中单击 按钮，创建破断线，在视图上选取两点作为参照，完成后根据实际情况修改破断线的类型，如图 8-41 所示。在如图 8-42 所示的模型上共创建了 4 条竖直断开线。

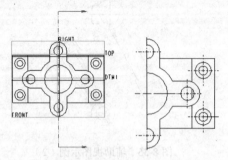

图 8-38　剖切方向（1）

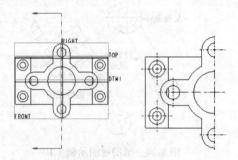

图 8-39　剖切方向（2）

图 8-40　【绘图视图】对话框（1）

图 8-41　【绘图视图】对话框（2）

> **要点提示** 注意两个基本问题：一是视图上断开线的数量必须是偶数，相邻两条断开线为一组，其间的线条将被裁剪掉。二是破断视图只能用于创建一般视图和投影视图，不能用于创建其他视图。读者要注意各种视图的组合方式。

（3）使用断开线破断模型，然后适当地移动视图，使之整齐布置，如图 8-43 所示。

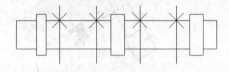

图 8-42　创建破断线

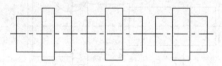

图 8-43　破断视图示例

七、创建局部视图

局部视图用于表达零件上的局部结构，其创建方法如下。

（1）在图纸上选取适当的位置放置视图。

（2）选取零件上需要局部表达部分的中心，系统将在该位置显示一个"×"号。

（3）使用草绘样条曲线的方法确定局部表达的范围后，创建局部视图，如图 8-44 所示。

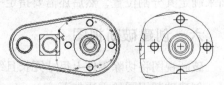

图 8-44　局部视图示例

八、创建剖视图

剖视图是一种重要的视图类型，常用于表达模型内部的孔及内腔结构。剖视图的类型众多，表达方式也灵活多样。创建剖视图时，首先在【绘图视图】对话框中选取【截面】选项，此时对话框的形式如图 8-45 所示，在该对话框中进一步设定剖截面的详细内容。

通常选取【2D 截面】单选项，然后单击对话框中的 ➕ 按钮，添加横截面。在名称下拉列表中选取【创建新…】选项，打开【剖截面创建】菜单，接受默认设置，输入剖面的名称后按 Enter 键确认，选取一个平面作为剖切参照，即可创建如图 8-46 所示的全剖视图。

图 8-45　【绘图视图】对话框

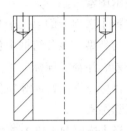

图 8-46　全剖视图

修改剖切类型为【一半】，然后选取中心平面作为参照，得到如图 8-47 所示的结果。

修改剖切类型为【局部】，然后在视图上选取一点，定义局部视图的中心，草绘封闭截面以定义剖切区域的范围，最后得到如图 8-48 所示的结果。

将【模型边可见性】选项设置为【区域】时，可以得到如图 8-49 所示的只含有剖面图的视图。

图 8-47　半剖视图　　　　　　图 8-48　局部剖视图　　　　　　图 8-49　剖面图

8.1.5　视图的操作

一项完整的工程图还应该包括各项视图标注，例如必要的尺寸标注、必要的符号标注以及必要的文字标注等。另外，在创建视图后还需要进一步修改视图上的设计内容。下面将介绍这些常用的视图操作方法。

一、视图上的尺寸标注

由于 Pro/E Wildfire 5.0 在创建工程图时使用已经创建的三维零件作为信息原型，因此在创建三维模型时的尺寸信息也将在工程图中被继承下来。在完成各向视图的绘制后，可以重新显示需要的尺寸并隐藏不需要的尺寸。

单击【注释】选项卡，打开如图 8-50 所示的【注释】工具集，可以设置视图上需要显示的项目以及设置需要从视图上删除的项目。

图 8-50　【注释】工具集

（1）显示图素

在【注释】选项卡的第三个分组框中可以选取需要显示和删除项目的类型。该分组框中包括用于控制尺寸、参照尺寸、几何公差、注释、球标、轴、符号、曲面精加工、基准平面、基准目标及修饰特征等项目的显示的按钮。

（2）拭除图素

在【注释】选项卡中单击 清除尺寸 按钮，系统将弹出如图 8-51 所示的【清除尺寸】对话框，然后在视图中选取所要删除的尺寸，并设置相关参数，单击 应用 按钮确定，即可删除多余的尺寸等图素。

图 8-51　【清除尺寸】对话框

（3）尺寸标注的调整

使用【显示/拭除】对话框创建的尺寸常常并不理想，这时可以进一步调整指定的尺寸标注，这主要包括工具条上的两个设计工具。

- 对齐尺寸：将选定的一组尺寸与其中的第一个选定尺寸对齐。
- 切换尺寸：首先选取需要移动标注位置的尺寸（选取多个尺寸时按住 Ctrl 键），然后为这些尺寸选取新的标注视图，如图 8-52 所示。

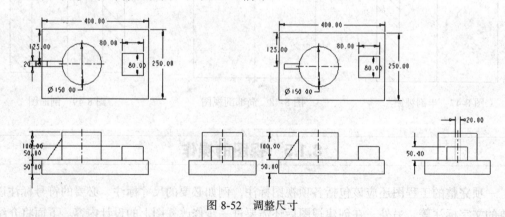

图 8-52　调整尺寸

（4）添加新的标注

如果还需要在视图上添加新的尺寸标注，可以在工具条上单击 按钮，标注新的尺寸。在工程图上标注尺寸的方法与在二维草图上标注尺寸类似。

二、视图上的其他标注

下面简要说明视图上的其他标注内容。

（1）几何公差的标注

单击 ██ 按钮，打开如图 8-53 所示的【几何公差】对话框。在【模型参照】选项卡中设置公差标注的位置，在【基准参照】选项卡中设置公差标注的基准，在【公差值】选项卡中设置公差的数值，在【符号】选项卡中设置公差的符号。

（2）标注注释

单击 ██ 按钮，打开如图 8-54 所示的【注释类型】菜单管理器。在视图上选取注释的标注位置后，即可通过系统的提示文本框输入注释内容，其间还可以通过如图 8-55 所示的【文本符号】对话框插入特殊的注释符号。

图 8-53　【几何公差】对话框

图 8-54　【注释类型】菜单管理器

（3）插入球标

球标比较特殊，是一种放在圆圈中的注释，其用途之一通常是在组件工程图中标示不同的零件。单击 ██ 按钮，球标的制作过程与制作注释相似，这里不再赘述。图 8-56 所示是注释和球标的示例。

（4）插入表格

在工具栏上单击 ██ 按钮，可以在视图中加入表格，此时弹出如图 8-57 所示的【创建表】菜单管理器，使用下面的选项创建表格。

图 8-55　【文本符号】对话框

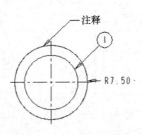

图 8-56　注释和球标示例

图 8-57　【创建表】菜单管理器

- 【降序】：从表的顶部开始，向下创建表格。
- 【升序】：从表的底部开始，向上创建表格。
- 【右对齐】：表格中的各单元格右对齐。
- 【左对齐】：表格中的各单元格左对齐。
- 【按字符数】：按照字符多少来划分表格中单元格的大小。
- 【按长度】：按照表格长度来划分表格中单元格的大小。

8.2 综合实例——创建支座工程图

下面通过一个综合实例说明工程图的设计方法和技巧，最终结果如图 8-58 和图 8-59 所示。

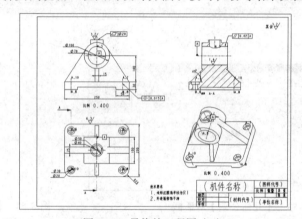

图 8-58　最终的工程图（1）

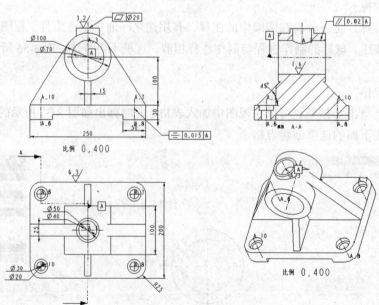

图 8-59　最终的工程图（2）

1. 新建工程图文件。

（1）单击 按钮，在【文件打开】对话框中选取素材文件"\第8章\素材\bearing_seat.prt"。

（2）单击 按钮，在如图8-60所示的【新建绘图】对话框中新建名为"Bearing_seat"的绘图文件，并单击 确定 按钮确定。

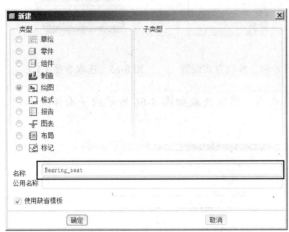
图8-60　【新建绘图】对话框1

图8-61　【新建绘图】对话框2

（3）在如图8-61所示的【新建绘图】对话框中选取【格式为空】，单击 浏览... 按钮，查找需要的模板。选择预先创建好的模板"A3.frm"，打开如图8-62所示的工程图模板。

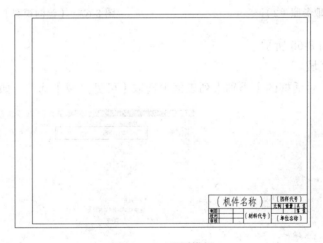
图8-62　工程图模板

2. 创建一般视图。

（1）设置视图类型。

在【布局】选项卡中单击 按钮，创建一般视图。

● 系统提示"选取绘制视图的中心点"，在屏幕图形区单击一点。

● 在【绘图视图】对话框的【类别】列表框中选取【视图类型】选项。

● 在对话框右面的【视图方向】分组框中选取【几何参照】单选项，如图8-63所示。

● 在【参照1】下拉列表中选取【前面】选项，如图8-64所示，然后选取如图8-65所示的平面作为参照。

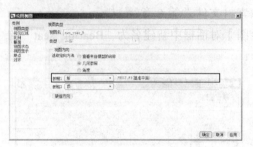

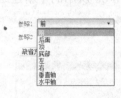

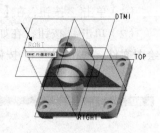

图 8-63　【绘图视图】对话框　　　　图 8-64　参照方式设置　　　图 8-65　选取参照（1）

- 在【参照 2】下拉列表中选取【底部】选项。然后选取如图 8-66 所示的平面作为参照，设置完后的对话框如图 8-67 所示。

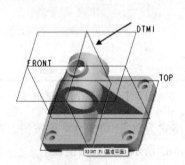

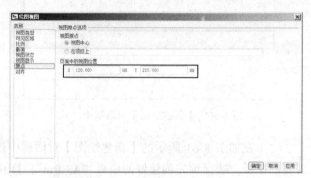

图 8-66　选取参照（2）　　　　　　　图 8-67　【绘图视图】对话框

得到的视图如图 8-68 所示。

（2）设置可见区域。

在【绘图视图】对话框的【类别】列表框中选取【可见区域】选项，如图 8-69 所示。

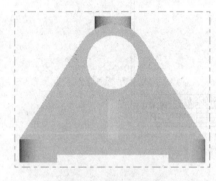

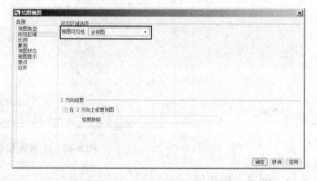

图 8-68　得到的视图　　　　　　　　图 8-69　【绘图视图】对话框

（3）设置比例。

- 在【绘图视图】对话框的【类别】列表框中选取【比例】选项。
- 在对话框右面的【比例和透视图选项】分组框中选取【定制比例】单选项，设置比例为"0.014"，如图 8-70 所示。

（4）设置视图显示。

- 在【绘图视图】对话框的【类别】列表框中选取【视图显示】选项。
- 设置【显示线型】为【消隐】，相切边显示样式为【无】，单击 应用 按钮确定如图 8-71 所示。

图 8-70　【绘图视图】对话框（1）　　　　　图 8-71　【绘图视图】对话框（2）

（5）设置原点。

在【绘图视图】对话框的【类别】列表框中选取【原点】选项，如图 8-72 所示。
其他按系统默认设置，单击 确定 按钮确定，得到的主视图如图 8-73 所示。

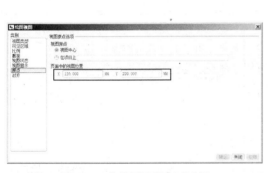
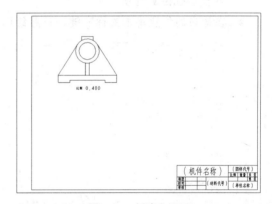

图 8-72　【绘图视图】对话框　　　　　　图 8-73　创建主视图

3. 创建俯视图。

（1）插入投影视图。

- 单击 投影 按钮，选取创建的主视图，待出现红色中心线时，长按鼠标右键，在弹出的快捷菜单中选取【插入投影视图】选项。
- 在适当的位置单击鼠标左键，设置绘图的中心点。得到的俯视图如图 8-74 所示。

（2）设置视图显示。

- 双击刚才创建的俯视图，在【绘图视图】对话框的【类别】列表框中选取【视图显示】选项。
- 设置【显示线型】为【消隐】，相切边显示样式为【无】。

（3）设置原点。

在【绘图视图】对话框的【类别】列表框中选取【原点】选项，如图 8-75 所示。

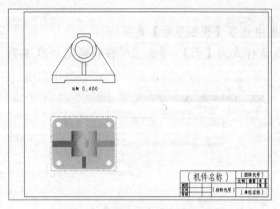

图 8-74　创建俯视图

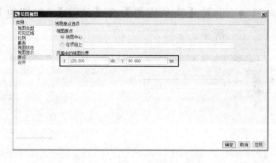

图 8-75　【绘图视图】对话框

其他按系统默认设置，单击 按钮，取消基准平面的显示，得到的俯视图如图 8-76 所示。

4. 创建阶梯剖视图。

（1）插入投影视图。

● 选取创建的主视图，待出现红色中心线时，长按鼠标右键，在弹出的快捷菜单中选取【插入投影视图】选项。

● 在适当的位置单击鼠标左键，设置绘图的中心点，得到的左视图如图 8-77 所示。

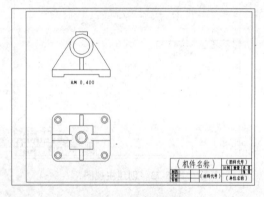

图 8-76　创建俯视图

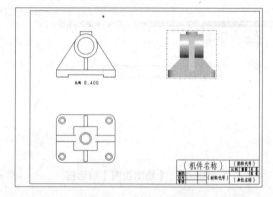

图 8-77　创建左视图

（2）设置视图显示。

● 双击刚才创建的左视图，在【绘图视图】对话框的【类别】列表框中选取【视图显示】选项。

● 设置【显示线型】为【消隐】，相切边显示样式为【无】。

（3）设置剖面。

● 在【绘图视图】对话框的【类别】列表框中选取【截面】选项。

● 在【剖面选项】分组框中选取【2D 剖面】单选项，如图 8-78 所示。

● 单击 按钮，弹出【剖截面创建】菜单管理器。

● 选取【剖截面创建】菜单管理器中的【偏距】/【双侧】/【单一】/【完成】选项。

● 输入截面名为 "a"，单击 按钮确定，完成截面 a 的创建。

（4）创建剖面草图。

选取如图 8-79 所示的模型顶面作为草绘平面，接受系统的默认参照。

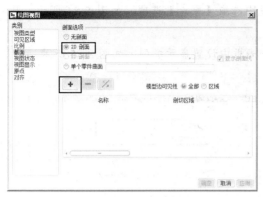

图 8-78　【绘图视图】对话框　　　　　　　　　　图 8-79　选取参照

- 利用 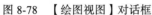 工具激活边线，通过圆心绘制一条中心线，如图 8-80 所示。
- 单击 ＼ 按钮，绘制几条线段并把多余的边线删除，如图 8-81 所示。单击 ✔ 按钮，退出草绘状态，返回工程图模块。

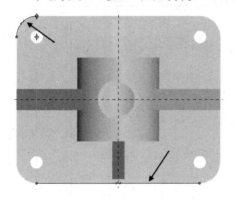

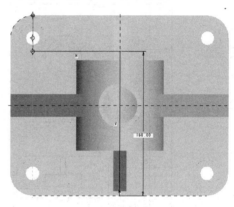

图 8-80　绘制中心线　　　　　　　　　　图 8-81　草绘剖面

（5）放置剖面箭头。

- 选取如图 8-82 所示【绘图视图】对话框中【箭头显示】下的【选取项目】栏。
- 选取如图 8-83 所示的正视图作为剖面箭头的放置视图。

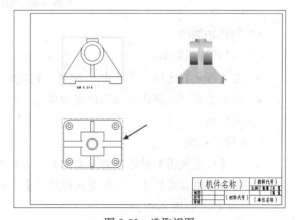

图 8-82　【绘图视图】对话框　　　　　　　　　　图 8-83　选取视图

（6）设置原点。

- 在【绘图视图】对话框的【类别】列表框中选取【原点】选项，如图 8-84 所示，其他接受系统默认设置。
- 在【绘图视图】对话框的【视图显示】列表框中设置显示类型，如图 8-85 所示。

得到的视图如图 8-86 所示。

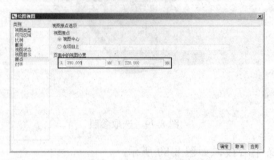

图 8-84　【绘图视图】对话框

图 8-85　【绘图视图】对话框

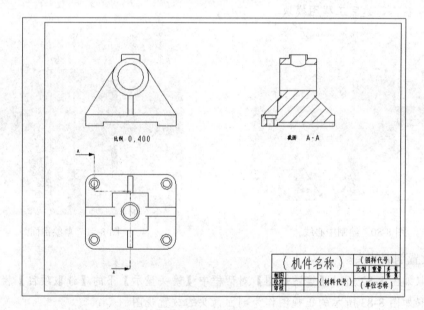

图 8-86　创建视图

5. 创建轴测图。

（1）设置视图类型。

- 在【布局】选项卡中单击 按钮，创建轴测图。
- 系统提示"选取绘制视图的中心点"，在屏幕图形区单击一点，随后打开【绘图视图】对话框。

（2）设置比例。

- 在【绘图视图】对话框的【类别】列表框中选取【比例】选项。
- 在对话框右面的【比例和透视图选项】分组框中选取【定制比例】单选项，设置比例为"0.4"，如图 8-87 所示。

（3）设置视图显示。

在【绘图视图】对话框的【类别】列表框中选取【视图显示】选项，设置【显示线型】为【消隐】。

（4）设置原点。

在【绘图视图】对话框的【类别】列表框中选取【原点】选项，设置如图 8-88 所示。

图 8-87　【绘图视图】对话框（1）　　　　　图 8-88　【绘图视图】对话框（2）

（5）设置可见区域。

- 在【绘图视图】对话框的【类别】列表框中选取【可见区域】选项，在【可见区域选项】分组框中设置【视图可见性】为【全视图】。
- 在【绘图视图】对话框的【原点】列表框中设置原点位置，如图 8-89 所示。

其他按系统默认设置，得到的工程图如图 8-90 所示。

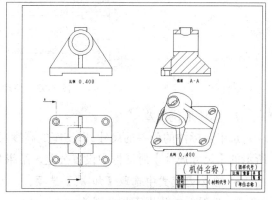

图 8-89　【绘图视图】对话框（3）　　　　　图 8-90　得到的工程图

6. 显示尺寸。

单击【注释】选项卡，然后单击 按钮，系统弹出如图 8-91 所示的【显示模型注释】对话框。

- 按住 Ctrl 键，在绘图区依次选取 3 个视图。
- 在【显示模型注释】对话框中单击 按钮，选取显示所有尺寸，单击 确定 按钮，结果如图 8-92 所示。

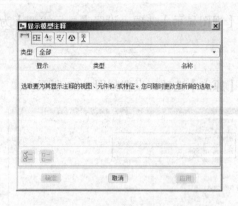

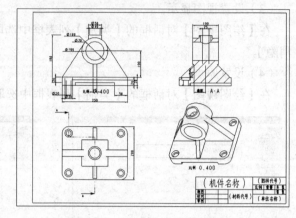

图 8-91 【显示模型注释】对话框

图 8-92 显示尺寸后的工程图

- 在绘图区选取不合适的尺寸标注，然后单击 ✕删除 按钮，删除多余或不恰当的尺寸，结果如图 8-93 所示。

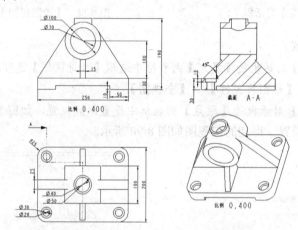

图 8-93 整理尺寸后的工程图

7. 标注形位公差。

选中要标注的公差的尺寸，以支座的高度尺寸 190 为例，然后双击鼠标左键即可在如图 8-94 所示的【尺寸属性】对话框中设置公差，结果如图 8-95 所示。

- 在公差模式中选取【加-减】选项。
- 设置公差的上下标分别为+0.2、-0.1。

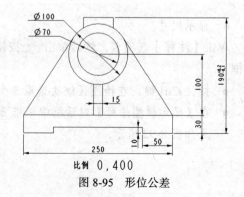

图 8-94 【尺寸属性】对话框

图 8-95 形位公差

用相同的方法标注其他形状公差，结果如图 8-96 所示。

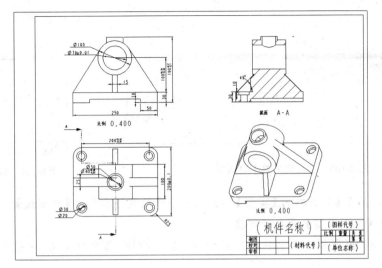

图 8-96　形位公差标注

8．标注几何公差。

（1）设置参照。

● 双击如图 8-97 所示的轴线，弹出【轴】对话框。

● 【轴】对话框的设置如图 8-98 所示。

单击 确定 按钮确定，得到的效果图如图 8-99 所示。

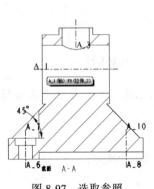
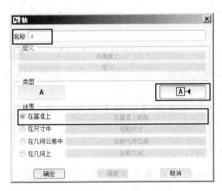
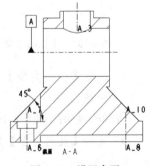

图 8-97　选取参照　　　　图 8-98　【轴】对话框　　　　图 8-99　设置参照

参照也可以在模型中设置：打开模型连接，选取菜单命令【编辑】/【设置】，弹出【零件设置】菜单，选择【几何公差】/【设置基准】选项，然后选择要设置的基准进行设置操作，这里不做详细介绍。

（2）设置平行度公差。

选取【注释】选项卡，然后在【注释】选项卡中单击 按钮，打开如图 8-100 所示的【几何公差】对话框。

● 选取平行度公差 // 。

● 选择参照类型为【轴】，单击 选取图元… 按钮，选取图 8-101 中箭头所指的剖面图的轴 A。

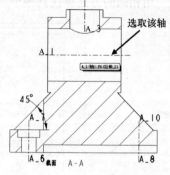

图 8-100　【几何公差】对话框

图 8-101　选取轴线

- 在【几何公差】对话框的【类型】下拉列表中选取放置类型为【带引线】，弹出如图 8-102 所示的【依附类型】菜单管理器。
- 在如图 8-100 所示对话框中单击 放置几何公差... 按钮，选取图 8-103 中箭头所指的剖面图的一边线。

图 8-102　【依附类型】菜单管理器

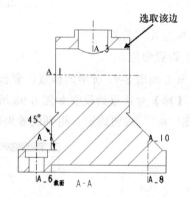

图 8-103　选取参照

- 选取【依附类型】菜单管理器的【完成】选项，然后在边线左边的某一位置单击鼠标中键。

得到的效果图如图 8-104 所示。

- 进入【几何公差】对话框的【基准参照】选项卡，设置如图 8-105 所示。

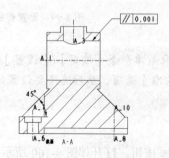

图 8-104　设计结果

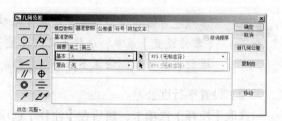

图 8-105　【几何公差】对话框

- 进入【几何公差】对话框的【公差值】选项卡，设置如图 8-106 所示。

图 8-106　【几何公差】对话框

- 进入【几何公差】对话框的【符号】选项卡，设置如图 8-107 所示。
- 单击 移动 按钮，将几何公差移动到适当的位置，完成形位公差的设置。

单击 确定 按钮确定，得到的效果图如图 8-108 所示。

图 8-107　【几何公差】对话框

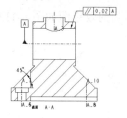

图 8-108　设计结果

- 参照步骤 11（2）的方法，标注工程图的其他形位公差。

得到的效果图如图 8-109 所示。

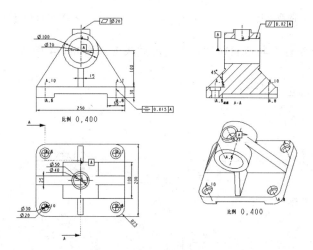

图 8-109　最后创建的视图

公差的数值要求不太严格，读者可以根据自己需要自由掌握，这里只介绍标注方法，公差值仅供参考。

9. 标注表面粗糙度。

单击 按钮，系统弹出如图 8-110 所示的【得到符号】菜单管理器。

- 在【得到符号】菜单管理器中选取【检索】选项，打开【打开】对话框。
- 在如图 8-111 所示的【打开】对话框中选取 "machined" 文件夹，打开其中的 "standard1.sym" 文件，单击 打开 按钮，打开【实例依附】菜单管理器。

图 8-110　【得到符号】菜单　　　　　　　　　图 8-111　【打开】对话框

- 选取标注方式为【法向】。
- 选取如图 8-112 所示的面，并输入粗糙度值 "3.2"，完成表面粗糙度的标注。
得到的效果图如图 8-113 所示。

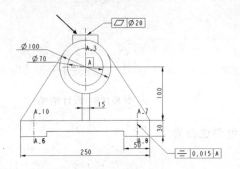

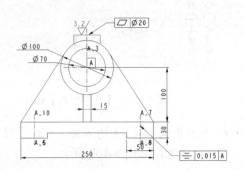

图 8-112　选取参照　　　　　　　　　　　图 8-113　设计结果

- 依照同样的方法标注其他粗糙度，得到的效果图如图 8-114 所示。

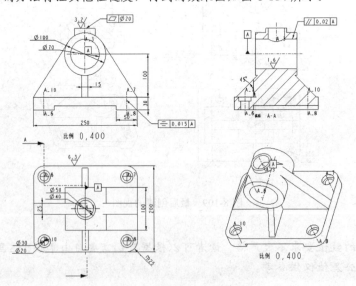

图 8-114　标注粗糙度后的工程图

 如果标注粗糙度的位置和数值不符合要求，读者可以双击该粗糙度，系统将弹出【表面光洁度】对话框。利用该对话框读者可以重新设置粗糙度的方向、位置和数值，这里就不做详细介绍。

10. 添加注释。

（1）插入注释文本。

● 单击 按钮，打系统开【注释类型】菜单管理器。

● 接受默认选项，选取【进行注释】选项，用鼠标左键在视图区的适当位置单击，确定注释放置的位置，系统弹出【选择文本符号】对话框。

● 在【输入注释】文本框中输入文本"其余"，完成文本的添加。

（2）插入粗糙度符号。

● 单击 按钮，在弹出的菜单管理器中选取【名称】选项，选择【standard1】选项。

● 在弹出的菜单管理器中选择标注方式为【偏距】，选取图中的注释"其余"。

● 选取【放置】选项，并输入粗糙度值"3.2"，完成"其余"后面添加粗糙度代号 $\overset{3.2}{\triangledown}$ 的标注，结果如图 8-116 所示。

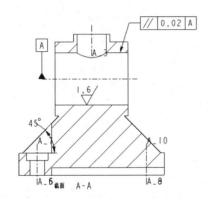

图 8-115　粗糙度标注

完成如图 8-116 所示的其他注释，最终的效果图如图 8-58 和图 8-59 所示。

技术要求

1 未标注圆角半径 R1。

2 外表面修饰干净。

图 8-116　创建注释

8.3 习题

1. 创建工程图时，应该怎样布置一般视图？

2. 简要总结在一般视图周围布置其他视图的要领和技巧。

3. 分析如图 8-117 所示带轮零件的结构特点，列出其工程图表达方案的主要要点。

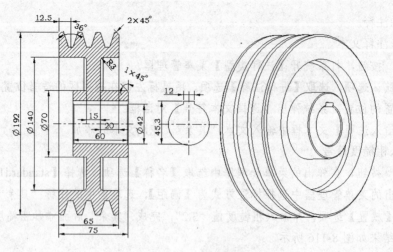

图 8-117　带轮零件

第9章

机构运动仿真设计

使用基本建模工具创建零件模型后，接下来需要将单个的零件组装为整机。大多数机械中都包括能够产生相对运动的机构，完成零件组装后，除了检查产品的结构是否完整外，还需要通过仿真分析检查部件之间的相对运动是否协调、有无干涉，接下来还可以进一步进行受力分析和优化设计。

学习目标

- 理解机械仿真设计的意义。
- 理解常用连接的形式及其用途。
- 掌握机械仿真设计的基本步骤。
- 结合实例掌握仿真设计的基本流程和技巧。

9.1

机构仿真设计综述

在装配模式下，选取菜单命令【应用程序】/【机构】，即可进入仿真设计环境。此时的模型树窗口被划分为上下两个子窗口，如图 9-1 所示。

图 9-1　仿真设计环境

9.1.1　运动仿真术语简介

后续介绍将经常用到以下术语，现对其含义做简要阐释。

一、自由度

自由度是构件具有独立运动的数目。一个不受任何约束的对象具有沿着三维空间 3 个坐标轴平移的自由度和绕 3 个坐标轴旋转的自由度。

二、主体

主体是指单个元件或一组没有相对运动的元件在一个主体内部没有任何运动自由度，不能产生任何的相对运动。

三、基础

基础是不移动的主体，其他主体相对于它运动，比如机器的底座等。

四、连接

连接是定义并限制两个主体相对运动的一种关系，用于减少零件之间总自由度的数量。系统提供了多种连接类型，供设计时选用。

五、接头

接头是特定的连接类型，例如销钉接头、滑块接头和球接头。

六、放置约束

放置约束是组件中用于放置元件并限制该元件在组件中运动的点、线、面。

七、拖动

拖动是在屏幕上用鼠标光标选取并移动机构以调整其位置的操作，用户可以动态地调整机构中零件的位置，并初步观察机构的运动状态。

八、回放

回放是记录并重新播放分析运行的结果。

九、伺服电动机

伺服电动机是机构的动力源，用于定义一个主体相对于另一个主体运动的方式。用户可在接头或几何图元上放置伺服电动机，还可以指定主体间的位置、速度或加速度运动。

十、执行电动机

执行电动机是作用于旋转轴或平移轴上引起运动的动力源。

9.1.2 仿真设计的一般步骤

对一个机构进行仿真分析主要包括以下工作。

一、创建零部件

借助 Pro/E 强大的三维建模功能可以比较方便地创建出符合要求的三维实体模型。

二、创建机构连接

使用模型组装的方法创建机构连接，除了可以在机构中创建多种形式的约束零部件运动的运动副，还可以创建弹簧和阻尼器等特殊的约束。

三、创建驱动器

通过驱动器给机构添加运动动力，运动驱动器提供的动力既可以是恒定的（使机构产生恒定的速度或加速度），也可以是符合特定函数关系的动力（使机构产生按照一定规律变化的速度和加速度）。

四、对机构进行仿真分析

通过仿真分析，可以获得需要的分析结果。Pro/E 提供的仿真分析结果形式多样，有直观的动画演示，也有数据图标等。

简要概括起来，机构仿真分析的基本流程如图 9-2 所示。

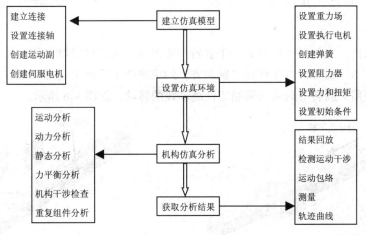

图 9-2 机构仿真分析的基本流程

9.1.3 机构仿真的基本环节

在装配环境中，向组件中增加元件后，在设计界面底部将打开设计图标板。传统的装配过程都是在第二个下拉列表中为元件加入各种固定约束，并将其自由度减少到 0，使其位置完全固定，这样装配的组件不能用于运动分析，这种传统的装配方法称为创建"约束连接"。

在设计图标板的第一个下拉列表中为元件加入各种组合约束，如"销钉"、"圆柱"及"球"等，使用这些组合约束装配的元件，因自由度通常没有被完全消除，保留了一定的移动或旋转自由度，这样装配的元件可用于运动分析，这种装配方法称为创建"机构连接"。

一、创建连接

设计过程中用户可以使用 11 种连接类型，在装配设计环境中单击 按钮，打开元件模型后，打开设计工具，直接在图标板的第一个下拉列表中选用即可。

（1）刚性

刚性约束是使用一个或多个基本约束将元件与组件连接到一起，连接后元件与组件成为一个主体，相互之间不再有自由度。

（2）销钉

销钉约束使被约束的两个零件仅仅具有一个绕公共轴线旋转的自由度，如图 9-3 所示。创建销钉约束时，首先使用一个"轴对齐"约束将两个零件上的轴线对齐，生成公共轴线，然后使用一个"平移"约束来限制两个零件沿着轴线移动，如图 9-4 所示。

图 9-3 销钉约束

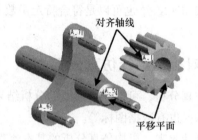

图 9-4 参照选择

（3）滑动杆

滑动杆约束由一个轴对齐约束和一个旋转约束组成，元件可沿轴平移，具有一个平移自由度，如图 9-5 所示。设计时首先使用"轴对齐"约束将两个零件上的轴线对齐，生成移动的方向轴线，然后使用"旋转"约束来限制零件绕轴线的转动，如图 9-6 所示。

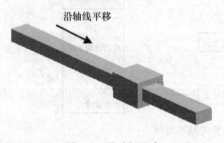

图 9-5 滑动杆约束

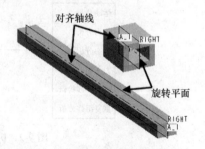

图 9-6 参照选择

（4）圆柱

圆柱约束具有两个自由度，一个为绕指定轴线的旋转自由度，另一个为沿着指定轴向的平移自由度，如图 9-7 所示。设计时只需要使用一个"轴对齐"约束来限制其他 4 个自由度即可，如图 9-8 所示。

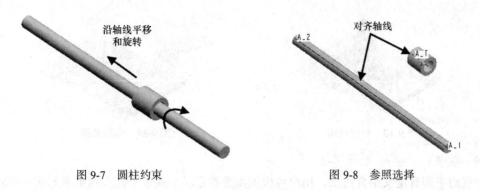

图 9-7　圆柱约束　　　　　　　　　　图 9-8　参照选择

（5）平面

平面约束是选取元件上的某平面与组件上的某平面作为匹配参照，用户还可以指定两者之间的偏距匹配数值，如图 9-9 所示。元件可绕垂直于平面的轴线旋转，并在平行于平面的两个方向上平移，如图 9-10 所示。

图 9-9　平面约束　　　　　　　　　　图 9-10　参照选择

（6）球

球约束由一个点对齐约束组成，将元件上的一个点对齐到组件上的一个点，它比轴承连接少了一个平移自由度，可以绕对齐点任意旋转，如图 9-11 和图 9-12 所示。

 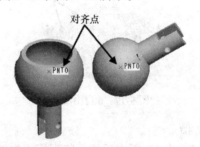

图 9-11　球约束　　　　　　　　　　图 9-12　参照选择

（7）焊接

焊接约束将两个坐标系对齐，元件自由度被完全消除。连接后，元件与组件成为一个主体，相互之间不再有自由度。如果在一个子组件与组件之间施加焊接约束，则子组件内的各零件将失去其原有自由度。焊接约束的总自由度为 0，如图 9-13 和图 9-14 所示。

（8）轴承

轴承约束由一个点对齐约束组成，将元件（或组件）上的一个点对齐到组件（或元件）上的一条直边或轴线上，因此元件可沿轴线平移并任意旋转，它具有一个平移自由度和 3 个旋转自由度，如图 9-15 和图 9-16 所示。

图 9-13 焊接约束

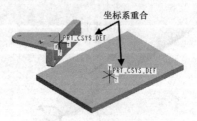

图 9-14 参照选择

（9）常规

常规约束即自定义组合约束，用户可根据需要指定一个或多个基本约束来形成一个新的组合约束，其自由度的多少因所用的基本约束的种类和数量的不同而不同。可用的基本约束有匹配、对齐、插入、坐标系、线上点、曲面上的点及曲面上的边等 7 种。

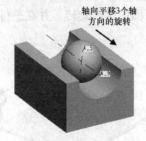

图 9-15 轴承约束

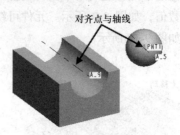

图 9-16 参照选择

（10）6 DOF

6 DOF 即 6 自由度，也就是对元件不做任何约束，仅用一个元件坐标系和一个组件坐标系重合来使元件与组件发生关联。元件可任意旋转和平移，具有 3 个旋转自由度和 3 个平移自由度，总自由度为 6，如图 9-17 和图 9-18 所示。

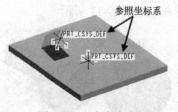

图 9-17 6 自由度

图 9-18 结果实例

（11）槽

槽是 Pro/E 5.0 版本后加入装配模式中的一种定义连接的方式，以前是作为一种连接副放在机构模块中，其定义方式与先前的相同，选取一个参照点和参照曲线，模型跟随曲线移动，结果如图 9-19 和图 9-20 所示。

图 9-19 槽约束

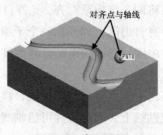

图 9-20 参照选择

二、组件检测

设置完组件连接后，选取菜单命令【应用程序】/【机构】，即可进入机构模式进行运动仿真。

首先需要检测机构的连接是否完全，在上工具箱上单击 按钮或选取菜单命令【编辑】/【重新连接】，打开如图 9-21 所示的【连接组件】对话框，单击 运行 按钮，开始检测，完成后弹出如图 9-22 所示的【确认】对话框，单击 是 按钮，以接受系统配置。

图 9-21 【连接组件】对话框　　　　　图 9-22 【确认】对话框

> **要点提示**　在进入机构模式时系统会自动检测当前的装配情况，如果装配不合理会弹出【警告】对话框。

三、加亮主体

如果需要观察当前机构中的各个主体，可以单击上工具箱上的 按钮或选取菜单命令【视图】/【加亮主体】，此时系统以不同的颜色区分机构中的各个主体，如图 9-23 所示。单击 按钮，刷新当前界面，恢复先前的显示方式。

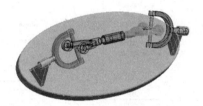

图 9-23　加亮主体

四、机构设置

在上工具箱上单击 按钮或选取菜单命令【工具】/【组件设置】/【机构设置】，打开如图 9-24 所示的【设置】对话框，该对话框用于设置仿真分析时的系统环境，如连接、分析、再生及相对公差等，详细设计方法将在稍后实例中具体介绍。

五、冲突检测设置

选取菜单命令【工具】/【组件设置】/【冲突检测设置】，打开如图 9-25 所示的【冲突检测设置】对话框，该对话框用于设置是否进行冲突检测，当选取【部分冲突检测】单选项时，需要选取检测的主体。

图 9-24 【设置】对话框　　　　　图 9-25 【冲突检测设置】对话框

六、机构显示设置

在右工具箱上单击 ✕ 按钮或选取菜单命令【视图】/【显示设置】/【机构显示】，打开如图 9-26 所示的【显示图元】对话框，该对话框用于设置机构将显示哪些元素的图标。

七、重定义主体

选取菜单命令【编辑】/【重定义主体】，打开如图 9-27 所示的【重定义主体】对话框，该对话框用于定义基础主体的约束条件，详细设计方法将在稍后实例中具体介绍。

八、定义凸轮副

在右工具箱上单击 ⬠ 按钮，打开如图 9-28 所示的【凸轮从动机构连接定义】对话框，介绍如下。

图 9-26 【显示图元】
对话框

图 9-27 【重定义主体】
对话框

图 9-28 【凸轮从动机构
连接定义】对话框

（1）【名称】分组框

【名称】分组框用于定义凸轮副的名称。

（2）【曲面/曲线】分组框

【曲面/曲线】分组框用于选取参照曲面或曲线以定义凸轮轮廓，在选取参照时可以选取【自动选取】复选项，系统会根据已选的参照自动选取与之相切的曲面或曲线，以节约选取时间。如果凸轮的法向与实际方向相反，可以单击 反向 按钮进行调节。

（3）【深度显示设置】分组框

【深度显示设置】分组框用于定义凸轮副的具体形状参数，包括【自动】、【前面和后面】、【前面】、【后面和深度】、【中心和深度】5 个选项。

（4）属性设置

若在【属性】选项卡中选取【启用升离】复选项，则允许连接的两个凸轮在运行过程中产生分离或碰撞，在其中指定恢复系数，如果不选取该选项，则凸轮副在运动过程中始终保持接触。

选取【启用升离】复选项后，还可定义凸轮副在运动过程中的静摩擦系数与动摩擦系数，如图 9-29 所示。

图 9-29 定义凸轮属性

九、定义齿轮副

在右工具箱上单击 按钮，打开如图9-30所示的【齿轮副定义】对话框，介绍如下。

（1）【类型】分组框

【类型】分组框用于指定齿轮副的类型，有【标准】与【齿条与齿轮】两个选项。

（2）定义齿轮参数

齿轮参数主要包括以下内容。

- 【运动轴】分组框：选取连接轴作为参照，选取的连接轴应具有旋转自由度，一般为销钉连接。
- 【主体】分组框：当选取了一个连接轴后，系统会根据连接轴的依附体自动判断齿轮及支撑它的托架参照。
- 【节圆】分组框：输入节圆直径以定义齿轮的大小，系统会根据齿轮的节圆大小来确定齿轮的传动比。
- 【图标位置】分组框：用于指定齿轮图标的显示位置。

（3）定义齿轮属性

进入【属性】选项卡，如图9-31所示，在该选项卡中可以定义齿轮副的传动比。

十、定义伺服电机

在右工具箱上单击 按钮，打开如图9-32所示的【伺服电机定义】对话框，介绍如下。

图9-30　【齿轮副定义】对话框　　　图9-31　定义齿轮属性　　　图9-32　【伺服电机定义】对话框

（1）定义从动图元

定义电机的参照，参照可以是运动轴或几何参照。

（2）定义轮廓

进入【轮廓】选项卡，如图9-33所示，该选项卡用于定义电机的参数。

- 【规范】分组框：用于设置电机的定义方式，有【位置】、【速度】和【加速度】3个选项。
- 【模】分组框：用于设置上述3个参数的大小，有【常数】、【斜坡】、【余弦】、【SCCA】、【摆线】、【抛物线】、【多项式】、【表】及【用户定义的】9个选项，选取不同的选项会有不同的定义方式。
- 【图形】分组框：以函数图形的方式显示电机的位置、速度或加速度的变化情况。

十一、定义机构分析

在右工具箱上单击 ⬚ 按钮，打开如图 9-34 所示的【分析定义】对话框，介绍如下。

（1）【类型】分组框

【类型】分组框用于定义分析的类型，包括【位置】、【运动学】、【动态】、【静态】和【力平衡】5 个选项。

（2）【首选项】选项卡

【首选项】选项卡（如图 9-35 所示）主要用于设置以下选项。

图 9-33　轮廓定义　　　　　图 9-34　【分析定义】对话框　　　　　图 9-35　【首选项】选项卡

- 【图形显示】分组框：设置分析运行的时间与帧频。
- 【锁定的图元】分组框：设置分析过程中锁定连接或不参与分析的主体。
- 【初始配置】分组框：定义分析的初始条件。

（3）【电动机】选项卡

【电动机】选项卡用于添加或删除参与分析的电机或者设置不同电机的不同运动时间，如图 9-36 所示。

（4）【外部负荷】选项卡

当选取【动态】、【静态】或【力平衡】3 个分析类型时，该选项卡被激活，如图 9-37 所示。该选项卡用于添加或删除定义的外部负荷，也可以启用重力或摩擦。

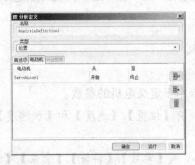

图 9-36　【电动机】选项卡　　　　　　　图 9-37　【外部负荷】选项卡

十二、回放分析结果

在右工具箱上单击 ◄► 按钮，打开如图 9-38 所示的【回放】对话框，介绍如下。

（1）【结果集】分组框

【结果集】分组框用于选取相应的结果集，以进行运动仿真。

（2）碰撞检测设置…按钮

单击碰撞检测设置…按钮，可以打开【冲突检测设置】对话框，如图 9-39 所示，该对话框用于设置冲突检测方式。

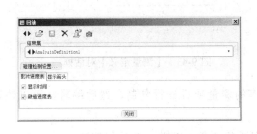

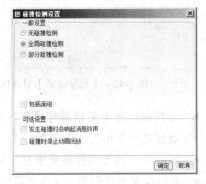

<table>
<tr><td align="center">图 9-38　【回放】对话框</td><td align="center">图 9-39　【冲突检测设置】对话框</td></tr>
</table>

单击◀▶按钮，打开如图 9-40 所示的【动画】对话框，该对话框用于控制运动仿真的播放。单击捕获…按钮，将仿真结果制作成演示动画。在如图 9-41 所示的【捕获】对话框中设置动画的相应参数后单击确定按钮，即可开始动画的录制。

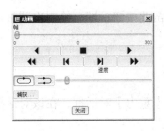

<table>
<tr><td align="center">图 9-40　【动画】对话框</td><td align="center">图 9-41　【捕获】对话框</td></tr>
</table>

十三、测量运动参数

在右工具箱上单击⊠按钮，打开如图 9-42 所示的【测量结果】对话框，介绍如下。

（1）【图形类型】分组框

【图形类型】分组框用于设置测量结果的方式，有【测量与时间】和【测量与测量】两种方式。

（2）【测量】分组框

【测量】分组框用于定义需要测量的变量，其中各个按钮的含义如下。

- ▯按钮：用于新建测量项目。单击此按钮，打开如图 9-43 所示的【测量定义】对话框，在该对话框中定义测量的名称、类型、参照及评估方法等。
- ✎按钮：用于编辑测量项目。如果需要修改测量项目的定义，则可以单击此按钮，打开【测量定义】对话框，在该对话框中进行参数的修改。

图 9-42　【测量结果】对话框　　　　　　　图 9-43　【测量定义】对话框

- 按钮：用于复制测量项目。通过对已有的测量项目进行复制，然后编辑，可以快速地新建一个相类似的测量。
- ✕按钮：用于删除测量项目。如果有不需要的测量，可单击此按钮删除。
- 分别绘制测量图形：当用户同时选取了多个测量结果进行图形显示时，默认情况下系统会将各个测量项目都绘制在一个坐标内。如果选取了该选项，则会在不同的坐标系内显示测量结果的函数图像。

（3）【结果集】分组框

【结果集】分组框用于存放当前进程中的分析结果，以作为测量的评估依据。

（4）⊠按钮

当选取了测量项目和结果后，该按钮会被激活。单击此按钮，即可绘制出测量项目在当前结果集中的函数图像。

十四、定义重力

单击右工具箱上的 ⌐g 按钮，打开如图 9-44 所示的【重力】对话框，在该对话框中可以根据实际情况设置重力的大小和方向。注意单位为 mm/sec²。

十五、定义执行电机

执行电机用于向机构内引入载荷，单击右工具箱上的 ↗ 按钮，打开如图 9-45 所示的【执行电动机定义】对话框，该对话框中各选项的含义与伺服电机中的相似，这里不再赘述。

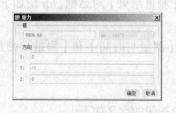

图 9-44　【重力】对话框　　　　　　　图 9-45　【执行电动机定义】对话框

十六、定义弹簧

单击右工具箱上的 ⫸ 按钮，打开如图 9-46 所示的【弹簧定义】工具条，介绍如下。

图 9-46　【弹簧定义】工具条

（1）【名称】分组框

【名称】分组框用于定义弹簧的名称。

（2）【参照类型】分组框

【参照类型】分组框用于设置弹簧的参照类型，并选取相应的参照以定义弹簧的形状与位置。

（3）【属性】分组框

【属性】分组框用于定义弹簧的参数，包括弹性系数 k 和初始长度 u。

十七、定义阻尼器

单击右工具箱上的 按钮，打开如图 9-47 所示的【阻尼器定义】工具条。在该对话框的【属性】分组框中设置阻尼的大小，用户只需根据实际情况输入相应的阻尼系数即可。

图 9-47　【阻尼器定义】工具条

十八、定义力/扭矩

单击右工具箱上的 按钮，打开如图 9-48 所示的【力/扭矩定义】对话框，介绍如下。

（1）【名称】分组框

【名称】分组框用于设置力/扭矩的名称。

（2）【类型】分组框

【类型】分组框用于设置力/扭矩的类型，有【点力】、【主体扭矩】和【点对点力】3 种形式。选取一种类型后，选取相应的参照即可。

（3）【模】选项卡

【模】选项卡用于设置力/扭矩的大小，它有【常数】、【用户定义】、【表】和【定制负荷】4 个选项。单击左侧的 按钮，打开【图形工具】对话框，该对话框可以显示当前定义的值随函数的变化情况。

（4）【方向】选项卡

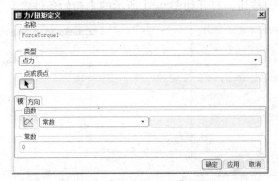

图 9-48　【力/扭矩定义】对话框

【方向】选项卡用于设置力/扭矩的方向，用户可以直接输入向量定义，也可以选取参照轴线或直线来定义，或者选取两个点来定义。其中，【方向相对于】分组框用于设置方向的参照基准，如图 9-49 所示。

图 9-49 【方向】选项卡

十九、定义轨迹曲线

选取菜单命令【插入】/【轨迹曲线】，打开如图 9-50 所示的【轨迹曲线】对话框，介绍如下。

（1）【纸零件】分组框

【纸零件】分组框用于定义轨迹曲线的参照基准，默认条件下为基础。

（2）【轨迹】分组框

【轨迹】分组框用于设置轨迹曲线的类型，有【轨迹曲线】和【凸轮合成曲线】两种。其中，"轨迹曲线"用于定义机构中某一点的运动轨迹，"凸轮合成曲线"则用于定义凸轮的外形轮廓。

（3）【曲线类型】分组框

曲线类型有【2D】和【3D】两种。如果机构的运动是三维的，则可以创建三维轨迹。

（4）【结果集】分组框

【结果集】分组框用于选取一结果集作为轨迹曲线的生成依据。

二十、定义初始条件

单击右工具箱上的 按钮，打开如图 9-51 所示的【初始条件定义】对话框，介绍如下。

图 9-50 【轨迹曲线】对话框

图 9-51 【初始条件定义】对话框

（1）【名称】分组框

【名称】分组框用于设置初始条件的名称，以便于区分。

（2）【快照】分组框

【快照】分组框用于选取一张快照，以定义初始时机
构中各主体的相对位置。

（3）【速度条件】分组框

【速度条件】分组框用于定义机构中的各主体的初始
速度。

二十一、定义质量属性

单击右工具箱上的  按钮，打开如图 9-52 所示的
【质量属性】对话框，该对话框用于定义机构中各主体的
质量属性或密度。

图 9-52　【质量属性】对话框

9.2 工程实例

下面通过一组实例来介绍机构仿真设计的基本方法和技巧。

9.2.1　十字联轴器运动仿真

本例将要介绍的十字联轴器如图 9-53 所示。

一、装配零件

1. 设置工作目录和新建文件。

（1）选取菜单命令【文件】/【新建】，新建名为"Cross_coupling"的组件文件。

（2）取消对【使用缺省模板】复选项的选取，在如图 9-54 所示的【新文件选项】对话框中
选用【mmns_asm_design】模板。

图 9-53　十字联轴器

图 9-54　【新文件选项】对话框

2. 装配机座。

在右工具箱上单击 按钮，打开【打开】对话框。

- 使用浏览方式打开素材文件 "\第 9 章\素材\Cross_Coupling\body.prt"，该零件为一机座模型，如图 9-55 所示。
- 在界面空白处长按鼠标右键，在弹出的快捷菜单中选取【缺省约束】选项，将元件固定在当前位置。

完全约束后的模型如图 9-56 所示。

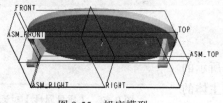

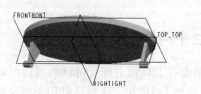

图 9-55　机座模型　　　　　　　　　　　　　　图 9-56　完全约束后的模型

3. 装配连轴节 1。

（1）再次在右工具箱上单击 按钮，打开【打开】对话框。

- 打开素材文件 "\第 9 章\素材\Cross_Coupling\coupling_1.prt"，该零件为一连轴节模型。
- 设置约束类型为【销钉】，分别选取如图 9-57 所示的基准轴线作为约束参照，创建【轴对齐】约束。
- 继续选取如图 9-58 所示的表面作为约束参照，创建【平移】约束，子类型为【重合】。

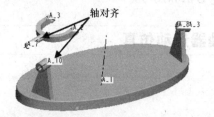

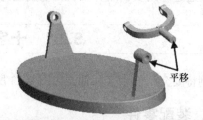

图 9-57　参照设置（1）　　　　　　　　　　　图 9-58　参照设置（2）

设置完毕后单击鼠标中键退出，结果如图 9-59 所示。

（2）选中刚才装配的连轴节后，选取菜单命令【编辑】/【重复】，打开【重复元件】对话框。

- 按照图 9-60 所示选取两个装配约束，然后单击 [添加] 按钮为约束选取参照。

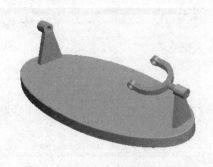

图 9-59　装配结果　　　　　　　　　　　　　图 9-60　【重复元件】对话框

● 选取如图 9-61 所示的基准轴线和平面作为参照。

单击 确认 按钮后，得到如图 9-62 所示的装配结果。

图 9-61　选取参照　　　　　　　　　　　图 9-62　装配结果

4. 装配十字轴。

（1）再次在右工具箱上单击 按钮，打开【打开】对话框。

● 打开素材文件 "\第 9 章\素材\Cross_Coupling\cross_shaft.prt"，该零件为一十字轴模型，
如图 9-63 所示。

● 设置约束类型为【销钉】，分别选取如图 9-64 所示的基准轴线作为约束参照，创建【轴
对齐】约束。

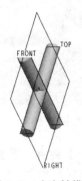
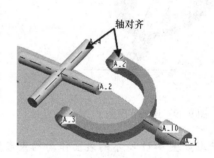

图 9-63　十字轴模型　　　　　　　　　　图 9-64　参照设置（1）

● 继续选取如图 9-65 所示的表面作为约束参照，创建【平移】约束，子类型为【重合】。
设置完毕后单击鼠标中键退出，结果如图 9-66 所示。

图 9-65　参照设置（2）　　　　　　　　图 9-66　装配结果

（2）选中刚才装配的十字轴后，选取菜单命令【编辑】/【重复】，打开【重复元件】对
话框。

● 选取两个装配约束，然后单击 添加 按钮为约束选取参照。

● 选取如图 9-67 所示的基准轴线和平面作为参照。

单击 确认 按钮后，得到如图 9-68 所示的装配结果。

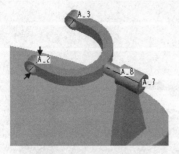

图 9-67　选取参照

图 9-68　装配结果

5. 装配连轴节 2。

（1）再次在右工具箱上单击 按钮，打开【打开】对话框。

- 打开素材文件 "\第 9 章\素材\Cross_Coupling\coupling_2.prt"，该零件为一连轴节模型，如图 9-69 所示。
- 设置约束类型为【销钉】，分别选取如图 9-70 所示的基准轴线作为约束参照，创建【轴对齐】约束。

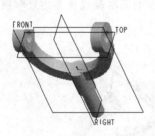

图 9-69　连轴节模型

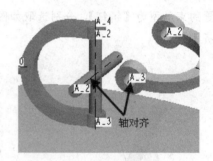

图 9-70　参照设置（1）

- 继续选取如图 9-71 所示的表面作为约束参照，创建【平移】约束，子类型为【重合】。最后得到如图 9-72 所示的装配结果。

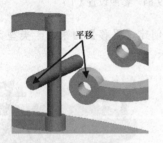

图 9-71　参照设置（2）

图 9-72　装配结果

（2）选中刚才装配的连轴节后，选取菜单命令【编辑】/【重复】，打开【重复元件】对话框。

- 选取两个装配约束，然后单击 添加 按钮为约束选取参照。
- 选取如图 9-73 所示的基准轴线和平面作为参照。

最后得到如图 9-74 所示的装配结果。

图 9-73　选取参照　　　　　　　　图 9-74　装配结果

6. 装配套筒。

再次在右工具箱上单击 按钮，打开【打开】对话框。

● 打开素材文件 "\第 9 章\素材\Cross_Coupling\barrel.prt"，该零件为一套筒模型，如图 9-75 所示。

● 设置约束类型为【滑动杆】，分别选取如图 9-76 所示的两个边线作为【轴对齐】的约束参照。

● 继续选取如图 9-77 所示的基准平面作为【旋转】参照。

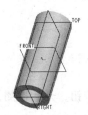

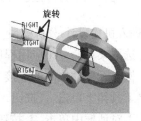

图 9-75　套筒模型　　　　图 9-76　参照设置（1）　　　图 9-77　参照设置（2）

● 仿照前面的方法继续选取如图 9-78 和图 9-79 所示的参照，添加第二个滑动杆约束。

● 继续添加销钉连接，选取如图 9-80 所示的基准轴和如图 9-81 所示的平面作为参照，输入偏移距离 "5"。

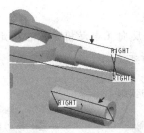

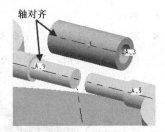

图 9-78　参照设置（3）　　　图 9-79　参照设置（4）　　　图 9-80　参照设置（5）

设置完毕后单击鼠标中键退出，结果如图 9-82 所示。

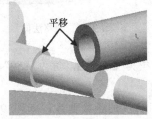

图 9-81　参照设置（6）　　　　　　　图 9-82　装配结果

至此，整个联轴器机构装配完毕。

二、进行机构运动仿真

1. 检查机构是否能顺利装配成机构组件。

把鼠标光标放在要移动的元件上，按住 Ctrl + Alt 组合键，拖动鼠标左键旋转右边的连轴节1，可以看到整个机构运动，如图 9-83 和图 9-84 所示。

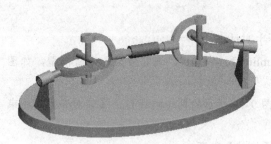

图 9-83　拖动机构（1）　　　　　　　　　　图 9-84　拖动机构（2）

2. 进入机构设计/分析模块。

（1）选取菜单命令【应用程序】/【机构】，进入运动仿真模块。

（2）检查元部件之间的连接。

在上工具箱上单击 按钮，打开【连接组件】对话框，单击 运行 按钮，开始检测，在打开的【确认】对话框中单击 是 按钮。

3. 设置伺服电动机。

在右工具箱上单击 按钮，打开【伺服电动机定义】对话框。

● 修改电动机的名称为 "Master_Motor"。

● 选取如图 9-85 所示的运动轴作为参照，使电动机的运动轴落在此轴上，即动力源在此轴上。

● 单击 反向 按钮可以使电动机反向（电动机是以右手定则来定义方向的），此例使电动机的法向指向内，如图 9-86 所示。

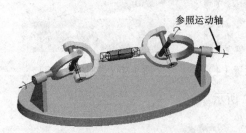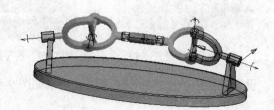

图 9-85　选取参照　　　　　　　　　　　图 9-86　调整法向

● 进入【轮廓】选项卡，设置规范类型为【速度】，模为【常数】，值为 "50"，即电动机以每秒 50 度的速度等速转动。

● 单击对话框中的 按钮，以图形方式显示电动机速度的函数曲线，如图 9-87 所示，其速度曲线为一平直线，大小为 50。

- 单击 确定 按钮退出，模型上显示出电机的符号，如图 9-88 所示。

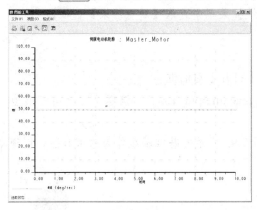

图 9-87　【图形工具】对话框

图 9-88　显示电机符号

4. 进行机构运动分析和仿真。

在右工具箱上单击 按钮，打开【分析定义】对话框。

- 将机构分析的【名称】设为 "Cross_coupling"。
- 将类型选项设为【运动学】，以进行机构的运动分析。
- 设置终止时间为 10s。
- 单击 运行 按钮，机构开始运行，完成后单击 确定 按钮退出。

5. 播放机构分析及仿真的结果。

- 在右工具箱上单击 按钮，打开【回放】对话框。
- 单击对话框中的 按钮，打开【动画】对话框，单击 ▶ 按钮，播放机构运动。
- 单击对话框中的 捕获... 按钮，打开【捕获】对话框，名称默认为 "CROSS_COUPLING. mpeg"，类型为【MPEG】，接受默认的图像大小，单击 确定 按钮后，进入捕获的界面。
- 捕获出来的 ".mpeg" 格式的视频文件自动保存在工作目录下，用 Windows Media Player 等播放器可以打开。
- 单击【回放】对话框中的 按钮，保存当前结果，接受默认的文件名称 "Cross_coupling.pbk"。

9.2.2　牛头刨床运动仿真

本例创建的牛头刨床如图 9-89 所示。

一、装配零件

1. 设置工作目录和新建文件。

创建名为 "Shaping_machine" 的组件文件，选用【mmns_asm_design】模板，随后进入组件环境。

2. 装配机座。

在右工具箱上单击 按钮，打开【打开】对话框。

图 9-89　牛头刨床

- 打开素材文件 "\第 9 章\素材\Shaping_machine\body.prt"，该零件为一机座模型，如

图 9-90 所示。

● 在界面空白处长按鼠标右键，在弹出的快捷菜单中选取【缺省约束】选项。
完全约束后的模型如图 9-91 所示。

3．装配销钉 1。

（1）再次在右工具箱上单击 按钮，打开【打开】对话框。

● 打开素材文件 "\第 9 章\素材\Shaping_machine\pin_1.prt"，该零件为一销钉模型，如图 9-92 所示。

● 设置约束类型为【销钉】，分别选取如图 9-93 所示的基准轴线作为约束参照，创建【轴对齐】约束。

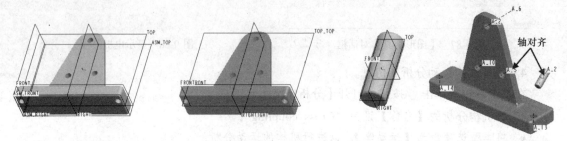

图 9-90　机座模型　　　图 9-91　完全约束后的模型　　　图 9-92　销钉模型　　　图 9-93　参照设置（1）

● 继续选取如图 9-94 所示的表面作为约束参照，创建【平移】约束，子类型为【重合】。
设置完毕后单击鼠标中键退出，结果如图 9-95 所示。

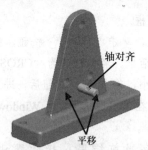

图 9-94　参照设置（2）　　　　　　　　　图 9-95　装配结果

（2）选中刚才装配的销钉 1 后，选取菜单命令【编辑】/【重复】，打开【重复元件】对话框。

● 按照图 9-96 所示选取其中的第一个轴对齐约束，然后单击　添加　按钮为约束选取参照。

● 选取如图 9-97 所示的基准轴线作为参照，单击　确认　按钮后，得到如图 9-98 所示的装配结果。

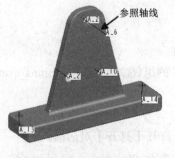

图 9-96　【重复元件】对话框　　　图 9-97　参照设置　　　图 9-98　装配结果

4. 装配销钉 2。

仿照销钉 1 的装配过程，分别选取如图 9-99 和图 9-100 所示的基准轴线和平面作为参照，装配销钉 2，得到如图 9-101 所示的装配结果。

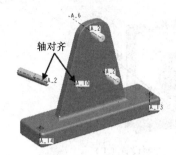

图 9-99　参照设置（1）

图 9-100　参照设置（2）

图 9-101　装配结果

5. 装配导轨。

在右工具箱上单击 按钮，打开【打开】对话框。

● 打开素材文件"\第 9 章\素材\Shaping_machine\guider.prt"，该零件为一导轨模型，如图 9-102 所示。

● 选取如图 9-103 所示的基准轴线作为约束参照，创建【对齐】约束。

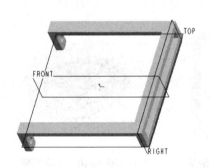

图 9-102　导轨模型

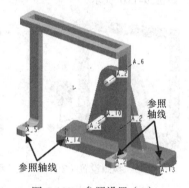

图 9-103　参照设置（1）

● 继续选取如图 9-104 所示的表面作为约束参照，创建【匹配】约束。

设置完毕后单击鼠标中键退出，结果如图 9-105 所示。

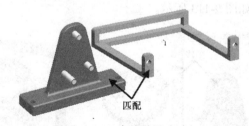

图 9-104　参照设置（2）

图 9-105　装配结果

6. 装配主动齿轮。

再次在右工具箱上单击 按钮，打开【打开】对话框。

● 打开素材文件"\第 9 章\素材\Shaping_machine\master_gear.prt"，该零件为一齿轮模型，

如图 9-106 所示。

- 设置约束类型为【销钉】，分别选取如图 9-107 所示的基准轴线作为约束参照，创建【轴对齐】约束。

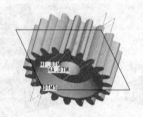

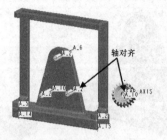

图 9-106　齿轮模型　　　　　　　　　图 9-107　参照设置（1）

- 继续选取如图 9-108 所示的表面作为约束参照，创建【平移】约束，子类型为【重合】。设置完毕后单击鼠标中键退出，结果如图 9-109 所示。

7. 装配从动齿轮。

再次在右工具箱上单击按钮，打开【打开】对话框。

- 打开素材文件 "\第 9 章\素材\Shaping_machine\slaver_gear.prt"，该零件为一齿轮模型，如图 9-110 所示。

图 9-108　参照设置（2）　　　图 9-109　装配结果　　　　　图 9-110　齿轮模型

- 设置约束类型为【销钉】，分别选取如图 9-111 所示的基准轴线作为约束参照，创建【轴对齐】约束。
- 继续选取如图 9-112 所示的表面作为约束参照，创建【平移】约束，子类型为【重合】。设置完毕后单击鼠标中键退出，结果如图 9-113 所示。

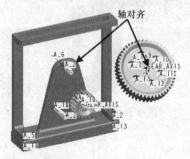

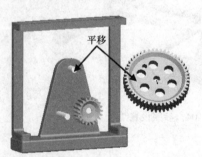

图 9-111　参照设置（1）　　　　　图 9-112　参照设置（2）　　　　　图 9-113　装配结果

8. 装配曲柄。

再次在右工具箱上单击  按钮，打开【打开】对话框。

- 打开素材文件 "\第 9 章\素材\Shaping_machine\crank.prt"，该零件为一曲柄模型，如图 9-114 所示。
- 设置约束类型为【销钉】，分别选取如图 9-115 所示的基准轴线作为约束参照，创建【轴对齐】约束。
- 继续选取如图 9-116 所示的表面作为约束参照，创建【平移】约束，子类型为【重合】。

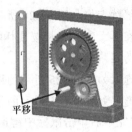

| 图 9-114 曲柄模型 | 图 9-115 参照设置（1） | 图 9-116 参照设置（2） |

设置完毕后单击鼠标中键退出，结果如图 9-117 所示。

9. 装配销钉 3。

再次在右工具箱上单击  按钮，打开【打开】对话框。

- 打开素材文件 "\第 9 章\素材\Shaping_machine\pin_3.prt"，该零件为一销钉模型，如图 9-118 所示。
- 设置约束类型为【销钉】，分别选取如图 9-119 所示的基准轴线作为约束参照，创建【轴对齐】约束。

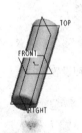

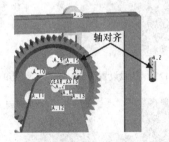

| 图 9-117 装配结果 | 图 9-118 销钉模型 | 图 9-119 参照设置（1） |

- 继续选取如图 9-120 所示的表面作为约束参照，创建【平移】约束，子类型为【重合】。

设置完毕后单击鼠标中键退出，结果如图 9-121 所示。

10. 装配滑块 1。

再次在右工具箱上单击 按钮，打开【打开】对话框。

- 打开素材文件 "\第 9 章\素材\Shaping_machine\slider_1.prt"，该零件为一滑块模型，如图 9-122 所示。
- 设置约束类型为【销钉】，分别选取如图 9-123 所示的基准轴线作为约束参照，创建【轴对齐】约束。

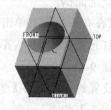

图 9-120　参照设置（2）　　　　图 9-121　装配结果　　　　图 9-122　滑块模型

- 继续选取如图 9-124 所示的表面作为约束参照，创建【平移】约束，子类型为【重合】。
- 在界面空白处长按鼠标右键，在弹出的快捷菜单中选取【添加集】选项，设置约束类型为【滑动杆】。
- 选取如图 9-125 所示的两条边线作为【轴对齐】的约束参照。
- 选取如图 9-126 所示的平面作为【旋转】约束参照。

设置完毕后单击鼠标中键退出，结果如图 9-127 所示。

11. 装配滑块 2。

再次在右工具箱上单击 按钮，打开【打开】对话框。

- 打开素材文件 "\第 9 章\素材\Shaping_machine\slider_2.prt"，该零件为一滑块模型，如图 9-128 所示。

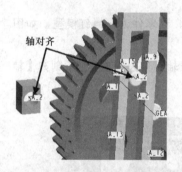

图 9-123　参照设置（1）　　　图 9-124　参照设置（2）　　　图 9-125　参照设置（3）

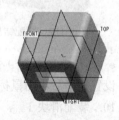

图 9-126　参照设置（4）　　　　图 9-127　装配结果　　　　图 9-128　滑块模型

- 设置约束类型为【滑动杆】，分别选取如图 9-129 所示的两条边线作为【轴对齐】的约束参照。
- 继续选取如图 9-130 所示的表面作为【旋转】参照。

设置完毕后单击鼠标中键退出，结果如图 9-131 所示。

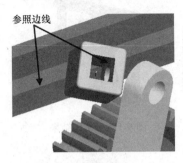

参照边线

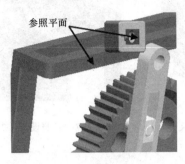

参照平面

图 9-129 参照设置（1）　　　图 9-130 参照设置（2）　　　图 9-131 装配结果

12. 装配销钉 4。

再次在右工具箱上单击 按钮，打开【打开】对话框。

● 打开素材文件 "\第 9 章\素材\Shaping_machine\pin_4.prt"，该零件为一销钉模型，如图 9-132 所示。

● 设置约束类型为【销钉】，分别选取如图 9-133 所示的两条边线作为【轴对齐】的约束参照。

● 继续选取如图 9-134 所示的表面作为【平移】的约束参照，子类型为【重合】。

设置完毕后单击鼠标中键退出，结果如图 9-135 所示。

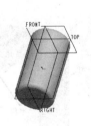

图 9-132 销钉模型

轴对齐

图 9-133 参照设置（1）

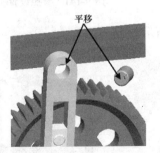

平移

图 9-134 参照设置（2）

图 9-135 装配结果

13. 装配销钉 5。

仿照销钉 4 的装配过程，分别选取如图 9-136 和图 9-137 所示的基准轴线和平面作为参照，装配销钉 5，偏移距离为 "6"，得到如图 9-138 所示的装配结果。

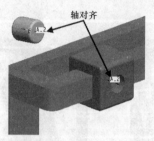

图 9-136　参照设置（1）

图 9-137　参照设置（2）

图 9-138　装配结果

14. 装配推杆。

再次在右工具箱上单击 按钮，打开【打开】对话框。

- 打开素材文件 "\第 9 章\素材\Shaping_machine\push_rod.prt"，该零件为一推杆模型，如图 9-139 所示。
- 设置约束类型为【销钉】，分别选取如图 9-140 所示的两条边线作为【轴对齐】的约束参照。
- 继续选取如图 9-141 所示的表面作为参照，创建【平移】约束。
- 在界面空白处长按鼠标右键，在弹出的快捷菜单中选取【添加集】选项，设置约束类型为【销钉】。
- 选取如图 9-142 所示的两条边线作为【轴对齐】的约束参照。
- 选取如图 9-143 所示的平面作为【平移】的约束参照。

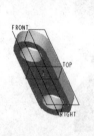

图 9-139　推杆模型

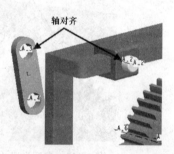

图 9-140　参照设置（1）

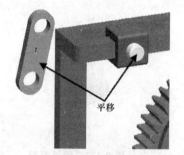

图 9-141　参照设置（2）

设置完毕后单击鼠标中键退出，结果如图 9-144 所示。

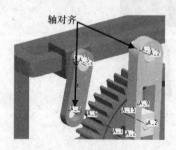

图 9-142　参照设置（3）

图 9-143　参照设置（4）

图 9-144　装配结果

二、进行机构运动仿真

1. 检查机构是否能顺利装配成机构组件。

按住 Ctrl+Alt 组合键的同时，按住鼠标左键旋转从动齿轮，机构就可以按照相应的连接方式进行运动，但此时主动齿轮还不能跟着从动齿轮一起运动（如图 9-145 所示），因为还没有设置齿轮副连接。

图 9-145　检查机构

2. 进入机构设计/分析模块。

（1）选取菜单命令【应用程序】/【机构】，进入运动仿真模块。

（2）检查元部件之间的连接。在上工具箱上单击 按钮，打开【连接组件】对话框，单击 运行 按钮开始检测，在打开的【确认】对话框中单击 是 按钮。

3. 调整大小齿轮的位置。

装配之后的大齿轮齿跟（或齿顶）一般都没有和小齿轮齿顶（或齿跟）对齐在一起，因此在齿轮啮合处存在干涉，如图 9-146 所示。

● 在上工具箱上单击 按钮，打开【拖动】对话框，单击【约束】选项卡中的两个 按钮。

● 选取从动齿轮的基准平面 HF_DTM 和主动齿轮的基准平面 HA_DTM 作为参照，使这两个基准平面平齐，如图 9-147 和图 9-148 所示。最终结果如图 9-149 所示。

图 9-146　干涉检查

图 9-147　选取参照（1）

图 9-148　选取参照（2）

图 9-149　修正后的结果

4. 设置齿轮连接。

在右工具箱上单击 按钮，打开【齿轮副定义】对话框。

- 齿轮副的名称被自动设为"GearPair1"，用户也可以改齿轮副的名称，这里采用默认值。
- 接受默认的齿轮副类型【标准】，选取如图 9-150 所示的连接作为主动齿轮的运动轴，设置主动齿轮的节圆直径为 40mm。
- 进入【齿轮 2】选项卡，仿照前面的方法选取如图 9-151 所示的连接作为从动齿轮的运动轴，设置从动齿轮的节圆直径为 100mm。

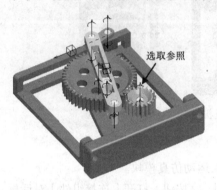

图 9-150　设置运动轴（1）

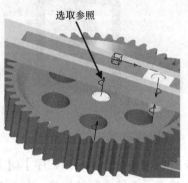

图 9-151　设置运动轴（2）

- 单击【齿轮副定义】对话框中的 确定 按钮，完成齿轮副的定义，画面中将显示两个齿轮连接的符号，如图 9-152 所示。

5. 设置伺服电动机。

在右工具箱上单击 按钮，打开【伺服电动机定义】对话框。

- 修改电动机的名称为"Master_Motor"。
- 选取主动齿轮的运动轴作为参照，如图 9-153 所示，使电动机的运动轴落在此轴上，即动力源在此轴上。

图 9-152　显示齿轮连接符号

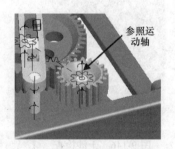

图 9-153　选取参照

- 进入【轮廓】选项卡，设置规范类型为【速度】，模为【常数】，值为"100"，即电动机以每秒 100 度的速度等速转动。
- 单击对话框中的 按钮，以图形方式显示电动机速度的函数曲线，如图 9-154 所示，其速度曲线为一平直线，大小为 100。
- 单击 确定 按钮退出，模型上显示出电机符号，如图 9-155 所示。

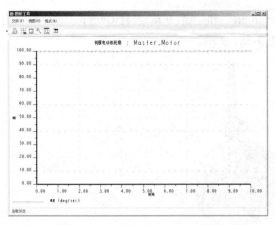

图 9-154 【图形工具】对话框

图 9-155 显示电机符号

6. 进行机构运动分析和仿真。

在右工具箱上单击 按钮，打开【分析定义】对话框。

● 将机构分析的【名称】设为 "Shaping_machine"。

● 将类型选项设为【运动学】，以进行机构的运动分析。

● 设置终止时间 22s。

● 单击 运行 按钮机构开始运行，完成后单击 确定 按钮退出。

7. 播放机构分析及仿真的结果。

（1）在右工具箱上单击 按钮，打开【回放】对话框，继续单击对话框中的 按钮，打开【动画】对话框，然后单击 ▶ 按钮播放机构运动。

（2）单击【回放】对话框中的 按钮，保存当前结果。

9.3 习题

1. 简要总结机构运动仿真的基本过程。

2. 打开素材文件 "\第 9 章\素材\Gearing\gear1.prt" 和 "\第 9 章\素材\Gearing\gear2.prt"，为其创建正确的连接后，对其进行运动仿真，如图 9-156 所示。

图 9-156 齿轮机构

3. 打开素材文件"\第 9 章\素材\Cam\cam.prt"和"\第 9 章\素材\Cam\pusher.prt"，为其创建正确的连接后，对其进行运动仿真，如图 9-157 所示。

图 9-157　凸轮机构

第10章

模具设计

当前，模具行业已经成为一个国家工业的重要组成部分。模具可以制造形状复杂的零部件，具有生产率高、节约材料、成本低廉和产品质量优良等优点。随着计算机技术的发展，手工制作模具的设计方式正逐渐向模具 CAD 方式转变。本章重点介绍使用 Pro/E 进行模具设计的基本方法和技巧。

学习目标

- 理解模具的概念和用途。
- 掌握模具设计的基本原理。
- 掌握模具设计的基本流程。
- 掌握典型模具的设计技巧。

10.1

模具设计综述

模具的发展源远流长，远古时期的陶瓷制作就运用了模具的原理并产生了最初的模具技术，而钢铁冶炼技术的出现更促进了模具技术的发展，使得模具技术的应用范围进一步扩大。当前，随着计算机技术的兴起，模具技术走上了发展的快车道，已经渗透到人们生活的各个方面，成为现代生产中的一项重要技术。

10.1.1 认识模具的结构及其生产过程

模具设计的主要工作就是设计凸模和凹模，一般说来，一副完整的模具至少具有如图 10-1 所示的部分。

其中，凸模和凹模配合构成模腔，形成产品的外形，在模腔中填充固态或液态材料，在一定压力下成型后，形成产品。凸（凹）模固定零部件主要用来固定凸（凹）模，确保其在特定方向上的相对位置。顶出装置主要用来顶出已成型的产品，提高自动化程度，降低劳动强度。

生产时，凸模和凹模中的一个固定不动，另一个周期性地往复运动，在一个周期内可以生产出一个或多个产品。以注塑模具为例，一个成型周期大致经过 6 个阶段，即初始位置阶段、合模阶段、注塑阶段、成型阶段、开模阶段及顶出成品（恢复到初始位置）阶段。其中，生产系统示意图如图 10-2 所示，生产周期中各个阶段的示意图如图 10-3 至图 10-8 所示。

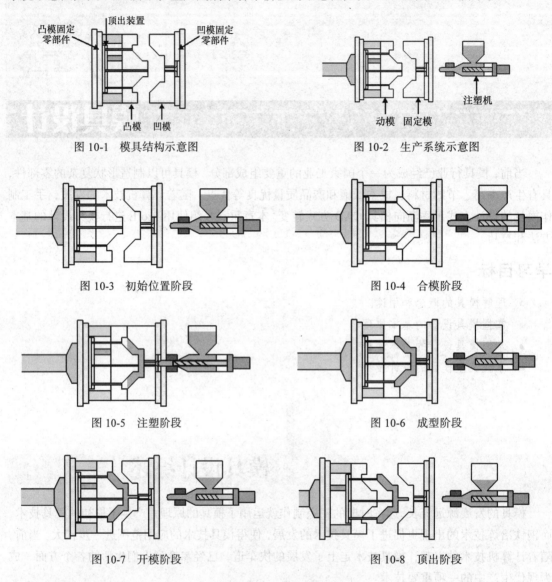

图 10-1　模具结构示意图　　　　　　　图 10-2　生产系统示意图

图 10-3　初始位置阶段　　　　　　　　图 10-4　合模阶段

图 10-5　注塑阶段　　　　　　　　　　图 10-6　成型阶段

图 10-7　开模阶段　　　　　　　　　　图 10-8　顶出阶段

10.1.2　Pro/E 模具设计流程

启动 Pro/E 后，在上工具箱上单击 按钮，打开【新建】对话框，在【类型】分组框中选取【制造】单选项，在【子类型】分组框中选取【模具型腔】单选项，如图 10-9 所示。【子类型】中有若干选项，其中与模具设计相关的主要有以下 3 个选项。

- 【铸造型腔】：主要用于设计压制模。
- 【模具型腔】：主要用于设计注射模。
- 【模面】：主要用于设计冲压模。

设计时，通常在【新建】对话框中取消对【使用缺省模板】复选项的选取，然后在打开的【新文件选项】对话框中选择【mmns_mfg_mold】模板，如图 10-10 所示。

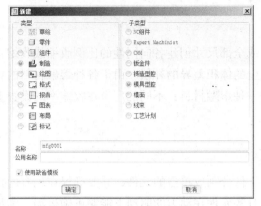

图 10-9　【新建】对话框　　　　　　　　图 10-10　【新文件选项】对话框

使用 Pro/E 进行模具设计的基本流程如图 10-11 所示。

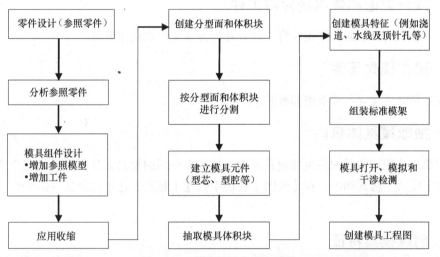

图 10-11　模具设计的基本流程

从图 10-11 可以看出，执行一个典型的模具设计任务主要包括以下工作。

一、参照零件设计

参照零件用于生成参照模型，为创建模具模型做准备。零件设计一般由造型工程师和结构工程师完成，不是模具设计师的主要工作。由于 3 类工程师所处的角度不同，时常会出现一些设计争议，例如按造型工程和结构工程完成的模型不满足模具设计的相关原则等。

二、分析参照零件

分析参照零件的结构特点，初步拟定模具设计方案。

三、模具组件设计

模具组件包括参照模型和工件。装配参照模型是指在已有相似或相同零件的情况下，直接通过调用参照模型来创建模具模型。工件是用于创建和分割模具的坯料，设计完成后，将其分割为多个相互独立的模具元件。

四、创建模具模型的收缩

创建模具模型的收缩可为模型上的部分尺寸或全部尺寸创建各向同性的比例收缩或收缩系数，实现对由于温度变化而带来的热胀冷缩所产生的体积差异的补偿。由于各种熔融材料的物理性能不同，其收缩率也不尽相同，即使对于同一种熔融材料，不同的厂家在收缩率的设置上也有所差异。

五、创建分型面和体积块

分型面是一种曲面特征，其主要用途就是将工件分割成单独的元件，并要确保在现有的技术水平下能够制造满足使用要求的各种元件，同时各元件在动力的驱动下能够正确运动，满足相关模具加工工艺的需要，该步骤是模具设计的重点和难点。

六、按分型面和体积块分割工件

使用创建好的分型面或体积块将工件分开，为抽取体积块作准备。

七、建立模具元件

根据分割结果建立各种型腔和型芯。

八、抽取模具体积块

抽取模具体积块的目的是生成模具元件。抽取完毕后的模具元件成为功能完全的零件，可在【零件】模式下将其调出，在【绘图】模块中创建工程图，还可以使用 Pro/NC 对其进行数控加工。

九、创建模具特征

浇口、流道和水线是模具中的重要组成部分。增加浇口、流道和水线作为模具特征是模具设计的重要步骤，在创建模具零件时要重点考虑到这些因素。

十、组装标准模架

模架用于实现模具元件的打开和组装，以便于模具管理。目前模架设计已经标准化，可以使用 EMX 等软件来创建，简单方便。

十一、模具打开、模拟和干涉检测

通过定义模具打开步骤可对每一步骤都进行是否与静态零件相干涉的检测。必要时，应修改模具元件。用户可以对开模过程进行模拟，以观察各模具元件的相对空间位置和运动轨迹。

十二、创建模具工程图

用户可以通过 Pro/DETAIL 工程图模块完成模具视图的创建和编辑、尺寸的自动标注和手工标注、各种类型注释的创建和编辑、工程图框和模板的建立、自定义符号的创建、BOM 表的创建和输出、多模型和多页面工程图的管理以及出图打印等。

 参照模型是模具设计的依据，是产品的最初描述，没有参照模型就无法进行模具设计。模具是手段，是方法，是参照模型与产品的中间环节。通过模具能制造出符合设计者意愿的产品。产品是目的，只有生产出的产品满足设计者的意愿时，生产该产品的模具的设计才是成功的。在外观上，产品通常与参照模型相同或相似。

10.1.3 工程实例——齿轮模具设计

本例将结合如图 10-12 所示的齿轮组件来介绍模具设计的基本流程。

1. 创建文件夹及设置工作目录。

（1）启动 Pro/E 5.0，在左侧的导航栏内选择要创建新文件夹的盘符路径，然后单击鼠标右键，在弹出的快捷菜单中选取【新建文件夹】选项，将其命名为"Gear_mold"。

（2）在刚才新建的文件夹上单击鼠标右键，在弹出的快捷菜单中选取【设置工作目录】选项。

图 10-12　齿轮组件

（3）将素材文件"\第 10 章\素材\Gear.prt"复制到"Gear_mold"文件夹中。

2. 创建模具文件。

（1）在上工具箱上单击 □ 按钮，在打开的【新建】对话框中选择文件的类型为【制造】，子类型为【模具型腔】。

（2）输入文件名称"Gear_mold"，取消对【使用缺省模板】复选项的选取。在打开的【新文件选项】对话框中选择【mmns_mfg_mold】作为文件的模板，完成后单击 确定 按钮，打开模具设计界面。

3. 创建参考零件。

（1）在菜单管理器中选取【模具】/【模具模型】/【装配】/【参照模型】选项，如图 10-13 所示。系统打开先前设置的工作目录，用鼠标左键双击参考零件"Gear.prt"，将其导入，如图 10-14 所示，系统打开装配操作界面。

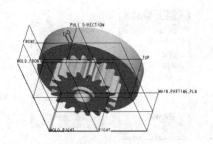

图 10-13　【模具】菜单　　　　　　　　　图 10-14　参考零件

（2）选取参考零件的底面，然后选取模具组件的基准平面 MAIN_PARTING_PIN，设置装配约束为【匹配】，完成第一组约束。

（3）选取参考零件的基准平面 TOP，然后选取模具组件的基准平面 MOLD_FRONT，设置装配约束为【匹配】，完成第二组约束。

（4）选取参考零件的基准平面 RIGHT，然后选取模具组件的基准平面 MOLD_RIGHT，设置装配约束为【对齐】，完成第三组约束，如图 10-15 所示。

完全约束后的模型如图 10-16 所示，单击鼠标中键退出装配模式。

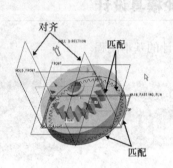

图 10-15　选取参照

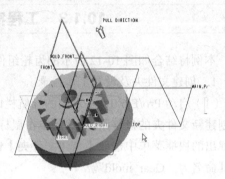

图 10-16　完全约束后的模型

（5）在如图 10-17 所示的【创建参照模型】对话框中单击 确定 按钮，以接受默认的设置。

（6）在【模具模型】菜单中选取【完成/返回】选项，完成参考模型的导入。然后单击上工具箱上的 按钮，关闭基准平面的显示，结果如图 10-18 所示。

图 10-17　【创建参照模型】对话框

图 10-18　导入的模型

（7）在【模具】菜单管理器中选取【模具】/【收缩】/【按比例】选项，如图 10-19 所示，系统打开【按比例收缩】对话框。

（8）选取参考零件坐标系 PRT_DEF_CSYS 作为参照，输入收缩率 "0.005" 后按 Enter 键确认，如图 10-20 所示，然后单击 ✔ 按钮，完成收缩率的设置。

（9）在【收缩】菜单中选取【完成/返回】选项，返回【模具】菜单管理器。

图 10-19　【模具】菜单管理器

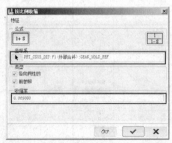

图 10-20　【按比例收缩】对话框

4. 创建工件。

（1）在【模具】菜单管理器中选取【模具模型】/【创建】/【工件】/【手动】选项，如图 10-21 所示。系统打开如图 10-22 所示的【元件创建】对话框，输入元件名称 "Workpiece"后按 Enter 键确认。

图 10-21　依次选取的菜单

（2）在打开的【创建选项】对话框中选取【创建特征】单选项后，单击 确定 按钮，如图 10-23 所示。

图 10-22　【元件创建】对话框　　　　　　　　图 10-23　【创建选项】对话框

（3）在【模具】菜单管理器中选取【特征操作】/【实体】/【伸出项】选项，打开如图 10-24 所示的【实体选项】菜单，选取【拉伸】、【实体】和【完成】选项后，打开拉伸设计图标板。

（4）在界面空白处长按鼠标右键，在弹出如图 10-25 所示的快捷菜单中选取【定义内部草绘】选项。选取基准平面 MAIN_PARTING_PIN 作为草绘平面，接受默认的视图方向参照，单击鼠标中键，进入二维草绘模式。

（5）选取基准平面 MAIN_FRONT 和 MAIN_RIGHT 作为标注和约束参照，绘制如图 10-26 所示的截面图形后，单击 ✔ 按钮，退出草绘模式。

（6）在图标板上单击 选项 按钮，打开上滑参数面板，设置【第1侧】和【第2侧】的拉伸深度分别为 "31" 和 "20"，如图 10-27 所示，完成后单击鼠标中键退出。

（7）在菜单中分别选取【完成】和【完成/返回】选项，返回【模具】菜单管理器，生成的工件如图 10-28 所示。

图 10-24   选取的菜单

图 10-25   快捷菜单

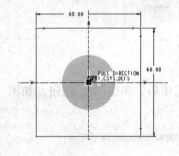

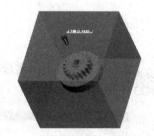

图 10-26   草绘截面   图 10-27   参数设置   图 10-28   生成的工件

5. 设计分型面。

（1）在右工具箱上单击 按钮，进入体积块创建模式，单击右工具箱上的 按钮，创建拉伸特征。

（2）在界面空白处长按鼠标右键，在弹出的快捷菜单中选取【定义内部草绘】选项，然后选取基准平面 MAIN_PARTING_PLN 作为草绘平面，接受其他默认设置，单击鼠标中键，进入二维草绘模式。

（3）在草绘平面内绘制如图 10-29 所示的截面图形，完成后退出草绘模式。

（4）在图标板上单击 选项 图标，在弹出的快捷菜单中选取拉伸方式为【到选定项】，如图 10-30 所示，选取如图 10-31 所示胚料的底面作为参照，单击鼠标中键，完成主体体积块的创建，如图 10-32 所示。

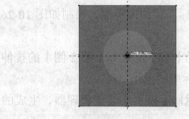

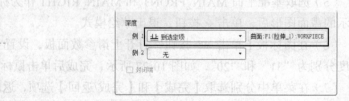

图 10-29   草绘截面   图 10-30   参数设置

图 10-31 参照设置

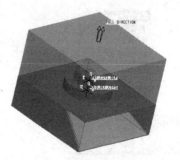

图 10-32 创建的主体体积块

（5）打开模型树窗口，在工件图标上单击鼠标右键，在弹出的快捷菜单中选取【遮蔽】选项，如图 10-33 所示，使工件不显示在操作界面上。

（6）单击 按钮，创建拉伸体积块，在打开的【草绘】对话框中单击 使用先前的 按钮，以选取与上一步相同的参照来创建体积块，然后单击鼠标中键，进入二维草绘模式。

（7）在草绘平面内绘制如图 10-34 所示的截面图形，完成后退出草绘模式，其深度设置方

图 10-33 遮蔽工件

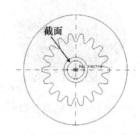

图 10-34 草绘截面

式与上一步的相同，选取如图 10-35 所示的平面作为拉伸终止面，单击 按钮，退出后生成如图 10-36 所示的分模体积块（遮蔽掉参考零件后）。

图 10-35 拉伸参照

图 10-36 生成的分模体积块

6. 拆模。

（1）在模型树中用鼠标右键单击工件图标，在弹出的快捷菜单中选取【取消遮蔽】选项。

（2）在右工具箱上单击 按钮，在如图 10-37 所示的的【分割体积块】菜单中选取【两个体积块】、【所有工件】和【完成】选项，打开如图 10-38 所示的【分割】对话框。

图 10-37 【模具】菜单管理器   图 10-38 【分割】对话框

（3）选取上一步创建的体积块作为分型面，如图 10-39 所示，然后单击鼠标中键确定。

（4）在打开的【岛列表】菜单管理器中依次选取【岛 2】和【完成选取】选项，如图 10-40 所示，然后单击【分割】对话框中的 确定 按钮，结束体积块的分割。

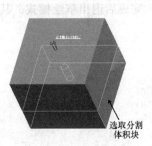

图 10-39 选取分型面   图 10-40 【岛列表】菜单管理器

（5）在如图 10-41 所示的【属性】对话框中输入前模名称 "CAV"，然后单击 着色 按钮，分割的前模如图 10-42 所示。

（6）单击 确定 按钮确定，系统再次打开【属性】对话框，输入后模名称 "COR"，然后单击 着色 按钮对其进行渲染，得到的后模如图 10-43 所示。

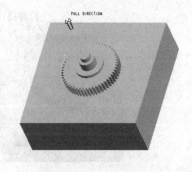

图 10-41 【属性】对话框   图 10-42 分割的前模   图 10-43 分割的后模

（7）如图 10-44 所示，在【模具】菜单管理器中依次选取【模具元件】/【抽取】选项，在打开的【创建模具元件】对话框中选取 "COR" 和 "CAV"，如图 10-45 所示，然后单击 确定 按钮，完成模具元件的抽取。

（8）在【模具元件】菜单中选取【完成/返回】选项，返回【模具】菜单管理器。

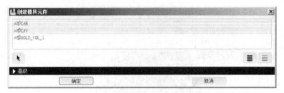

图 10-44　菜单操作　　　　　　　　　图 10-45　【创建模具元件】对话框

（9）在上工具箱上单击  按钮，系统打开如图 10-46 所示的【遮蔽–取消遮蔽】对话框，单击 体积块 按钮，打开相应的选项栏，依次单击 ☰ 和 遮蔽 按钮，遮蔽掉分模体积块。

（10）单击 元件 按钮，打开相应的选项栏，选取"WORKPIECE"，如图 10-47 所示，单击 遮蔽 和 关闭 按钮，遮蔽掉所有的分模体积块。

7. 创建制模。

在【模具】菜单管理器中选取【模具】/【制模】/【创建】选项，如图 10-48 所示，接受默认的名称，单击鼠标中键，完成制模的创建。

图 10-46　【遮蔽–取消遮蔽】　　图 10-47　【遮蔽–取消遮蔽】　　图 10-48　【模具】菜单
　　　　对话框（1）　　　　　　　　对话框（2）　　　　　　　　　　管理器

8. 开模。

（1）在【模具】菜单管理器中依次选取【模具开模】/【定义间距】/【定义移动】选项，如图 10-49 所示，选取如图 10-50 所示的前模作为移动部件，单击鼠标中键确认。

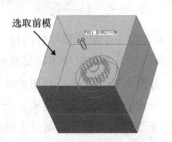

图 10-49　菜单操作　　　　　　　　　　　　　　图 10-50　选取移动部件

（2）选取如图 10-51 所示的平面作为移动的方向参照，输入移动距离 "50" 后按 $\boxed{\text{Enter}}$ 键确认。选取【定义间距】菜单中的【完成】选项，结果如图 10-52 所示，前模已被上移。

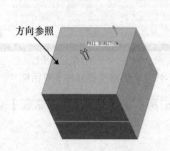

图 10-51　选取方向参照

图 10-52　移动结果

（3）继续在【模具】菜单管理器中选取【定义间距】/【定义移动】选项，选取如图 10-53 所示的后模作为移动部件，单击鼠标中键确认。

（4）选取如图 10-54 所示的平面作为移动的方向参照，输入移动距离 "50" 后按 $\boxed{\text{Enter}}$ 键确认。然后选取【定义间距】菜单中的【完成】选项，结果如图 10-55 所示，后模已被下移。

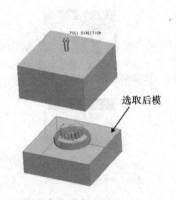

图 10-53　选取移动部件

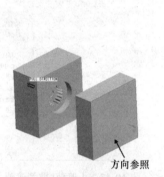

图 10-54　选取方向参照

图 10-55　开模结果

10.2 综合实例——鼠标盖模具设计

下面介绍一个鼠标盖零件的模具设计过程，其开模效果如图 10-56 所示。

本例的设计重点是使用拷贝曲面的方法（简称拷面法）创建分型面，设计要点如下。

- 分型面必须是一个封闭的曲面，也就是说中间不能有破孔，并且这些分型面必须合并在一起，也就是说只能有一个面组。
- 分型面必须等于或超过工件边界。
- 在复制产品面时，由于复制的面较多，这时灵活运用曲面边界的方式选取产品面可以得到事半功倍的效果。

● 拷面法需要创建一个封闭的分型面，工作量较大，但
  分模的成功率高，这是在采用其他的分模方法失败时
  可以采用的一种方法。

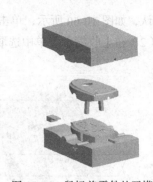

图 10-56　鼠标盖零件的开模效果

1. 创建文件夹及设置工作目录。

（1）启动 Pro/E 5.0，在左侧的导航栏内选择要创建新文
件夹的盘符路径，然后新建文件夹"Mouse_mold"，并将其
设置为工作目录。

（2）将素材文件"\第 10 章\素材\Mouse.prt"复制到
"Mouse_mold"文件夹中。

2. 创建模具文件。

单击 ▯ 按钮，新建一个模具文件，输入文件名称"Mouse_mold"，选择【mmns_mfg_mold】
作为模板，完成后单击 确定 按钮，打开模具设计界面。

3. 创建参考零件。

（1）在【模具】菜单管理器中选取【模具】/【模具模型】/【装配】/【参照模型】选项，
系统打开先前设置的工作目录，用鼠标左键双击参考零件"Mouse.prt"，将其导入，如图 10-57
所示。系统打开装配操作界面。

（2）选取参考零件的基准平面 FRONT，然后选取模具组件的基准平面
MAIN_PARTING_PIN，将约束类型改为【对齐】，完成第一组约束。

（3）选取参考零件的基准平面 TOP，然后选取模具组件的基准平面 MOLD_RIGHT，将约
束类型改为【对齐】，完成第二组约束。

（4）选取参考零件的基准平面 DTM1，然后选取模具组件的基准平面 MOLD_FRONT，完
成第三组约束，如图 10-58 所示。

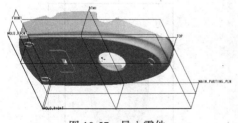

图 10-57　导入零件

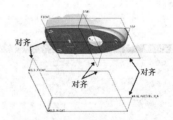

图 10-58　设置装配参照

（5）完全约束后的模型如图 10-59 所示，单击鼠标中键退出装配模式。

（6）在打开的【创建参照模型】对话框中单击 确定 按钮，以接受默认的设置，系统出现【警
告】对话框，单击 确定 按钮，以接受绝对精度值的设置。

（7）在【模具模型】菜单中选取【完成/返回】选项，完成参照模型的导入，然后单击上工
具箱上的 ▱ 按钮，关闭基准平面的显示。

4. 设置收缩率。

（1）在【模具】菜单管理器中选取【模具】/【收缩】/【按比例】选项，打开【按比例收
缩】对话框，选取参考零件坐标系 PRT_CSYS_DEF 作为参照，输入收缩率"0.005"后按 Enter

键确认，如图 10-60 所示，单击 ✔ 按钮，完成收缩率的设置。

（2）在【收缩】菜单中选取【完成/返回】选项，返回【模具】菜单管理器。

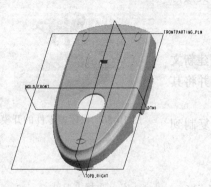

图 10-59　完全约束后的模型

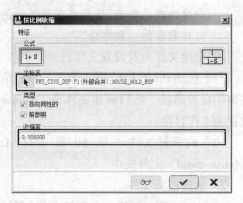

图 10-60　设置收缩率

5．创建工件。

（1）在【模具】菜单管理器中选取【模具】/【模具模型】/【创建】/【工件】/【手动】选项，打开【元件创建】对话框，接受其中的默认设置，输入元件名称"Workpiece"后按 Enter 键确认，如图 10-61 所示。

（2）在打开的【创建选项】对话框中选取【创建特征】单选项后，单击 确定 按钮确定。

（3）在【模具】菜单管理器中选取【特征操作】/【实体】/【加材料】选项，打开【实体选项】菜单，选取【拉伸】、【实体】和【完成】选项，打开拉伸设计图标板。

（4）选取基准平面 MAIN_PARTING_PIN 作为草绘平面，进入二维草绘模式。

（5）选取基准平面 MAIN_FRONT 和 MAIN_RIGHT 作为标注和约束参照，绘制如图 10-62 所示的截面图形，单击 ✔ 按钮退出草绘模式。

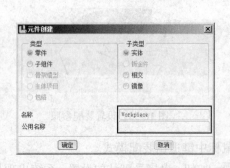

图 10-61　【元件创建】对话框

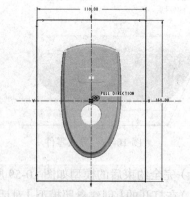

图 10-62　绘制截面图

（6）在图标板上单击 选项 按钮，打开上滑参数面板，设置【第 1 侧】和【第 2 侧】的拉伸深度分别为"36"和"36"，完成后单击鼠标中键退出。

（7）在菜单中分别选取【完成】和【完成/返回】选项，返回【模具】菜单管理器，生成的工件如图 10-63 所示。

6．创建模芯分型面。

（1）打开模型树窗口，在工件图标上单击鼠标右键，在弹出的快捷菜单中选取【遮蔽】选项，使工件不显示在操作界面上，如图 10-64 所示。

图 10-63　生成的工件　　　　　　　　图 10-64　遮蔽工件

（2）单击 按钮，进入分型面创建模式。下面使用曲面与边界方式复制参考零件面，选取如图 10-65 所示的种子面，然后按住 Shift 键选取如图 10-66 所示的边界曲面，结果如图 10-67 所示，在工具条上依次单击 和 按钮，完成曲面的复制。

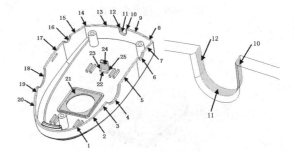

图 10-65　选取种子面　　　　　　　　图 10-66　选取边界曲面

 在使用曲面与边界方式选取曲面时，先选取一个种子面，然后按住 Shift 键选取边界面，之后松开 Shift 键，这样就得到了所需要选取的曲面。但是，有时候需要选取的边界面太多，如果一直按住 Shift 键，就不能将模型旋转到希望的视角进行选取，这时可以松开 Shift 键，将模型旋转到适当的视角后再按住 Shift 键进行选取，直到选取完所有的边界曲面后再松开 Shift 键，可以看到高亮显示的曲面就是已经选取的曲面了。

（3）打开模型树窗口，在工件图标上单击鼠标右键，在弹出的快捷菜单中选取【取消遮蔽】选项，使工件显示在操作界面上。

（4）在绘图区域中选择工件，然后选取菜单命令【视图】/【显示造型】/【线框】，将工件用线框显示，如图 10-68 所示。

（5）用"从-到"的边界环方式选取曲面边线。选取如图 10-69 所示的曲面边 1，然后将鼠标光标移动到曲面边 2 上，按住 Shift 键后，重复单击鼠标右键，直到模型高亮显示需要的曲面边为止，最后单击鼠标左键确认，如图 10-70 所示。

（6）选取菜单命令【编辑】/【延伸】，在图标板中单击 按钮，将曲面延伸到参考平面，选取如图 10-71 所示的曲面作为参考平面，单击鼠标中键确认，曲面延伸结果如图 10-72 所示。

图 10-67　选取结果

图 10-68　设置线框显示方式

图 10-69　选取曲面边

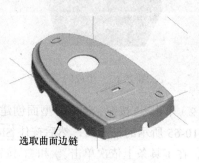

选取曲面边链

图 10-70　选取边链

参考平面

图 10-71　选取参考平面

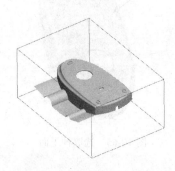

图 10-72　曲面延伸结果

（7）继续用"从-到"的边界环方式选取曲面边线。选取如图 10-73 所示的曲面边 1，然后将鼠标光标移动曲面边 2 上，按住 Shift 键后，重复单击鼠标右键，直到模型高亮显示需要的曲面边为止，单击鼠标左键确认，如图 10-74 所示。

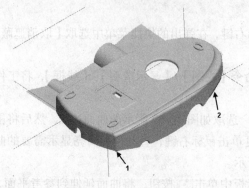

图 10-73　选取曲面边

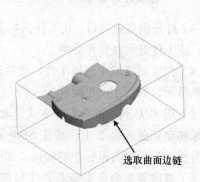

选取曲面边链

图 10-74　选取边链

（8）选取菜单命令【编辑】/【延伸】，在图标板中单击 按钮，将曲面延伸到参考平面，选取如图 10-75 所示的曲面作为参考平面，单击鼠标中键确认，曲面延伸结果如图 10-76 所示。

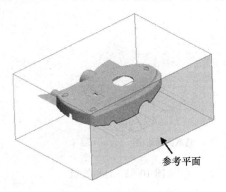

图 10-75　选取参考平面

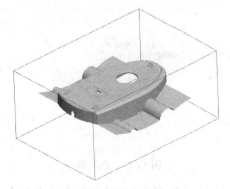

图 10-76　曲面延伸结果

（9）继续用"从-到"的边界环方式选取曲面边线。选取如图 10-77 所示的曲面边 1，然后将鼠标光标移动曲面边 2 上，按住 Shift 键后，重复单击鼠标右键，直到模型高亮显示需要的曲面边为止，单击鼠标左键确认，如图 10-78 所示。

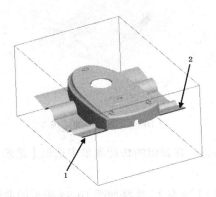

图 10-77　选取曲面边

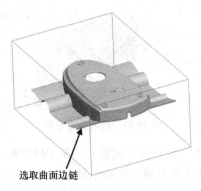

图 10-78　选取边链

（10）选取菜单命令【编辑】/【延伸】，在图标板中单击 按钮，将曲面延伸到参考平面，选取如图 10-79 所示的曲面作为参考平面，单击鼠标中键确认，曲面延伸结果如图 10-80 所示。

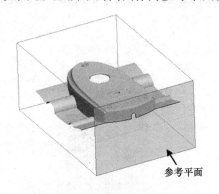

图 10-79　选取参考平面

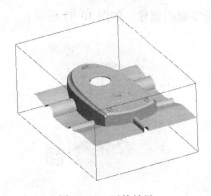

图 10-80　延伸结果

（11）继续用"从-到"的边界环方式选取曲面边线。选取如图 10-81 所示的曲面边 1，然后将鼠标光标移动曲面边 2 上，按住 Shift 键后，重复单击鼠标右键，直到模型高亮显示需要的曲面边为止，单击鼠标左键确认，如图 10-82 所示。

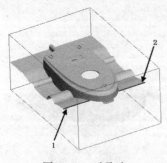

图 10-81　选取边

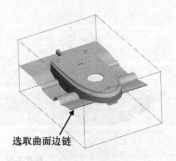

图 10-82　选取边链

（12）选取菜单命令【编辑】/【延伸】，在图标板中单击 [□] 按钮，将曲面延伸到参考平面，选取如图 10-83 所示的曲面作为参考平面，单击鼠标中键确认，曲面延伸结果如图 10-84 所示。

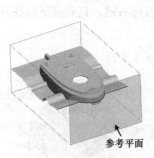

图 10-83　选取参考平面

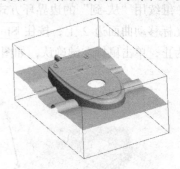

图 10-84　曲面延伸结果

（13）打开模型树窗口，在工件图标上单击鼠标右键，在弹出的快捷菜单中选取【遮蔽】选项，使工件不显示在操作界面上。

（14）创建碰穿孔分型面。选取菜单命令【编辑】/【填充】，选择如图 10-85 所示的曲面作为草绘平面，进入二维草绘模式。

（15）选取模型的基准平面 MOLD_FRONT 和 MOLD_RIGHT 作为标注和约束参考，在草绘平面内绘制如图 10-86 所示的截面图形，完成后退出草绘模式。然后单击鼠标中键，完成碰穿孔分型面的创建，如图 10-87 所示。

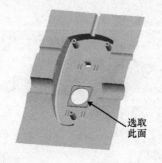

图 10-85　选取草绘平面

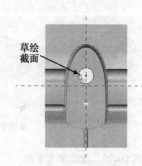

图 10-86　草绘截面

（16）选择如图 10-88 所示的主分型面 1 和碰穿孔分型面 2，在右工具箱上单击 按钮，然后单击鼠标中键，完成曲面的合并。

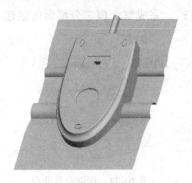

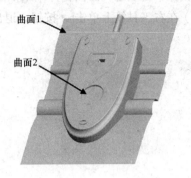

图 10-87　创建的碰穿孔分型面

图 10-88　选取合并曲面

7. 创建插穿孔分型面。

（1）单击 按钮，在拉伸图标板上按下 按钮，选取如图 10-89 所示的模型基准平面 MOLD_RIGHT 作为草绘平面，进入二维草绘模式。

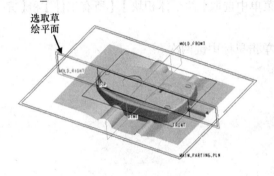

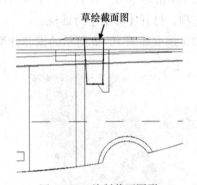

图 10-89　选取草绘平面

图 10-90　绘制截面图形

（2）在草绘平面内绘制如图 10-90 所示的截面图形，完成后退出草绘模式。

（3）在图标板中单击 选项 按钮，在如图 10-91 所示的上滑参数面板的【第 1 侧】和【第 2 侧】下拉列表中选择【到选定项】选项，分别选择如图 10-92 所示的扣位的两侧面作为拉伸终止面，并在图标板中选取【封闭端】复选项。

（4）单击鼠标中键退出，创建的曲面如图 10-93 所示。

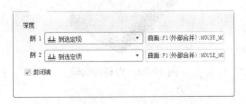

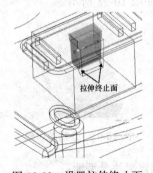

图 10-91　上滑参数面板

图 10-92　设置拉伸终止面

（5）选择如图 10-94 所示的主分型面 1 和插穿孔分型面 2，然后在右工具箱上单击 按钮，并单击鼠标中键确定，曲面合并结果如图 10-95 所示。

（6）在右工具箱上单击 按钮，退出分型面创建模式，完成整个模芯分型面的创建。

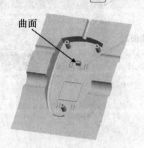

图 10-93　创建的曲面

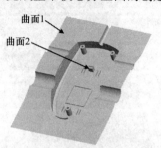

图 10-94　选取合并曲面

8. 分割前后模。

（1）在模型树中选择工件标识，在其上单击鼠标右键，在弹出的快捷菜单中选取【取消遮蔽】选项，将工件显示出来。

（2）单击 按钮，在打开的【分割体积块】菜单中选取【两个体积块】、【所有工件】和【完成】选项，打开【分割】对话框。

（3）选取如图 10-96 所示的模芯分型面后，单击鼠标中键两次。

图 10-95　曲面合并结果

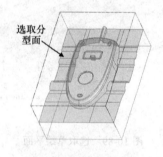

图 10-96　选取模芯分型面

（4）在打开的【属性】对话框中输入后模名称"COR"，然后单击 着色 按钮，分割的后模如图 10-97 所示。

（5）打开【属性】对话框，输入前模名称"CAV"，然后单击 着色 按钮对其进行渲染，得到的前模如图 10-98 所示。

图 10-97　分割的后模

图 10-98　得到的前模

9. 创建滑块分型面。

（1）在上工具箱上单击 按钮，打开【遮蔽–取消遮蔽】对话框，单击 分型面 、 和按钮，遮蔽掉所有的分型面。

（2）单击 体积块 、 ☰ 和 遮蔽 按钮，遮蔽掉所有的体积块。

（3）在右工具箱上单击 ⬜ 按钮，进入分型面创建模式。在右工具箱上单击 ⬜ 按钮，在拉伸设计图标板上按下 ⬜ 按钮，选取如图 10-99 所示的面作为草绘平面，进入二维草绘模式。

草绘平面

图 10-99　选取草绘平面

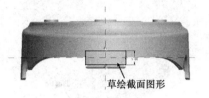

草绘截面图形

图 10-100　草绘截面图

（4）选取模型的基准平面 MAIN_PARTING_PLN 和 MOLD_RIGHT 作为标注和约束参照，在草绘平面内绘制如图 10-100 所示的截面图形，完成后退出草绘模式。

（5）单击 选项 按钮，在弹出的上滑参数面板中选取【封闭端】复选项，并在【第 1 侧】文本框中输入深度值"30"，如图 10-101 所示，然后在图标板上单击 ✕ 按钮，将拉伸方向反向，最后单击鼠标中键退出，结果如图 10-102 所示。

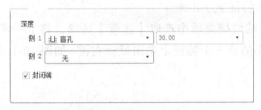

图 10-101　设置参数

图 10-102　创建的曲面

（6）单击 ⬜ 按钮，创建拉伸曲面。重复先前的步骤，打开【草绘】对话框，在打开的【草绘】对话框中单击 使用先前的 按钮，以选取与上一步相同的参照来创建分型面，然后单击鼠标中键，进入二维草绘模式。

（7）选取模型的基准平面 MAIN_PARTING_PLN 和 MOLD_RIGHT 作为标注和约束参照，在草绘平面内绘制如图 10-103 所示的截面图形，完成后退出草绘模式。

（8）单击 选项 按钮，在弹出的上滑参数面板中选取【封闭端】复选项，并在【第 1 侧】文本框中输入深度值"15"，然后在图标板上单击 ✕ 按钮，将拉伸方向反向，最后单击鼠标中键退出，创建的曲面如图 10-104 所示。

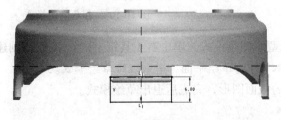

图 10-103　绘制截面图

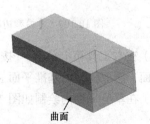

曲面

图 10-104　创建的曲面

（9）选择如图 10-105 所示的曲面 1，然后按住 Ctrl 键选择曲面 2，在右工具箱上单击 按钮，然后在绘图区域中将箭头调整到图示方向，接着单击鼠标中键，完成曲面的合并，得到的滑块分型面如图 10-106 所示。

（10）在右工具箱上单击 按钮，退出分型面创建模式，完成整个滑块分型面的创建。

创建整个滑块分型面的目的是为了加强滑块的强度。

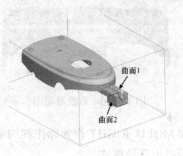

图 10-105　选取合并对象

图 10-106　得到的滑块分型面

10. 创建斜顶分型面。

（1）在模型树中选择【树过滤器】选项，弹出【模型树项目】对话框，在该对话框中选取【特征】复选项，如图 10-107 所示，在模型树中将特征显示出来。

（2）在滑块分型面上单击鼠标右键，在弹出的快捷菜单中选取【遮蔽】选项，将上一步创建的分型面遮蔽起来，但要注意，需要在分型面的第一个特征上单击鼠标右键，如图 10-108 所示。

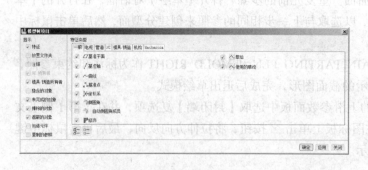

图 10-107　【模型树项目】对话框

图 10-108　鼠标右键操作

（3）在右工具箱上单击 按钮，进入分型面创建模式。单击右工具箱上的 按钮，创建拉伸曲面，选取模型的基准平面 MOLD_FRONT 作为草绘平面，进入二维草绘模式。

（4）在草绘平面内绘制如图 10-109 所示的截面图形，完成后退出草绘模式。

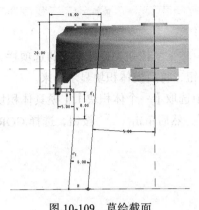

图 10-109　草绘截面

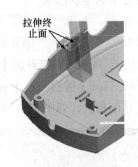

图 10-110　拉伸参照

（5）在上滑参数面板中单击 选项 按钮，在【第 1 侧】和【第 2 侧】下拉列表中选取【到选定项】选项，然后选取如图 10-110 所示扣位的两侧面作为拉伸终止面，并在参数面板中选取【封闭端】复选项，如图 10-111 所示，然后单击鼠标中键退出。

（6）在右工具箱上单击 ✔ 按钮，退出分型面创建模式，完成斜顶分型面的创建，如图 10-112 所示。

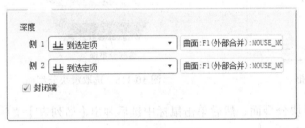

图 10-111　参数设置

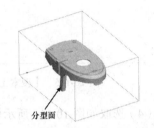

图 10-112　创建的斜顶分型面

经观测，由于左右的两边扣位成对称关系，所以可以将上一步创建的斜顶分型面镜像到另一边，得到另一斜顶分型面。

（7）选择如图 10-113 所示的分型面，然后选取菜单命令【编辑】/【镜像】，此时系统提示选择进行镜像的平面，选择模型基准平面 MOLD_RIGHT，然后单击鼠标中键，得到另一斜顶分型面，如图 10-114 所示。

图 10-113　选取镜像对象

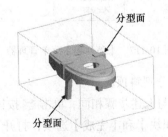

图 10-114　得到的另一斜顶分型面

11. 分割滑块。

（1）在右工具箱上单击 按钮，打开【遮蔽–取消遮蔽】对话框，单击 分型面 和 取消遮蔽 按钮，打开相应的选项栏，选择"PART_SURF_2"，单击 取消遮蔽 按钮，将滑块分型面显示出来。

（2）单击 体积块 和 取消遮蔽 按钮，打开相应的选项栏，选择"COR"，单击 取消遮蔽 按钮，将后模体积块显示出来。

（3）单击 按钮，在打开的【分割体积块】菜单中选取【一个体积块】、【模具体积块】和【完成】选项，打开【搜索工具】对话框。选择"COR"，然后单击 >> 按钮，选择 COR 作为被分割的模具体积块，如图 10-115 所示。

图 10-115 【搜索工具】对话框

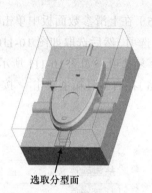

选取分型面

图 10-116 选取滑块分型面

（4）选取如图 10-116 所示创建的滑块分型面，然后单击鼠标中键后弹出【岛列表】菜单管理器，选取【岛 2】复选项，如图 10-117 所示。

（5）单击两次鼠标中键后，系统提示输入加亮体积块的名称，输入"SLD"，单击 着色 按钮后，结果如图 10-118 所示，单击 确定 按钮，完成滑块的分割。

图 10-117 【岛列表】菜单管理器

图 10-118 分割的滑块

12．分割斜顶。

（1）与上述步骤相同，单击 按钮，在打开的【分割体积块】菜单中选取【一个体积块】、【模具体积块】和【完成】选项，打开【搜索工具】对话框。选择"COR"，然后单击 >> 按钮，选择 COR 作为被分割的模具体积块。

（2）选择如图 10-119 所示创建的一个斜顶分型面，单击鼠标中键后弹出【岛列表】菜单管理器，选取【岛 2】复选项。

（3）单击两次鼠标中键，系统提示输入加亮体积块的名称，输入"LIFT1"，单击 着色 按钮后，结果如图 10-120 所示，单击 确定 按钮，完成一个斜顶的分割。

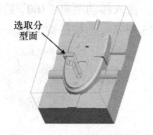

图 10-119　选择斜顶分型面　　　　　　　　　　图 10-120　分割的一个斜顶

（4）和上一步相同，继续单击 按钮，在打开的【分割体积块】菜单中选取【一个体积块】、【模具体积块】和【完成】选项，打开【搜索工具】对话框。选择"COR"，然后单击 >> 按钮，选择 COR 作为被分割的模具体积块。

（5）选择创建的另一个斜顶分模体积块作为分型面，如图 10-121 所示，单击鼠标中键后弹出【岛列表】菜单管理器，选取【岛2】复选项。

（6）单击两次鼠标中键后，系统提示输入加亮体积块的名称，输入"LIFT2"，单击 着色 按钮后，结果如图 10-122 所示，单击 确定 按钮，完成另一个斜顶的分割。

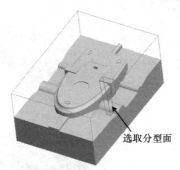

图 10-121　选择分型面　　　　　　　　　　图 10-122　分割的另一个斜顶

13．抽取模具元件。

（1）在【模具】菜单管理器中选取【模具元件】/【抽取】选项，在打开的【创建模具元件】对话框中单击 按钮，然后单击 确定 按钮，完成模具元件的抽取。

（2）在【模具元件】菜单中选取【完成/返回】选项，返回【模具】菜单管理器。

（3）在右工具箱上单击 按钮，打开【遮蔽–取消遮蔽】对话框，单击 分型面 按钮，打开相应的选项栏，依次单击 和 遮蔽 按钮，遮蔽掉所有的分型面。

（4）单击 元件 按钮，打开相应的选项栏，依次选取"WORKPIECE"和"MOUSE_MOLD_REF"（按住 Ctrl 键），然后单击 遮蔽 和 关闭 按钮，遮蔽掉工件和参考零件。

14．产生浇铸件。

在【模具】菜单管理器中选取【制模】/【创建】选项，输入浇铸件的文件名"MOUSE_MOLDING"。

15．定义开模动作。

（1）在【模具】菜单管理器中选取【模具进料孔】/【定义间距】/【定义移动】选项，然后选取如图 10-123 所示的前模作为移动部件，单击鼠标中键确认。

（2）选取如图 10-124 所示的平面作为移动的方向参照，输入移动距离"160"后回车确认。选取【定义移动】菜单中的【完成】选项，结果如图 10-125 所示，前模已被上移。

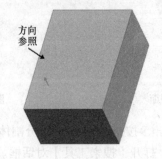

图 10-123　选取移动部件　　　　图 10-124　选取移动方向参照　　　　图 10-125　前模移动结果

（3）继续在【模具】菜单管理器中选取【定义间距】/【定义移动】选项，选取如图 10-126 所示的浇铸件作为移动部件，单击鼠标中键确认。

（4）选取如图 10-127 所示的平面作为移动的方向参照，输入移动距离"80"后回车确认，结果如图 10-128 所示，浇铸件已被上移。

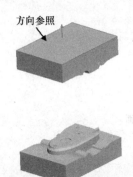

图 10-126　选取移动部件　　　　图 10-127　选取移动方向参照　　　　图 10-128　浇铸件移动结果

（5）在【模具】菜单管理器中选取【定义间距】/【定义移动】选项，选取如图 10-129 所示的滑块作为移动部件，单击鼠标中键确认。

（6）选取如图 10-130 所示的平面作为移动的方向参照，输入移动距离"60"后回车确认，结果如图 10-131 所示，滑块已被移动。

（7）继续在【模具】菜单管理器中选取【定义间距】/【定义移动】选项，选取如图 10-132 所示的斜顶作为移动部件，单击鼠标中键确认。

（8）选取如图 10-133 所示的斜顶边作为移动的方向参照，输入移动距离"80"后回车确认，结果如图 10-134 所示，斜顶已被移动。

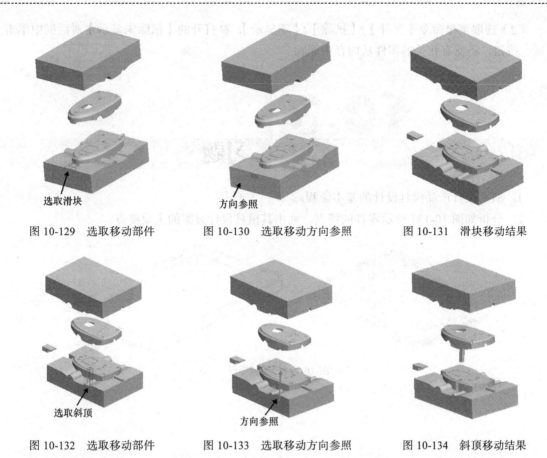

图 10-129 选取移动部件　　　图 10-130 选取移动方向参照　　　图 10-131 滑块移动结果

图 10-132 选取移动部件　　　图 10-133 选取移动方向参照　　　图 10-134 斜顶移动结果

（9）参照上述方法，继续在【模具】菜单管理器中选取【定义间距】/【定义移动】选项，选取如图 10-135 所示的另一斜顶作为移动部件，单击鼠标中键确认。

（10）选取如图 10-136 所示的斜顶边作为移动的方向参照，由于箭头方向朝下，输入移动距离"-80"后回车确认，结果如图 10-56 所示，斜顶已被移动，这也就是最终的开模效果图。

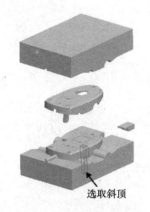

图 10-135 选取移动部件　　　　　　　图 10-136 选取移动方向参照

16. 存档并清空进程。

（1）在上工具箱上单击□按钮，打开【保存】对话框，系统默认的保存路径是先前设置的工作目录，按 Enter 键，接受默认的设置，完成文件的保存。

（2）选取菜单命令【文件】/【拭除】/【不显示】，在打开的【拭除未显示】对话框中单击 [确定] 按钮，将所有相关的零件从内存中删除。

10.3 习题

1. 简要设计产品模具设计的基本流程。
2. 分析如图 10-137 所示零件的特点，列出其模具设计方案的主要要点。

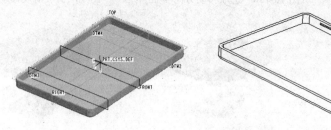

图 10-137　盖板零件